"十三五"国家重点出版物出版规划项目

现代机械工程系列精品教材

普通高等教育"十一五"国家级规划教材

机械设计课程设计

第6版

主　编　冯立艳　李建功

副主编　蔡玉强　张雪雁

参　编　崔冰艳　于玉真

　　　　周　征　刘迎娟

机 械 工 业 出 版 社

本书是在第 5 版的基础上,根据《机械设计课程教学基本要求》和《高等教育面向 21 世纪教学内容和课程体系教学改革计划》的有关文件精神,广泛采纳并吸取多年来各院校的使用反馈意见和使用经验,结合我校国家级一流课程建设及教学改革成果,为适应当前教学改革发展再次修订而成的。

全书分两部分,共 21 章。第 1 部分为机械设计课程设计指导(第 1~11 章);第 2 部分为机械设计课程设计常用标准和规范(第 12~21 章)。附录中给出了:机械设计课程设计参考图例和机械设计课程设计参考题目。

本书的设计指导部分内容全面,重点突出,通俗易懂,插图清晰,常用标准和规范部分足够课程设计使用,全部采用现行的国家标准。附录中的参考图例齐全、典型,设计题目包括传动装置的总体设计和整机设计两大类,使用者可分层次、按设计学时进行选择。

本书为新形态教材,第 4 章、14 章、18 章和附录 A、附录 B 等章节嵌入了大量三维动图,轴的结构设计、强度计算等重难点微视频,以及齿轮的常规加工和绿色制造的现场视频,读者可扫描二维码观看。此外,本书作者团队还开发了配套的轴系虚拟装拆、工业减速器虚拟仿真实验等。

本书可作为高等院校机械类、近机械类和非机械类各专业机械设计课程设计、机械设计基础课程设计的教材,也可供成人高等工业学校机械设计基础课程设计教学使用,还可供有关工程技术人员参考。

图书在版编目(CIP)数据

机械设计课程设计/冯立艳,李建功主编 . —6 版. —北京:机械工业出版社,2020. 10 (2025.1 重印)

"十三五"国家重点出版物出版规划项目 现代机械工程系列精品教材 普通高等教育"十一五"国家级规划教材

ISBN 978-7-111-66492-5

Ⅰ.①机… Ⅱ.①冯… ②李… Ⅲ.①机械设计-课程设计-高等学校-教材

Ⅳ.①TH122-41

中国版本图书馆 CIP 数据核字(2020)第 169572 号

机械工业出版社(北京市百万庄大街 22 号 邮政编码 100037)
策划编辑:刘小慧 责任编辑:刘小慧 章承林
责任校对:樊钟英 封面设计:张 静
责任印制:邓 博
北京盛通数码印刷有限公司印刷
2025 年 1 月第 6 版第 11 次印刷
184mm×260mm · 16.75 印张 · 3 插页 · 418 千字
标准书号:ISBN 978-7-111-66492-5
定价:49.80 元

电话服务　　　　　　　　　　网络服务
客服电话:010-88361066　　机 工 官 网:www.cmpbook.com
　　　　　010-88379833　　机 工 官 博:weibo.com/cmp1952
　　　　　010-68326294　　金 书 网:www.golden-book.com
封底无防伪标均为盗版　机工教育服务网:www.cmpedu.com

前　言

本书被国内 50 余所高校作为《机械设计》《机械设计基础》课程设计的首选教材，深受广大师生好评。按照《机械设计课程教学基本要求》和《高等教育面向 21 世纪教学内容和课程体系教学改革计划》的有关精神，编者广泛采纳并吸取各院校的使用反馈意见，结合国家级一流课程建设及教学改革成果再次修订本书。本书的编写和内容安排具有以下特点：

1. 体系完整，语言精练，通俗易懂，图例典型

课程设计教材涉及的课程门数多、知识点多、图例多、标准多。本书条理清晰、层次分明、前后呼应、科学系统，符合学生的认知规律。设计指导部分内容全面、语言精练、通俗易懂、重点突出；常用标准和规范满足课程设计的使用要求；参考图例齐全典型、优质适量、图例新颖，适应现代科技发展与人才素质、知识和能力培养的需求。

2. 融入新技术、新方法、新标准，注重学生能力培养

本书包括三维参数化设计、计算机辅助设计、有限元分析等非常规内容。

本书中的装配图、零件图和相关数据等，均采用现行国家标准。本次修订着重对轴的结构设计、说明书格式、传动比分配原则、蜗杆蜗轮的极限偏差、螺纹连接件、部分图例图表等进行了修改和更新，增加了课程思政和数字化资源。

本书内容突出实用性和实践性，注重加强学生结构设计能力、创新能力、计算机辅助设计及分析能力的培养。

3. 纸质教材与高质量教学资源有机结合，便于个性化学习

以二维码形式引入了"科学家精神""新时代北斗精神""大国工匠"等拓展视频，将党的二十大精神融入其中，培养学生的科技自立自强意识和精益求精的大国工匠精神，助力培养德才兼备的拔尖创新人才。

开发了与本书配套的轴系结构虚拟装拆实验、减速器虚拟拆装实验，录制了轴的结构设计等重难点微视频，增加了齿轮的常规加工和绿色制造的现场视频，制作了减速器及常用零部件的 70 余幅三维动图，图形直观灵动，便于读者理解、深化课程内容。读者扫描书中二维码即可进行个性化学习。

参加本书修订的有：华北理工大学冯立艳（第 1~5 章，主持虚拟装拆实验的开发、微视频录制），蔡玉强（第 6~9 章），崔冰艳（第 10、11、14 章），周征（第 12、13 章），于玉真（第 15~17 章），张雪雁（第 18~21 章），李建功（附录 A、附录 B），刘迎娟完成了部分数字化资源。本书由冯立艳、李建功统稿。

鉴于编者水平有限，且本书涉及的图例多，知识面广，书中难免存在不妥之处，敬请广大读者不吝指正。

编　者

目　　录

第2部分　机械设计课程设计常用标准和规范

机械设计
课程设计指导

第1章 概　　述

1.1　课程设计的目的

机械设计课程设计是"机械设计"课程最后一个重要的实践性教学环节，也是针对工科院校机械类和近机械类专业学生的第一次较为全面的机械设计训练。机械设计课程设计的目的是：

1）培养学生综合运用"机械设计"课程及其他先修课程的理论知识和生产实际知识解决工程实际问题的能力，并通过实际设计训练使其所学理论知识得以巩固和提高。

2）学习和掌握一般机械设计的基本方法和程序，树立正确的工程设计思想，培养独立设计能力和创新思维，养成严谨求实的工作态度，为后续课程的学习和实际工作打好基础。

3）进行机械设计工作基本技能的训练，包括设计计算、绘图，查阅和使用标准规范、手册、图册等相关技术资料等。

4）树立绿色设计、绿色制造、节能降耗的低碳理念，厚植爱国情怀和专业自豪感，培养精益求精的大国工匠精神，锤炼迎难而上、严谨求实、追求卓越的意志品格，展现创新设计优质设备、铸就人民幸福生活的家国情怀。

拓展视频　　拓展视频

企业家精神　　新时代北斗精神

1.2　课程设计的题目和内容

1.2.1　课程设计的题目

一般选择通用机械传动装置或简单机械的设计作为机械设计课程设计的题目。目前课程设计的题目多推荐以减速器为主体的机械传动装置。因为减速器中包括了齿轮、轴、轴承、键、螺栓等机械设计课程的主要教学内容，且与生产实际联系紧密，具有典型的代表性。图1-1所示为带式运输机传动装置。本书附录B给出了一些具体的课程设计参考题目。

学生也可以依据自身调研，发现生产和生活中的设计问题，思考、拟订设计方案，与任课教师共同商讨、确定满足课程要求的设计题目。

1.2.2　课程设计的内容

机械设计课程设计通常包括以下内容：根据设计任务确定传动装置的总体设计方案，选

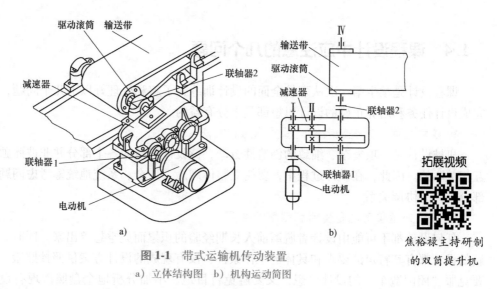

图 1-1　带式运输机传动装置
a）立体结构图　b）机构运动简图

拓展视频

焦裕禄主持研制
的双筒提升机

择电动机，计算传动装置的运动和动力参数，传动零件及轴的设计计算，轴承、连接件、润滑密封和联轴器的确定，箱体结构及附件的设计，绘制装配图及零件图，编写设计计算说明书。

课程设计完成之后，每个学生应提交下列文件：

1）装配图（如减速器装配图）1 张（A0 或 A1 图纸）。

2）零件图 2~3 张。

3）设计计算说明书 1 份。

1.3　课程设计的一般步骤

（1）设计准备　仔细研读设计任务书，明确设计任务和要求；认真阅读相关参考图例，观看实物、模型和工作现场，对设计工作做到心中有数；制订课程设计的总体计划和进度。

（2）传动装置的总体设计　根据设计要求拟订总体布置方案，选择原动机，计算传动装置的运动和动力参数。

（3）传动件的设计计算　设计并计算齿轮传动、蜗杆传动、带传动等的主要参数和主要零件的尺寸。

（4）装配图设计　首先进行装配图草图设计。需要完成如下工作：选择和确定联轴器的类型和型号，设计轴的结构尺寸，选择轴承类型和型号，选择键的类型和尺寸，校核轴承的寿命及键、轴的强度。

接着绘制装配图底图，完成传动件及轴承的结构设计、箱体及附件的结构设计。经认真检查后，完成尺寸标注、零件编号，注写技术特性和技术要求，填写明细栏、标题栏等内容。最后加深、完成装配图。

（5）零件图设计　绘制指定零件的零件图。

（6）编写设计计算说明书　按说明书的格式要求，整理并编写设计计算说明书。

（7）设计总结和答辩　回顾设计全过程，总结设计的收获，分析设计的优劣，完成答辩工作。

1.4 课程设计中应注意的几个问题

课程设计是学生第一次从事较全面的设计训练，了解和处理好以下几个问题，对较好地完成设计任务和培养正确的设计思想都是十分有益的。

1. 建立全面、系统地考虑问题的思想和方法

机械设计是一项复杂、细致的创造性劳动，待设计机械的各个部分并非彼此独立，而是互相关联的。因此，在设计过程中，要树立整体观念，周全、系统地统筹考虑问题，确保各部分之间的协调关系。

2. 正确处理参考已有资料和创新的关系

任何设计都不可能由设计者脱离前人长期经验的积累而凭空想象出来。同时，任何一项新的设计都有其特定的要求和具体的工作条件，没有现成的设计方案供照抄照搬。因此，既要克服"闭门造车"的设计思想，又要避免盲目地、不加分析地全盘照搬现有设计资料的做法。

正确地利用已有资料，可避免许多重复性工作，加快设计进程，同时也是创新的基础和提高设计质量的重要保证。应从具体设计任务出发，广泛阅读相关技术资料，认真分析现有设计方案的优势与不足，借鉴、继承前人的设计经验和长处，以开拓设计思路，大胆创新，不断充实和完善设计方案，实现继承与创新相结合。

拓展视频

大国工匠：
大道无疆

3. 正确使用标准和规范

在设计工作中，要遵守国家正式颁布的有关标准、设计规范等。

设计工作中贯彻"三化"（标准化、系列化和通用化），可减轻设计工作量、缩短设计周期、增大互换性、降低设计和制造的成本。"三化"程度的高低，是评价设计质量优劣的指标之一。因此，在各项设计工作中应尽可能多地采用标准零部件和通用零部件。

4. 正确处理理论计算与结构、工艺要求的关系

根据机械零部件的工作条件，进行强度、刚度等理论计算，确定零件的主要尺寸，然后综合考虑结构和工艺要求，进一步确定零部件的结构和尺寸。

另外，设计时也可以先参考已有资料或经验数据，取得有关尺寸，并根据结构和工艺要求确定具体的结构参数，而后进行必要的校核计算。

总之，既不能把设计片面地理解为理论计算（如强度计算），或者将这些计算结果看成是不可更改的，也不能简单地从结构和工艺要求出发，毫无根据地随意确定零件的尺寸。应根据设计对象的具体情况，以理论计算为依据，全面考虑设计对象的结构、工艺、经济性等要求，确定合理的结构尺寸。

5. 处理好计算与画图的关系

有些零件可以由计算确定基本尺寸，再经草图设计决定具体结构；而有些零件需要先画图，取得计算所需条件，再进行必要的计算；例如轴的设计：首先初算轴的直径，绘制草图；再由草图设计确定支点和力作用的位置，作出弯矩图，进行轴的强度校核计算；由计算结果确定是否需要修改草图。因此，计算和画图是互为依据、交叉进行的。这种边计算、边画图、边修改的过程是设计的正常过程。

6. 树立正确的工作态度，培养科学的、有条理的工作方法

课程设计是在教师指导和监督下进行的。学生是设计的主体，要充分发挥主观能动性，积极思考问题，严肃认真地对待设计，培养精益求精的设计态度。

学生要注意把握设计进度，做到有条不紊、循序渐进地从事具体设计工作。要认真检查每一阶段的设计，避免因重大错误而影响下一阶段的工作。

拓展视频　　　　　　　　　拓展视频

大国工匠：大技贵精　　　　　科学家精神

第2章 传动装置的总体设计

传动装置的总体设计，主要包括拟订传动方案、选择原动机、确定总传动比和分配各级传动比，以及计算传动装置的运动和动力参数。

2.1 拟订传动方案

机器通常是由原动机（如电动机、内燃机等）、传动装置和工作机三部分组成的。传动装置位于原动机和工作机之间，用来传递运动和动力，改变运动形式、转速、转矩等，以实现工作机预定的工作要求。实践表明，传动装置设计得是否合理，对整部机器的性能、成本以及整体尺寸都有很大影响。因此，合理地设计传动装置是整部机器设计工作中的重要一环，而合理地拟订传动方案又是保证传动装置设计质量的基础。

在课程设计中，学生应根据设计任务书，拟订传动方案。如果设计任务书中已给出传动方案，学生则应分析和了解所给方案的优缺点。

传动方案一般用机构运动简图表示。它反映机构运动和动力传递路线、各部件的组成和连接关系。

传动方案首先应满足工作机的性能要求，适应工作条件，工作可靠，此外还应尽可能地使结构简单、尺寸紧凑、成本低、传动效率高和操作维护方便等。要同时满足上述要求往往比较困难，因此，应根据具体的设计任务有侧重地保证主要设计要求，选用比较合理的传动方案。图 2-1 所示为矿井运输用的带式运输机的三种传动方案。由于工作机要在狭小的矿井

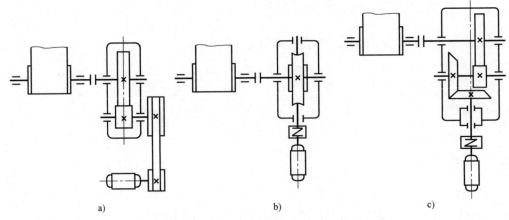

a)   b)   c)

图 2-1 带式运输机的三种传动方案

巷道中连续工作，因此对传动装置的主要要求是尺寸紧凑、传动效率高。在图 2-1a 所示方案中，机器宽度尺寸较大，带传动不适应繁重的工作要求和恶劣的工作环境；图 2-1b 所示方案虽然结构紧凑，但蜗杆传动效率低，长期连续工作不经济；图 2-1c 所示方案中，机器宽度尺寸较小，传动效率较高，也适于在恶劣环境下长期工作，是较为合理的。

由图 2-1 可知，在选定原动机的条件下，根据工作机的工作条件拟订合理的传动方案，主要是合理地确定传动装置，即合理确定传动机构的类型和合理布置多级传动中的各传动机构。下面给出原动机选择、传动机构选型和各类传动机构布置的一般原则。

2.1.1 原动机的选择

常见原动机可分为四大类型，即电动机、液压马达（缸）和气马达（缸）、内燃机等。常用原动机的类型和特点见表 2-1。

由于电力供应的普遍性，且电动机具有结构简单、价格便宜、效率高、维护方便等优点，若无特殊需要，固定机械常选用电动机作为原动机。

表 2-1 常用原动机的类型和特点

类型	功率	驱动效率	调速性能	结构尺寸	对环境的影响	特　点
电动机	较大	高	好	较大	小	与被驱动的工作机连接简便，其种类和型号较多，并具有各种运行特性，可满足不同类型机械的工作要求。但使用电动机必须具备相应的电源，对野外工作的机械及移动式机械，常因缺乏所需电源而不能选用电动机
液压马达（缸）	大	较高	好	小	较大	必须具有高压油的供给系统，应使液压系统元件有较高的制造和装配精度，否则容易漏油，这不仅影响驱动效率，而且还影响工作机的运动精度和环境
气马达（缸）	小	较低	好	较小	小	用空气作为工作介质。气马达工作迅速、反应快、维护简单、成本较低，对易燃、易爆、多尘和振动等恶劣工作环境的适应性较好。但因空气具有可压缩性，所以气马达的工作稳定性差，气动系统的噪声较大，一般只适用于小型和轻型的工作机
内燃机	很大	低	好	大	大	具有功率范围宽、操作简便、起动迅速和便于移动等优点，大多用于野外作业的工程机械、农业机械、船舶、车辆等。其主要缺点是需要柴油或汽油作为燃料，通常对燃料的要求也比较高，在结构上比较复杂，而且对零部件的加工精度要求较高

2.1.2 传动机构类型的选择

为了便于比较和选型，将常用传动机构的主要特性和适用范围列于表 2-2 中。

传动机构类型选择的一般原则：

1）小功率传动，宜选用结构简单、价格便宜、标准化程度高的传动机构，以降低制造成本。

2）大功率传动，应优先选用传动效率高的传动机构，如齿轮传动，以降低能耗。

3）工作中可能出现过载的工作机，应选用具有过载保护作用的传动机构，如带传动。但在易爆、易燃场合，不能选用摩擦传动，以防止静电引起火灾。

表 2-2　常用传动机构的主要特性和适用范围

选用指标		传动机构					
		平带传动	V带传动	链传动	齿轮传动		蜗杆传动
					圆柱齿轮传动	锥齿轮传动	
功率（常用值）P/kW		小（≤20）	中（≤100）	中（≤100）	大（最大达50000）		小（≤50）
单级传动比	常用值	2~4	2~4	2~5	3~5	2~3	7~40
	最大值	5	7	10	10	6~10	80
传动效率 η		中	中	中	高		低
许用线速度 v/(m/s)		≤25	≤25~30	≤40	6级精度		≤15~25
					≤15~25	≤9	
					7级精度		
					≤10~17	≤6	
					8级精度		
					≤5~10	≤3	
外廓尺寸		大	大	大	小		小
传动精度		低	低	中	高		高
工作平稳性		好	好	较差	一般		好
自锁能力		无	无	无	无		可有
过载保护作用		有	有	无	无		无
使用寿命		短	短	中	长		中
缓冲吸振能力		好	好	中	差		差
要求制造及安装精度		低	低	中	高		高
要求润滑条件		不需要	不需要	中	高		高
环境适应性		不能接触酸、碱、油类、爆炸性气体		好	一般		一般

4）载荷变化较大、换向频繁的工作机，应选用具有缓冲吸振能力的传动机构，如带传动。

5）工作温度较高、潮湿、多粉尘、易爆、易燃场合，宜选用链传动、闭式齿轮传动或闭式蜗杆传动。

6）要求两轴保持准确的传动比时，应选用齿轮传动或蜗杆传动。

2.1.3　各类传动机构在多级传动中的布置

在多级传动中，各类传动机构的布置顺序不仅影响传动的平稳性和传动效率，而且对整个传动装置的结构尺寸也有很大影响。因此，应根据各类传动机构的特点合理布置，充分发挥优点。常用传动机构的一般布置原则：

1）带传动的承载能力较小，当传递相同转矩时其结构尺寸较其他传动形式大，但传动平稳，能缓冲、减振，并可起过载保护作用，因此带传动宜布置在高速级。

2）链传动运转不均匀，有冲击，不适用于高速级，应布置在低速级。

3）蜗杆传动可实现较大的传动比，尺寸紧凑，传动平稳，但传动效率较低，适用于中小功率、间歇工作的场合。当与齿轮传动同时使用时，对于青铜或铸铁蜗轮的蜗杆传动，常将蜗杆传动布置在低速级，以使齿面滑动速度较低，防止产生胶合或严重磨损；对于锡青铜蜗轮的蜗杆传动，由于允许齿面有较高的相对滑动速度，因此可将蜗杆传动布置在高速级，以利于形成润滑油膜，提高承载能力和传动效率。

4）锥齿轮加工较困难，特别是大直径、大模数的锥齿轮。一般在需要改变轴的布置方向时才选用锥齿轮传动，并尽量将其布置在高速级，同时限制传动比不要过大，以减小锥齿轮的直径和模数。

5）斜齿轮传动的平稳性较直齿轮传动好，常布置在高速级。

6）开式齿轮传动的工作环境较差，润滑条件不好，磨损较为严重，寿命较短，应布置在低速级。

2.2 减速器的类型、特点及应用

减速器大多已标准化、系列化，并由专业厂家生产，在以后进行产品设计时，可参阅相关资料中标准减速器的主要参数、技术指标等进行选用，而在机械设计课程设计中，为了达到培养设计能力的目的，不允许选用标准减速器，而要自行设计。

常用减速器的类型、特点及应用见表 2-3。

表 2-3 常用减速器的类型、特点及应用

类型		简图	推荐传动比范围	特点及应用
圆柱齿轮减速器	一级圆柱齿轮减速器		直齿：≤4 斜齿：≤6	轮齿可为直齿、斜齿或人字齿。箱体常用铸铁铸造。支承多采用滚动轴承，只有重型减速器才采用滑动轴承
	二级展开式圆柱齿轮减速器		8~40	这是二级减速器中应用最广泛的一种。齿轮相对于轴承不对称，要求轴具有较大的刚度。高速级齿轮常布置在远离转矩输入端的一边，以减少因弯曲变形所引起的载荷沿齿宽分布不均现象。高速级齿轮常用斜齿轮。建议用于载荷较平稳的场合
	二级同轴式圆柱齿轮减速器		8~40	箱体长度较小，两大齿轮浸油深度可以大致相同。但减速器轴向尺寸及重量较大；高速级齿轮的承载能力不能充分利用；中间轴承润滑困难；中间轴较长，刚度差；仅能有一个输入端和输出端，限制了传动布置的灵活性

（续）

类　型	简　图	推荐传动比范围	特点及应用
锥齿轮及锥齿轮-圆柱齿轮减速器 — 一级锥齿轮减速器		直齿：≤3 斜齿：≤5	用于输入轴与输出轴相交的传动
锥齿轮及锥齿轮-圆柱齿轮减速器 — 二级锥齿轮-圆柱齿轮减速器		8~15	用于输入轴与输出轴相交而传动比较大的传动。锥齿轮应在高速级，以减小锥齿轮尺寸并有利于加工。轮齿皆可分别做成直齿或斜齿
蜗杆及蜗杆-齿轮减速器 — 一级蜗杆减速器	 **下置式蜗杆减速器** **上置式蜗杆减速器**	10~40	传动比大，结构紧凑，但传动效率低，用于中小功率、输入轴与输出轴垂直交错的传动。下置式蜗杆减速器润滑条件较好，应优先选用。当蜗杆圆周速度太高（$v>4\mathrm{m/s}$）时，搅油损失大，才使用上置式蜗杆减速器。此时，蜗轮轮齿浸油，蜗杆轴承润滑较差

（续）

类型	简图	推荐传动比范围	特点及应用
蜗杆及蜗杆-齿轮减速器 — 蜗杆-齿轮减速器		60~90	传动比较一级蜗杆减速器高、二级蜗杆减速器低，但传动效率较二级蜗杆减速器高
蜗杆及蜗杆-齿轮减速器 — 齿轮-蜗杆减速器		60~90	结构比蜗杆-齿轮减速器紧凑，但传动效率比蜗杆-齿轮减速器低
行星减速器 — 一级 NGW	1—太阳轮　2—行星轮　3—内齿圈　H—行星架	3~10	尺寸小，重量轻，但制造精度要求较高，结构较复杂 在要求结构紧凑的动力传动中应用较广
行星减速器 — 二级 NGW	1、6—太阳轮　2、5—行星轮　3、4—内齿圈 H₁、H₂—行星架	14~160	

2.3 电动机的选择

电动机为系列化产品。机械设计中需要根据工作机的工作情况和运动、动力参数，合理选择电动机的类型、结构形式、容量和转速，给出具体的电动机型号。

2.3.1 电动机类型和结构形式的选择

Y、Y2、Y3系列为普通效率的三相异步电动机，YE2、YX3系列为高效三相异步电动机，YE3系列则为超高效三相异步电动机。为节能减排，按照 GB/T 18613—2012 的规定，自 2012 年 9 月 1 日起，Y、Y2、Y3 系列产品应全部停止生产，由 YE2、YX3、YE3 系列产品替代。YE2 系列电动机已成为我国三相异步电动机的主导产品，但是鉴于目前处于过渡时期，本教材第 21 章仍提供 Y 系列电动机的技术数据及外形尺寸。

Y 系列电动机为一般用途的全封闭自扇冷式电动机，适用于无特殊要求的各种机械设备，如机床、鼓风机、运输机，以及农业机械和食品机械。对于频繁起动、制动和换向的机械（如起重机械），宜选允许有较大振动和冲击、转动惯量小、过载能力大的 YZ 和 YZR 系列起重用三相交流异步电动机。

同一系列的电动机有不同的防护及安装形式，可根据具体要求选用。

> **具体问题具体分析** 连续工作的带式运输机常选择三相异步电动机。而在现代化生产线中，若带式运输机需要经常起停，且要求起停迅速、停止位置准确，则可以选用伺服电动机驱动。在伺服电动机选型时，还要考虑电动机与负载的惯量匹配、功效匹配等。这提醒我们在选型设计时，必须针对具体问题进行具体分析，平时还要注重多维度学习，多视角探究，不断积累设计经验，拓展研发思路，以期更好地满足设备需求。

2.3.2 电动机容量的确定

电动机的容量选择是否合适，对电动机的工作和经济性都有影响。选择功率小于工作要求，则不能保证工作机的正常工作，或使电动机长期过载、发热大而过早损坏；选择功率过大，则电动机价格高，能力不能充分利用而造成浪费。

机械设计课程设计中，由于设计任务书所给的工作机一般为稳定（或变化较小）载荷、连续运转的机械，而且传递功率较小，故只需使电动机的额定功率 P_{ed} 等于或稍大于电动机的实际输出功率 P_d，即 $P_{ed} \geqslant P_d$ 就可以了，一般不需要对电动机进行热平衡计算和起动力矩校核。

所需电动机的输出功率 P_d 为

$$P_d = \frac{P_w}{\eta_a} \tag{2-1}$$

式中　P_w——工作机所需输入功率（kW）；

　　　η_a——传动装置的总效率。

工作机所需功率 P_w 由工作机的工作阻力（F 或 T）和运动参数（v 或 n）按式（2-2）或式（2-3）计算

$$P_\mathrm{w}=\frac{Fv}{1000\eta_\mathrm{w}} \tag{2-2}$$

或

$$P_\mathrm{w}=\frac{Tn}{9550\eta_\mathrm{w}} \tag{2-3}$$

式中　F——工作机阻力（N）；

　　　v——工作机线速度（m/s）；

　　　T——工作机阻力矩（N·m）；

　　　n——工作机转速（r/min）；

　　　η_w——工作机效率，根据工作机的类型确定。例如，带式运输机可取 $\eta_\mathrm{w}=0.96$，卷扬机可取 $\eta_\mathrm{w}=0.97$。

传动装置总效率 η_a 按式（2-4）计算

$$\eta_\mathrm{a}=\eta_1\cdot\eta_2\cdot\cdots\cdot\eta_n \tag{2-4}$$

式中　$\eta_1,\eta_2,\cdots,\eta_n$——分别为传动装置中每一传动副（如齿轮传动、蜗杆传动、带传动或链传动等）、每一对轴承及每一个联轴器的效率，其数值可由表 12-4 选取。

计算总效率 η_a 时应注意的几个问题：

1）所取传动副效率中是否包括其支承轴承的效率，若已包括，则不再计入该对轴承的效率。轴承效率均指一对轴承而言。

2）同类型的几对传动副、轴承或联轴器，要分别计入各自的效率。

3）蜗杆传动啮合效率与蜗杆参数、材料等因素有关，设计时可先初估蜗杆头数，初选其效率值，待蜗杆传动参数确定后再精确地计算效率，并校核传动功率。

4）资料推荐的效率一般有一个范围，可根据工作条件、精度等要求选取具体值。例如，工作条件差、精度低、润滑不良的齿轮传动取较小值，反之取较大值。

> **拓展与交流**　若电动机选得过大，则会造成"大马拉小车"，浪费电能；若选得过小，则相当于"小马拉大车"，会使电动机过热，致使电动机损坏，所以要合理地估算电动机功率。这里，为了使设计题目具有通用性，同时减少原始计算工作量，给定了工作机阻力 F，然后基于 F 推算所需的电动机功率。实际上，工作机阻力 F 与单位物料运输量、物料提升高度、运输带的长度及宽度、滚动摩擦系数等多因素有关。建议同学们针对带式运输机的具体使用工况，查阅资料，完成工作阻力的计算和电动机的选型，真正走近工程实际。

2.3.3　电动机转速的选择

额定功率相同的同类型电动机，有几种转速可供选择，如三相异步电动机就有四种常用的同步转速，即 3000r/min、1500r/min、1000r/min、750r/min。电动机的转速高，磁极对数少，尺寸和质量小，价格也低，但传动装置的总传动比大，从而使传动装置的结构尺寸增大，成本提高；选用低转速的电动机则相反。因此，应对电动机及传动装置做整体考虑，综合分析比较，以确定合理的电动机转速。一般来说，如无特殊要求，通常多选用同步转速为 1500r/min 或 1000r/min 的电动机。

对于多级传动，为使各级传动机构设计合理，还可以根据工作机的转速及各级传动副的合理传动比，推算电动机转速的可选范围，即

$$n'_d = i'_a n = (i'_1 \cdot i'_2 \cdot \cdots \cdot i'_n) n \tag{2-5}$$

式中　　n'_d——电动机可选转速范围（r/min）；

　　　　i'_a——传动装置总传动比的合理范围；

i'_1，i'_2，$\cdots$，i'_n——各级传动副传动比的合理范围（见表2-2）；

　　　　n——工作机转速（r/min）。

在电动机的类型、结构、输出功率 P_d 和转速确定以后，可由标准查出电动机型号、额定功率、满载转速、外形尺寸、电动机中心高、轴伸尺寸和键连接尺寸等，并将这些参数列表备用。

通常按所需电动机功率 P_d 对传动装置进行设计计算，因为按电动机额定功率 P_{ed} 设计时可能会使传动装置的工作能力超过工作机的要求而造成浪费。对于有些通用设备，为留有储备能力，以备发展或不同工作需要，也可按额定功率 P_{ed} 设计其传动装置。传动装置的转速可按电动机满载转速 n_m（额定功率时的转速）计算，这一转速与实际工作时的转速相差不大。

> **类比法**　此处是根据工作载荷等进行计算来确定电动机的型号，即设计计算法。此外，还有一种常见的零部件尺寸确定方法——类比法，即通过相似工况的现有设备，确定待设计设备的尺寸。类比法蕴含着借鉴、推理的思想。同学们要善于利用已有知识，借鉴前人经验，递推、妥善处理新问题，通过运用不同的设计方法，创新设计出最优良的设备。

2.4　传动装置总传动比的确定及各级传动比的分配

根据电动机满载转速 n_m 及工作机转速 n，可得传动装置的总传动比为

$$i_a = \frac{n_m}{n} \tag{2-6}$$

由传动方案可知，传动装置的总传动比等于各级串联传动机构传动比的连乘积，即

$$i_a = i_1 \cdot i_2 \cdot \cdots \cdot i_n \tag{2-7}$$

式中　　i_1，i_2，$\cdots$，i_n——各级串联传动机构的传动比。

合理地分配各级传动比，是传动装置总体设计中的一个重要问题，它将直接影响传动装置的外廓尺寸、重量及润滑条件等。图2-2所示为二级圆柱齿轮减速器的两种传动比分配方

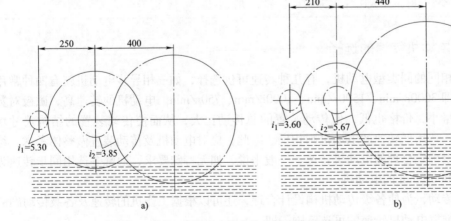

图 2-2　传动比分配方案的对比

案。图 2-2a、b 所示方案的总中心距和总传动比相同，但各自的高速级和低速级的传动比不同。在图 2-2a 所示的方案中，两级大齿轮的浸油深度相差不大，总体的外廓尺寸较为紧凑；而在图 2-2b 所示的方案中，两级大齿轮的尺寸相差较大，若要保证高速级大齿轮浸到油，则低速级大齿轮的浸油深度将过大，造成较大的搅油损失，且总体的外廓尺寸也较大。

2.4.1　传动比分配的一般原则

在分配各级传动的传动比时，一般应遵循以下原则：

1）如果设计标准减速器，则应按照标准减速器的传动比选取。

2）各级传动比都应在常用的合理范围内（见表 2-3）。

3）应使各传动件的尺寸协调，结构匀称合理，利于安装，避免各零件发生干涉。

如图 2-3 所示，大带轮的外圆半径大于减速器的中心高。若要保证大带轮不触碰地面，需要把减速器底座垫高，或者在带轮下方挖坑，这些都使得安装不便。大带轮的外圆半径大于减速器的中心高可能是由于带的传动比过大，与齿轮的传动比不匹配造成的。

如图 2-4 所示，由于高速级齿轮的传动比过大，造成了高速级大齿轮与低速级大齿轮所在的轴发生碰撞，这是绝对不允许的。

4）应使减速器低速级大齿轮略大于高速级大齿轮，各级大齿轮直径相近，以便浸油深度大致相等，方便浸油润滑，使各级传动获得较小的外廓尺寸和较小的重量，如图 2-2a 所示。

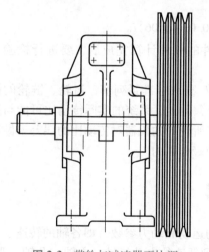

图 2-3　带轮与减速器不协调

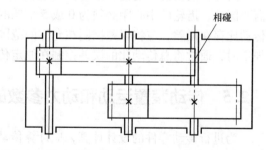

图 2-4　高速级大齿轮与低速轴相碰

2.4.2　传动比分配的参考公式

分配传动比是一项较繁杂的工作，往往需要经过多次推算，将多种分配方案进行比较，综合考虑总体尺寸、各传动件的尺寸协调关系等，最后确定一个较合理的方案。现给出几种常见非标准减速器传动比分配的经验公式及建议，供分配传动比时参考。

1. 带传动与一级圆柱齿轮减速器

如外部传动机构为带传动，内部为一级圆柱齿轮减速器，为避免出现图 2-3 所示的情况，应使带传动的传动比小于齿轮传动的传动比。

2. 二级圆柱齿轮减速器

对于二级圆柱齿轮减速器，应使低速级大齿轮齿顶圆直径略大于高速级大齿轮齿顶圆直径。设高速级的传动比为 i_1，低速级的传动比为 i_2，减速器的传动比为 i，则二级圆柱齿轮减速器在分配传动比时可参考如下公式：

二级展开式圆柱齿轮减速器　　　　$i_1 = \sqrt{(1.3 \sim 1.4)i}$ 　　　　　　　　(2-8)

二级同轴式圆柱齿轮减速器　　　　$i_1 = i_2 = \sqrt{i}$ 　　　　　　　　　　(2-9)

但应指出，除了齿轮的传动比外，齿轮的材料及热处理硬度、齿数和齿轮宽度等也影响齿轮的直径大小。欲使两级传动的大齿轮直径接近，应综合考虑上述因素。

3. 锥齿轮-圆柱齿轮减速器

设高速级锥齿轮传动的传动比为 i_1，减速器的传动比为 i，则分配传动比时可用如下公式：

$$i_1 \approx 0.25i \tag{2-10}$$

为便于大锥齿轮的加工，应使大锥齿轮的尺寸不要过大，一般限制锥齿轮的传动比 $i_1 \leqslant 3$，当希望两级传动的大齿轮浸油深度相近时，允许 $i_1 \leqslant 4$。

4. 齿轮-蜗杆减速器

为获得较紧凑的箱体结构和便于润滑，对于齿轮-蜗杆减速器，通常取齿轮的传动比 $i_1 = 2 \sim 2.5$。

5. 蜗杆-齿轮减速器

对于蜗杆-齿轮减速器，可取齿轮的传动比 $i_2 = (0.03 \sim 0.06)i$。

以上只是分配传动比的一些经验和建议，传动件的尺寸计算完成后，要进行检验、核查，一旦出现干涉等不合理情况，应重新设计。

另外，需要说明的是，由于 V 带轮的基准直径 d_d 要取标准系列值，齿轮、链轮的齿数需要圆整，齿轮的中心距必须为 0 或 5 结尾的整数等，因此，系统的实际传动比可能与原定传动比存在误差，应将误差控制在允许的范围内。当所设计的机器对传动比的误差未做明确规定时，通常将总传动比的误差控制在原定传动比的±5%以内。

2.5　传动装置运动和动力参数的计算

为进行传动零件的设计计算，应计算传动装置的运动和动力参数，即各轴的转速、功率和转矩。下面以图 1-1b 所示机构为例，说明从高速到低速的电动机轴、Ⅰ轴、Ⅱ轴、Ⅲ轴、Ⅳ轴的各转速、功率和转矩的计算。

1. 各轴转速

高速轴 Ⅰ 的转速　　　　　　　　$n_{\text{I}} = n_{\text{m}}$

中间轴 Ⅱ 的转速　　　　　　　　$n_{\text{II}} = \dfrac{n_{\text{I}}}{i_1} = \dfrac{n_{\text{m}}}{i_1}$

低速轴 Ⅲ 的转速　　　　　　　　$n_{\text{III}} = \dfrac{n_{\text{II}}}{i_2} = \dfrac{n_{\text{m}}}{i_1 i_2}$ 　　　　　　(2-11)

滚筒轴 Ⅳ 的转速　　　　　　　　$n_{\text{IV}} = n_{\text{III}}$

式中　n_{m}——电动机的满载转速（r/min）；

i_1——高速级的传动比；

i_2——低速级的传动比。

2. 各轴的输入功率

$$\left.\begin{array}{ll}\text{高速轴 I 的输入功率} & P_{\mathrm{I}} = P_{\mathrm{d}}\eta_{\mathrm{L1}} \\ \text{中间轴 II 的输入功率} & P_{\mathrm{II}} = P_{\mathrm{I}}\,\eta_{\mathrm{B}}\eta_{\mathrm{G1}} \\ \text{低速轴 III 的输入功率} & P_{\mathrm{III}} = P_{\mathrm{II}}\,\eta_{\mathrm{B}}\eta_{\mathrm{G2}} \\ \text{滚筒轴 IV 的输入功率} & P_{\mathrm{IV}} = P_{\mathrm{III}}\,\eta_{\mathrm{B}}\eta_{\mathrm{L2}}\end{array}\right\} \quad (2\text{-}12)$$

式中　P_{d}——电动机的实际输出功率（kW）；

η_{L1}——电动机处联轴器 1 的效率；

η_{L2}——滚筒处联轴器 2 的效率；

η_{B}——一对轴承的效率；

η_{G1}——高速级齿轮传动的效率；

η_{G2}——低速级齿轮传动的效率。

3. 各轴的输入转矩

用 $T_i = 9550\dfrac{P_i}{n_i}$ 可计算各轴的输入转矩，单位为 N·m。例如：

$$\left.\begin{array}{ll}\text{电动机轴的输入转矩} & T_{\mathrm{d}} = 9550\dfrac{P_{\mathrm{d}}}{n_{\mathrm{m}}} \\[2mm] \text{高速轴 I 的输入转矩} & T_{\mathrm{I}} = 9550\dfrac{P_{\mathrm{I}}}{n_{\mathrm{I}}} \\[2mm] \text{中间轴 II 的输入转矩} & T_{\mathrm{II}} = 9550\dfrac{P_{\mathrm{II}}}{n_{\mathrm{II}}}\end{array}\right\} \quad (2\text{-}13)$$

将上述计算结果列入表 2-4，供以后设计计算使用。

表 2-4　运动和动力参数

轴　号	功率 P/kW	转矩 T/N·m	转速 n/(r/min)	传动比 i	效率 η
电动机轴					
I 轴					
II 轴					
⋮					
工作机轴					

第3章 传动件的设计计算和联轴器的选择

传动件决定着减速器的工作性能、尺寸大小等，因此，一般应先进行传动件的设计计算，然后需要通过初估确定各阶梯轴的轴径，并选择确定联轴器的类型和具体型号。设计任务书所给的工作条件和传动装置的运动和动力参数计算所得的数据，则是传动件和轴设计计算的原始依据。

3.1 传动件的设计计算

一般情况下，首先进行减速器外部传动件的设计计算，以便使减速器设计的原始条件比较准确。在设计计算减速器内部传动件后，还可能再修改减速器外部传动件的参数、尺寸和结构，以使传动装置的设计更为合理。

传动件的设计计算方法参见《机械设计》《机械设计基础》教材。现仅就设计计算应注意的问题做简要提示。

3.1.1 减速器外部传动件设计计算

（1）V带传动　设计V带传动需确定的主要内容：带的型号、根数、长度，中心距，带轮直径和宽度，作用在轴上力的大小和方向，并验算实际传动比。设计时应注意相关尺寸的协调。

着重检查：①带轮尺寸与传动装置外廓尺寸的相互关系，如小带轮的外圆半径是否大于电动机的中心高，大带轮的外圆半径是否过大造成带轮与机器底座干涉等。②带轮孔的尺寸与电动机轴或减速器输入轴的尺寸是否一致。③带轮轮缘宽度取决于带的型号和根数，而带轮的轮毂宽度取决于装带轮处轴的直径，因此，带轮的轮缘宽度与轮毂宽度不一定相等。

（2）链传动　设计滚子链传动需确定的主要内容：链节距、排数和链节数，中心距，链轮材料、齿数、轮毂长，作用在轴上力的大小和方向，并验算实际传动比。当用单列链，其尺寸过大时，应改用双列或多列链，以尽量减小链节距。设计时应注意链轮的直径尺寸、轴孔尺寸、轮毂尺寸等是否与工作机、减速器其他零件协调。同时还应考虑润滑与维护。

（3）开式齿轮传动　设计开式齿轮传动需确定的主要内容：选择材料、热处理方法，确定齿轮的模数、齿数、螺旋角、变位系数及几何尺寸（如直径、齿宽、轮毂长、孔径、中心距等），力的大小和方向，并验算实际传动比。开式齿轮传动一般只需计算轮齿抗弯强度，考虑因齿面磨损而引起的轮齿强度的削弱，应将计算求得的模数加大 10% ~ 15%。开式齿轮传动精度低，多安装在输出轴外伸端，悬臂结构刚度较差，故齿宽系数宜取小些。设计时应注意齿轮结构尺寸是否与工作机等协调。

3.1.2　减速器内部传动件设计计算

在减速器外部传动件设计计算完成后，各传动件的传动比可能有所变化，因而引起了传动装置的运动和动力参数的改变，这时应先对其参数做相应修改，再对减速器内的传动件进行设计计算。

1. 圆柱齿轮传动

1）选择齿轮材料和热处理方法时，要考虑到毛坯的制造方法。当齿轮的齿顶圆直径 $d_a \leqslant 500\text{mm}$ 时，一般选用锻造毛坯，而当 $d_a > 500\text{mm}$ 时，由于受锻造设备能力所限，多选用铸造毛坯。同一减速器内的各级大小齿轮的材料应尽可能一致，以减少材料牌号和简化工艺要求。

2）齿轮传动的几何参数和尺寸应合乎要求。例如：模数必须为标准系列值，且在动力传动中，模数一般不小于2mm；中心距应尽量设计成以0或5结尾的整数，对于直齿圆柱齿轮传动，可以通过调整模数、齿数，或采用角度变位来达到；而对于斜齿圆柱齿轮传动，还可以通过调整螺旋角来凑成需要的中心距。齿轮的轮毂、轮辐及轮缘尺寸、齿轮宽度等应为整数；齿轮的直径（分度圆直径、齿顶圆直径、齿根圆直径、基圆直径）、变位系数应精确到小数点后2~3位；螺旋角应精确到小数点后3~4位，精确到秒（″）。

3）斜齿轮传动平稳，承载能力较大，因此在减速器中多采用斜齿轮。直齿轮不产生轴向力，可简化轴承组合结构，在圆周速度不大的场合也可选用直齿轮。

2. 锥齿轮传动

1）锥齿轮大端模数取标准值。锥齿轮的锥距 R、分度圆直径 d 等几何尺寸，应按大端模数和齿数精确计算至小数点后三位，不能圆整。

2）两轴交角为90°时，分度圆锥角应精确计算到秒（″），小锥齿轮的齿数一般取17~25。

3）锥齿轮的齿宽按齿宽系数求得并圆整。大、小锥齿轮的宽度应相等。

3. 蜗杆传动

1）蜗杆传动副材料的选择与滑动速度有关。设计时，应根据工作要求，先估计滑动速度和传动效率，选择合适的材料，在蜗杆传动尺寸确定后，再校核实际滑动速度和传动效率，并修正有关计算数据。

2）为了便于加工，蜗杆和蜗轮的螺旋线方向应尽量取为右旋。

3）蜗杆传动的中心距应为0或5结尾的整数，模数 m、蜗杆分度圆直径 d_1 为标准值。为配凑中心距 a，有时需对蜗杆传动进行变位。变位蜗杆传动只改变蜗轮的几何尺寸，而蜗杆的几何尺寸保持不变。

4）如果根据传动装置的总体要求可以任意选定蜗杆上置或下置时，可根据蜗杆分度圆的圆周速度确定蜗杆上置还是下置。当蜗杆圆周速度 $v_1 \leqslant 5\text{m/s}$ 时，一般将蜗杆下置。

5）蜗杆传动的强度、刚度验算及热平衡计算，在装配草图设计确定蜗杆支点距离和箱体外廓尺寸后进行。

3.2 轴径初算和联轴器的选择

3.2.1 轴径初算

轴的结构设计要在初步估算出一段轴径的基础上进行。转轴受扭段的最小直径 d 可按扭转强度初算，计算公式为

$$d \geqslant C \sqrt[3]{\frac{P}{n}}$$

式中　P——轴所传递的功率（kW）；

　　　n——轴的转速（r/min）；

　　　C——由轴的许用切应力所确定的系数，与材料有关，见表3-1。

注意：若为齿轮轴，轴的材料即为齿轮的材料。

表 3-1　轴常用材料的 C 值

轴的材料	Q235，20	35	45	40Cr，35SiMn，38SiMnMo
C	160~135	135~118	118~107	107~98

初估的轴径为轴上受扭段的最小直径，此处如果有键槽时，还要考虑键槽对轴强度削弱的影响。该处有一个键槽时，直径增大 3%~5%；有两个键槽时，直径增大 7%，然后圆整。

若外伸轴段与其他标准传动件（如联轴器）相连接，则该段轴的直径应与传动件的孔径一样，可能要适当调整初算的轴径。

3.2.2 联轴器的选择

联轴器用来连接两轴，以传递运动和转矩。常用联轴器已标准化，设计者可根据工作条件选取标准联轴器。联轴器的选择包括选择联轴器的类型和确定联轴器的型号。

联轴器类型的选择应由工作要求决定。

对中、小型减速器，输入轴、输出轴均可采用弹性套柱销联轴器，它加工制造容易，装拆方便，成本低，能缓冲减振。

输入轴如果与电动机轴相连，转速高，转矩小，也可选用弹性套柱销联轴器。

对于安装对中困难的低速重载轴的连接，可选用齿式联轴器。但它制造困难，成本较高。对高温、潮湿或多尘的单向传动，且有一定角位移时，可选用滚子链联轴器。

联轴器的型号按计算转矩并兼顾所连接两轴的尺寸选定。要求所选联轴器允许的最大转矩不小于计算转矩；联轴器轴孔直径应与被连接两轴的直径匹配；联轴器的最高转速不应小于被连接轴的转速。

第4章

减速器的构造、润滑及装配图设计概述

减速器是广泛用在原动机和工作机之间、实现减速的闭式传动装置。常见类型的减速器已有标准系列，并由专业厂家生产。

4.1　减速器的构造

减速器结构因其类型、用途不同而异。但无论何种类型的减速器，其基本结构都是由轴系部件、箱体及附件三大部分组成的。图 4-1~图 4-4 所示分别为二级圆柱齿轮减速器、一级圆柱齿轮减速器、锥齿轮-圆柱齿轮减速器、蜗杆减速器。各图中均已标出组成减速器的主要零部

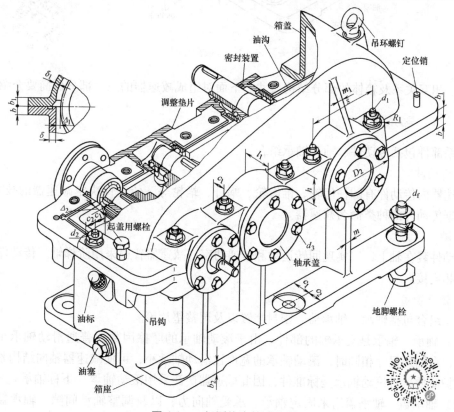

图 4-1　二级圆柱齿轮减速器

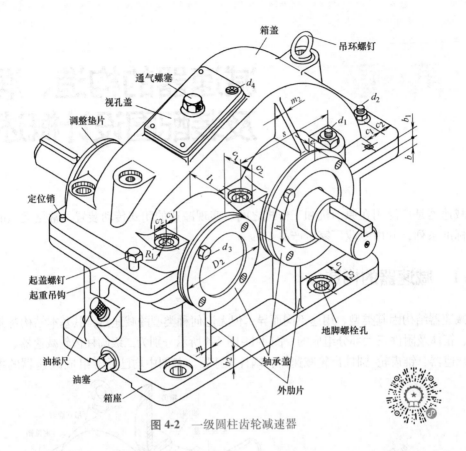

图 4-2 一级圆柱齿轮减速器

件名称、相互关系及箱体的部分结构尺寸。下面对组成减速器的三大部分做简要介绍。

4.1.1 轴系部件

轴系部件包括传动件、轴和轴承组合。

1. 传动件

减速器内传动件有圆柱齿轮、锥齿轮、蜗杆、蜗轮等。传动件决定减速器的技术特性，通常根据传动件的种类命名减速器。

2. 轴

传动件装在轴上，以实现回转运动和传递功率。减速器普遍采用阶梯轴。传动件和轴多以平键相连接。

3. 轴承组合

轴承组合包括轴承、轴承盖、密封装置以及调整垫片等。

（1）轴承　轴承是支承轴的部件。由于滚动轴承的摩擦因数比普通滑动轴承小，运转精度高，在轴颈尺寸相同时，滚动轴承的宽度比滑动轴承小，可使减速器轴向结构紧凑，润滑、维护简便，且滚动轴承是标准件，因此减速器广泛采用滚动轴承（下称轴承）。

（2）轴承盖　轴承盖用来固定轴承、承受轴向力，以及调整轴承间隙。轴承盖有嵌入式和凸缘式两种。凸缘式轴承盖调整轴承间隙方便，密封性好；嵌入式轴承盖重量较小，尺寸小，零件数目少。

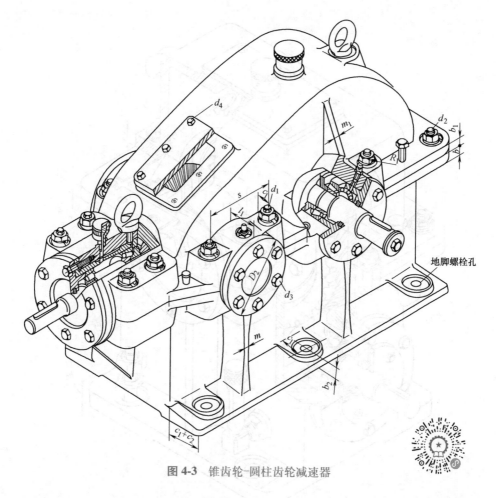

图 4-3　锥齿轮-圆柱齿轮减速器

（3）密封装置　在输入轴和输出轴的外伸端，为防止灰尘、水汽及其他杂质进入轴承，引起轴承急剧磨损和腐蚀，以及防止润滑剂外漏，需在轴承盖孔中设置密封装置。

（4）调整垫片　为了调整轴承间隙，有时也为了调整传动件（如锥齿轮、蜗轮）的轴向位置，需放置调整垫片。调整垫片由若干薄软钢片组成，可通过增减调整垫片的数量来达到调整的目的。

4.1.2　箱体

　　减速器箱体用以支承和固定轴系零件，是保证传动件的啮合精度、良好润滑及密封的重要零件，应具有足够的强度和刚度。箱体质量约占减速器总质量的 50%，因此，箱体结构对减速器的工作性能、加工工艺、材料消耗、重量及成本等有很大影响，设计时必须全面考虑。

　　减速器箱体按毛坯制造方式的不同分为铸造箱体（图 4-1~图 4-4）和焊接箱体（图 4-5）。铸造箱体材料一般多用铸铁（如 HT150、HT200）。铸造箱体较易获得合理和复杂的结构形状，刚度好，易进行切削加工；但制造周期长，重量较大，因此多用于成批生产。焊接箱体比铸造箱体的壁厚薄，重量小 1/4~1/2，生产周期短，多用于单件、小批生产。

　　减速器箱体从结构形式上可以分为剖分式和整体式。剖分式箱体的剖分面多为水平面，

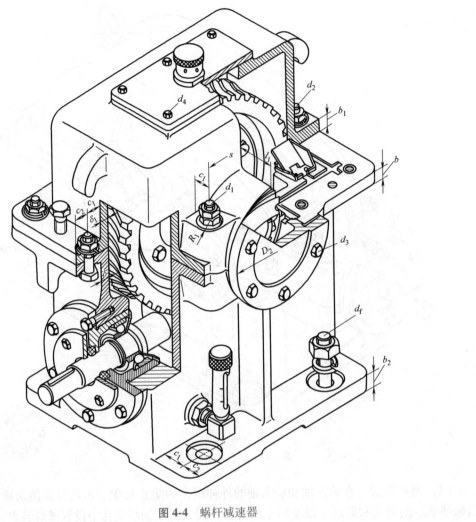

图 4-4 蜗杆减速器

与传动件轴线平面重合，如图 4-1 ~ 图 4-5 所示。一般减速器只有一个剖分面，对于大型立式减速器，为便于制造和安装，也可采用两个剖分面。

拓展视频

大国工匠：
大术无极

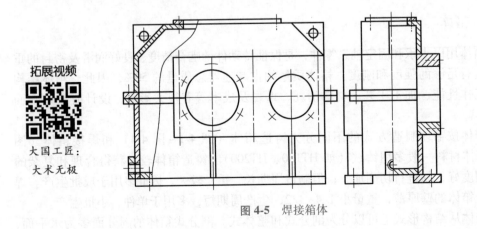

图 4-5 焊接箱体

　　剖分式箱体增加了连接面凸缘和连接螺栓，使箱体重量增大；整体式箱体重量小，零件少，箱体加工量少，但轴系装配较复杂。

　　剖分式铸造箱体结构尺寸及相关零件的尺寸关系经验值见表4-1和表4-2，结构尺寸需圆整。

表 4-1　剖分式铸造箱体结构尺寸　　　　　　　　（单位：mm）

名　称	符号	减速器类型及尺寸关系			
		圆柱齿轮减速器		锥齿轮减速器	蜗杆减速器
箱座壁厚	δ	一级	$0.025a+1\geqslant8$	$0.0125(d_{1m}+d_{2m})+1\geqslant8$ 或 $0.01(d_1+d_2)+1\geqslant8$	$0.04a+3\geqslant8$
		二级	$0.025a+3\geqslant8$	d_1、d_2——小、大锥齿轮的大端直径	
		三级	$0.025a+5\geqslant8$	d_{1m}、d_{2m}——小、大锥齿轮的平均直径	
箱盖壁厚	δ_1	一级	$(0.8\sim0.85)\delta\geqslant8$	$(0.8\sim0.85)\delta\geqslant8$	蜗杆上置：$\delta_1\approx\delta$
		二级	$(0.8\sim0.85)\delta\geqslant8$		蜗杆下置：
		三级	$(0.8\sim0.85)\delta\geqslant8$		$\delta_1=0.85\delta\geqslant8$
箱座凸缘厚度	b	1.5δ			
箱盖凸缘厚度	b_1	$1.5\delta_1$			
箱座底凸缘厚度	b_2	2.5δ			
地脚螺栓直径	d_f	$0.036a+12$		$0.018(d_{1m}+d_{2m})+1\geqslant12$ 或 $0.015(d_1+d_2)+1\geqslant12$	$0.036a+12$
地脚螺栓数目	n	$a\leqslant250$ 时，$n=4$ $a>250\sim500$ 时，$n=6$ $a>500$ 时，$n=8$		$n=\dfrac{\text{箱座底凸缘周长之半}}{200\sim300}\geqslant4$	4
轴承旁连接螺栓直径	d_1	$0.75d_f$			
箱盖与箱座连接螺栓直径	d_2	$(0.5\sim0.6)d_f$			
连接螺栓 d_2 的间距	l	一般为 $150\sim200$			
轴承盖螺钉直径	d_3	$(0.4\sim0.5)d_f$			
视孔盖螺钉直径	d_4	$(0.3\sim0.4)d_f$			
定位销直径	d	$(0.7\sim0.8)d_2$			
d_f、d_1、d_2 至外箱壁距离	c_1	按各自直径分别查表4-2			
d_f、d_2 至凸缘边缘距离	c_2	按各自直径分别查表4-2			
轴承旁凸台半径	R_1	c_2			
凸台高度	h	根据低速级轴承座外径确定，以便于扳手操作为准			
外箱壁至轴承座端面距离	l_1	$c_1+c_2+(5\sim8)$			
大齿轮齿顶圆（蜗轮外圆）与内箱壁距离	Δ_1	$\geqslant\delta$			
齿轮端面与内箱壁距离	Δ_2	$\geqslant\delta$			
箱盖、箱座肋厚	m_1、m	$m_1\approx0.85\delta_1$；$m\approx0.85\delta$			
轴承盖外径	D_2	凸缘式端盖：$D_2=D+(5\sim5.5)d_3$；嵌入式端盖：$D_2=1.25D+10$。D 为轴承外径			
轴承旁连接螺栓距离	s	尽量靠近，以 d_1 和 d_3 互不干涉为准，一般取 $s\approx D_2$			

　　注：1. 多级传动时，a 取低速级中心距。对锥齿轮-圆柱齿轮减速器，按圆柱齿轮传动中心距取值。

　　　　2. 当算出的壁厚 δ、δ_1 的值小于 8mm 时，取为 8mm。

　　　　3. 安装螺栓（如轴承旁螺栓、箱盖和箱座凸缘连接螺栓、地脚螺栓等）的螺栓通孔直径查表14-4。

表 4-2 螺栓所需扳手空间 c_1、c_2 值和沉头座直径　　　　　　　（单位：mm）

螺栓直径	M8	M10	M12	(M14)	M16	(M18)	M20	(M22)	M24	(M27)	M30
$c_1 \geqslant$	13	16	18	20	22	24	26	30	34	36	40
$c_2 \geqslant$	11	14	16	18	20	22	24	26	28	32	34
沉头座直径	18	22	26	30	33	36	40	43	48	53	61

注：带括号者为第2系列，应优先选用不带括号的第1系列。

4.1.3　附件

为了使减速器具备较完善的性能，如注油、排油、通气、吊运、检查油面高度、检查传动件啮合情况、保证加工精度和装拆方便等，在减速器箱体上常需设置一些附加装置或零件，这些附加装置或零件简称为附件。附件包括视孔与视孔盖、通气器、油标、放油螺塞、定位销、起盖螺钉、吊运装置和油杯等。

4.2　减速器的润滑

减速器传动件和轴承都需要良好的润滑，以减少摩擦、磨损，提高效率，防锈，冷却和散热。

减速器润滑对减速器结构有直接影响，如油面高度和需油量的确定，关系到箱体高度的设计；轴承的润滑方式影响轴承的轴向位置和阶梯轴的轴向尺寸等。因此，在设计减速器结构前，应先考虑与减速器润滑有关的问题。

4.2.1　传动件的润滑

绝大多数减速器传动件都采用油润滑，其润滑方式多为浸油润滑。对高速传动的减速器传动件，则为压力喷油润滑。

1. 浸油润滑

浸油润滑是将传动件的一部分浸入油中，传动件回转时，粘在其上的润滑油便被带到啮合区进行润滑。同时，油池中的油被甩到箱壁上，可以散热。这种润滑方式适用于齿轮圆周速度 $v \leqslant 12\text{m/s}$ 及蜗杆圆周速度 $v < 10\text{m/s}$ 的场合。

箱体内应有足够的润滑油，以保证润滑及散热的需要。为了避免油搅动时沉渣泛起，齿顶到油池底面的距离应大于 $30 \sim 50\text{mm}$（图 4-6）。为保证传动件充分润滑且避免搅油损失过大，传动件浸油深度采用表 4-3 中的推荐值。由此确定减速器的中心高 H，并进行圆整。

另外，应验算油池中的油量 V 是否大于传递功率所需的油量 V_0。对于单级减速器，每传递 1kW 的功率需油量为 $350 \sim 700\text{cm}^3$（高黏度油取大值）；对多级传动，应按级数成比例地增加。若 $V < V_0$，则应适当增大 H。

设计二级或多级齿轮减速器时，应选择适宜的传动比，使各级大齿轮浸油深度适当。如果低速级大齿轮浸油过深，超过表 4-3 推荐的传动件浸油深度范围，则可采用油轮润滑，如图 4-7 所示。

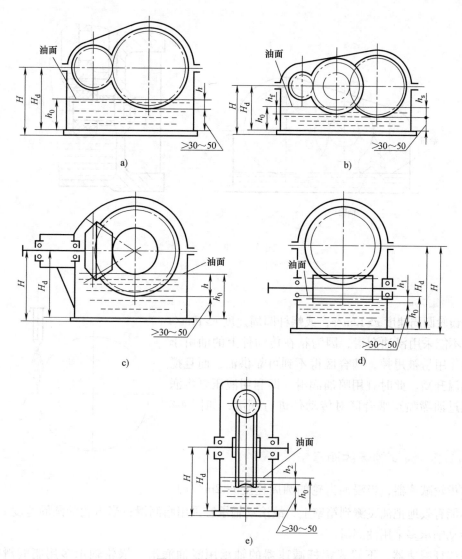

图 4-6　浸油润滑及浸油深度

表 4-3　传动件浸油深度推荐值

减速器类型		传动件浸油深度
一级圆柱齿轮减速器（图 4-6a）		$m<20mm$ 时，h 约为 1 个齿高，但不小于 10mm $m>20mm$ 时，h 约为 0.5 个齿高
二级或多级圆柱齿轮减速器（图 4-6b）		高速级大齿轮，h_f 约为 0.7 个齿高，但不小于 10mm。低速级大齿轮，h_s 由圆周速度的大小而定，速度大的取小值。当 $v=0.8\sim1.2m/s$ 时，h_s 约为 1 个齿高（但不小于 10mm）~1/6 齿轮半径；当 $v\leq0.5\sim0.8m/s$ 时，$h_s\leq(1/6\sim1/3)$ 齿轮半径
锥齿轮减速器（图 4-6c）		整个齿宽浸入油中（至少半个齿宽）
蜗杆减速器	蜗杆下置（图 4-6d）	$h_1=(0.75\sim1)h$，h 为蜗杆齿高，但油面不应高于蜗杆轴承最低的一个滚动体的中心
	蜗杆上置（图 4-5e）	h_2 同低速级圆柱大齿轮的浸油深度 h_s

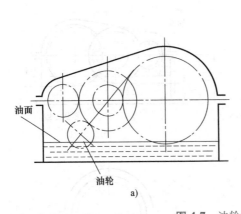 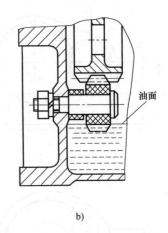

油面

油轮

a)   b)

图 4-7   油轮润滑
a) 油轮的布局   b) 油轮的结构

2. 喷油润滑

当齿轮圆周速度 $v>12\mathrm{m/s}$，或蜗杆圆周速度 $v>10\mathrm{m/s}$ 时，则不能采用浸油润滑，因为粘在传动件上的油由于离心力作用易被甩掉，啮合区得不到可靠供油，而且搅油使油温升高。此时宜用喷油润滑，即利用液压泵将润滑油通过油嘴喷至啮合区对传动件进行润滑，如图 4-8 所示。

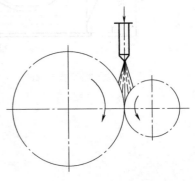

图 4-8   喷油润滑

4.2.2   滚动轴承的润滑

对齿轮减速器，当浸油齿轮的圆周速度 $v<2\mathrm{m/s}$ 时，齿轮不能有效地把油飞溅到箱壁上，故滚动轴承宜采用脂润滑；当齿轮的圆周速度 $v\geqslant2\mathrm{m/s}$ 时，滚动轴承多采用油润滑。

对蜗杆减速器，下置式蜗杆减速器的轴承用浸油润滑，蜗轮轴承多用脂润滑或刮板润滑。

润滑油的代号及选择可参考表 16-1，润滑脂的代号及选择可参考表 16-2。

4.3   减速器装配图设计概述

1. 装配图的作用和具体内容

减速器装配图反映减速器整体轮廓形状和传动方式，也表达出各零件间的相互位置、尺寸和结构。在产品设计时，一般先进行装配图设计，再根据装配图绘制零件图，待零件加工完成后，最后按照装配图进行装配并检验。同时，产品的使用和维护也要根据装配图和相关技术文件进行。因此，装配图在整个产品设计、制造和使用过程中起着关键作用，设计装配图是机械设计过程中的重要环节。

装配图应包括以下四方面的内容：

1）完整、清晰地表达减速器全貌的一组视图。

2）必要的尺寸标注。

3）技术要求及调试、装配、检验说明。

4）零件编号、标题栏、明细栏。

2. 装配图设计前的准备

（1）确定结构设计方案　通过阅读有关资料，看实物、模型、录像或减速器拆装试验等，了解各零件的功能、类型和结构，做到对设计内容心中有数。分析并初步确定减速器的结构设计方案，其中包括箱体结构（剖分式或整体式）、轴及轴上零件的固定方式、轴的结构、轴承的类型、润滑及密封方案、轴承盖的结构（凸缘式或嵌入式），以及传动件的结构等。

（2）必要的技术数据　根据已进行的计算，取得下列数据：

1）电动机的型号、电动机轴直径、轴伸长度和中心高。

2）各传动件的主要尺寸参数，如齿轮分度圆直径、齿顶圆直径、齿宽、中心距、锥齿轮外锥距和带轮或链轮的几何尺寸等。

3）初算轴的直径。

4）联轴器型号、毂孔直径和长度、装拆要求的尺寸。

3. 装配图视图的选择及布置

减速器的装配图通常需要三个视图（主视图、俯视图和左视图），必要时应附加局部视图。

装配图建议用 A0 或 A1 号图纸绘制。为加强真实感，尽量采用 1：1 或 1：2 的比例尺绘图。布图之前，先按所设计减速器的种类，依据图 5-1、图 5-2、图 6-1、图 7-1 等较精确地估算出主视图的尺寸。布图时，按主视图的尺寸并应保证主视图有足够的空间，剩余的俯视图空间若不足，则将轴截断，将截断的部分在左视图上表达清楚。

图面上除三个视图外，应留出标题栏、明细栏、技术特性及技术要求的位置。视图布置可参考图 4-9。

4. 装配图设计注意事项

减速器装配图设计应由内向外进行，先画内部传动件，然后画箱体、附件等。三个视图设计要穿插进行。根据此原则，可将装配图设计分为三个阶段：第一阶段为轴系部件设计，包括轴、传动件和轴承组合的结构设计，建议这一阶段先在非正式图样上进行；第二阶段为箱体和附件的结构设计；第三阶段为总成设计，包括尺

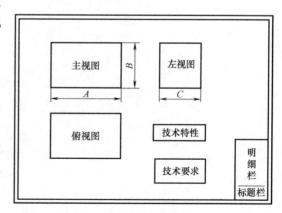

图 4-9　视图布置参考图

寸标注，零件编号，编写技术特性、技术要求，填写标题栏、明细栏等。

装配图的设计过程中既包括结构设计，又有校核计算。计算和画图需要交叉进行，边画图，边计算，反复修改，以完善设计。

装配图上的某些结构，如螺栓、螺母、滚动轴承等，可以按照机械制图国家标准中关于

简化画法的规定绘制。对同类型、尺寸、规格的螺栓连接可只画一组，但这一组必须在各视图上表达完整，其他各组均用中心线表示。

课程设计是在教师指导下进行的，为了更好地达到培养设计和创新能力的要求，提倡独立思考、严肃认真、精益求精的学习态度，绘图要规范，尺寸要准确。

第5~7章分别介绍了圆柱齿轮减速器、锥齿轮减速器、圆柱蜗杆减速器的装配图结构设计方法。对其共性内容，只在第5章做了详细介绍，设计锥齿轮减速器、圆柱蜗杆减速器时可参考。

第5章 圆柱齿轮减速器设计

5.1 轴系部件设计——装配图设计第一阶段

这一阶段的设计内容是根据齿轮的尺寸画出箱体轮廓；以前面估算的轴径为基础，考虑轴上零件的装配、定位及固定方式，进行阶梯轴的结构设计；选定轴承的型号，根据轴承的润滑方式确定轴承的位置；选择键连接的类型和尺寸；确定轴承盖的结构、尺寸及位置。

当轴系部件的结构和尺寸初步确定后，便对轴承、键、轴进行校核计算。建议此阶段在非正式图纸上进行（草图设计），待校核合格后再在正式图纸上画图。

5.1.1 草图设计

1. 画出齿轮的轮廓尺寸线

如图 5-1 所示，先在俯视图上画出各齿轮的节圆、齿顶圆和齿轮宽度，齿轮的结构细节暂不画出。两级大齿轮间的距离 Δ 应大于 8mm。输入轴与输出轴上的齿轮最好布置在远离轴外伸端的位置，同时，在主视图中画出齿轮的节圆和齿顶圆。

2. 确定箱体的内壁和外廓

（1）确定箱体的内壁、外壁

1）俯视图上箱体内壁的确定。为避免齿轮与箱体内壁相碰，齿轮与箱体内壁之间应留有一定距离。一般取大齿轮齿顶圆与箱体内壁的距离为 Δ_1，小齿轮端面与箱体内壁的距离为 Δ_2，Δ_1、Δ_2 的数值见表 4-1。小齿轮左侧的内壁线先不画，将来由主视图确定。宽度方向的内壁确定后，画出箱体宽度的中线，如图 5-1 的俯视图。

2）主视图上箱体内壁、外壁的确定。为避免油池底部油中的沉渣泛起而造成齿面的磨粒磨损，低速级大齿轮齿顶圆与箱体底面的距离应大于 $30\sim50$mm，箱座底的壁厚为 δ，即可画出箱座外底面。通常箱体支承底面作为设计、制造及安装的基准面，支承底面需切削加工，故该面应从箱座外底面（铸造毛面）向下凸出 $5\sim8$mm。在主视图上进一步画出箱体右侧、上方的内、外壁线。箱座壁厚 δ 和箱盖壁厚 δ_1 见表 4-1。齿轮中心至地面的距离 H 应圆整或按 GB/T 12217—2005 取中心高标准值。

（2）确定轴承座的位置及宽度　对于剖分式齿轮减速器，箱体轴承座内端面常为箱体内壁。轴承座的宽度 B（即轴承内、外端面间的距离）取决于壁厚 δ、轴承旁连接螺栓 d_1 所需的扳手空间 c_1、c_2 的尺寸，以及区分加工面与毛坯面所留出的 $5\sim8$mm。因此，轴承座宽度 $B=\delta+c_1+c_2+(5\sim8)$mm，式中 δ 的值见表 4-1，c_1、c_2 的值由轴承旁连接螺栓直径 d_1，查

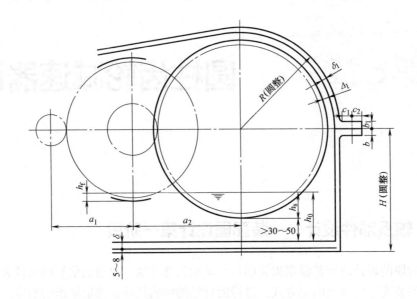

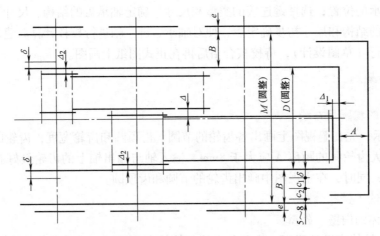

图 5-1　二级展开式圆柱齿轮减速器装配底图的设计（一）

表 4-2 得到。

（3）确定分箱面连接凸缘的尺寸　画出分箱面连接螺栓 d_2 的中心线，其到箱体外壁的距离为 c_1、到连接凸缘外边缘的距离为 c_2，因此，连接凸缘的宽度 $A=\delta+c_1+c_2$，这里 c_1、c_2 为连接螺栓 d_2 的扳手空间尺寸，见表 4-2。

在主视图右侧分箱面处画出连接凸缘的厚度 b 和 b_1，其值见表 4-1。

至此，已确定了主视图的大致高度、箱体中心高 H、箱体的宽度 M、箱体的内部宽度 D、箱盖外廓圆弧半径 R 等结构尺寸，绘制的图形如图 5-1 所示。图 5-1 中 e 为凸缘式轴承盖的厚度。

一级圆柱齿轮减速器的设计过程与上述二级展开式圆柱齿轮减速器相仿，图 5-2 所示为一级圆柱齿轮减速器装配底图的初始设计。

3. 确定轴承在轴承座孔中的位置及润滑结构

轴承的润滑方式不同，则减速器中与此有关的结构以及轴承在轴承座孔中的轴向位置也有所不同。当齿轮的圆周速度 $v < 2\text{m/s}$ 时，轴承采用脂润滑；反之，轴承采用油润滑。

（1）脂润滑　轴承采用脂润滑时，为防止轴承中的润滑脂流失，导致轴承润滑不充分且造成润滑脂与箱内润滑油混合，需在箱内轴承内侧设置封油盘。为留出装封油盘的位置，通常取轴承内侧端面与箱体内壁的距离 Δ_3 为 $8\sim12\text{mm}$。为避免箱内润滑油溅入轴承而使润滑脂稀释流出，封油盘的内端面应伸出箱体内壁 $2\sim3\text{mm}$。脂润滑时封油盘的结构尺寸及安装位置如图 5-3a 所示。

（2）油润滑　当轴承采用箱内的润滑油润滑时，不需设置封油盘，因此，轴承内侧端面与箱体内壁的距离 Δ_3 常取 $2\sim3\text{mm}$。油润滑时轴承位置如图 5-4a 所示。

当齿轮的圆周速度 $2\text{m/s} \leqslant v < 3\text{m/s}$ 时，为使溅到箱盖内壁上的润滑油导入轴承，需在箱盖分箱面处设计坡口，并在箱座分箱面上制出油沟。同时，在轴承盖上设计缺口和环形通路，如图 5-5a 所示。箱座分箱面上的油沟及其断面尺寸如图 5-5b 所示。

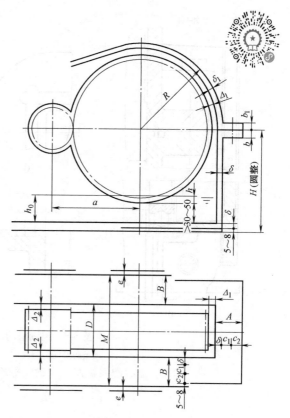

图 5-2　一级圆柱齿轮减速器装配底图的设计（一）

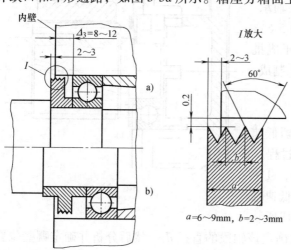

图 5-3　脂润滑时封油盘的结构尺寸及安装位置
a）正确　b）不正确

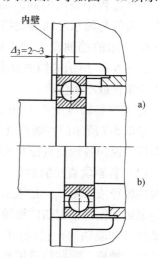

图 5-4　油润滑时轴承位置
a）正确　b）错误

当齿轮圆周速度 $v>3\text{m/s}$ 且润滑油黏度不高时，飞溅的油能形成油雾而直接润滑轴承，此时分箱面上可不制油沟。

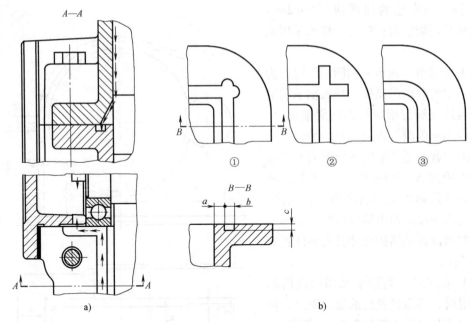

图 5-5 油润滑的油路及油沟

a）飞溅润滑的油路 b）输油沟结构和尺寸

①圆柱铣刀加工的输油沟 ②圆盘铣刀加工的输油沟 ③铸造的输油沟

$b=6\sim8\mathrm{mm}$；$c=3\sim5\mathrm{mm}$；$a=4\sim6\mathrm{mm}$（机械加工），$a=5\sim8\mathrm{mm}$（铸造）

轴承采用油润滑，当小齿轮布置在轴承近旁，而且其直径小于轴承座孔直径时，为防止齿轮啮合过程中挤出的润滑油大量进入轴承，应在小齿轮与轴承之间装设挡油盘（图5-6）。图5-6a所示的挡油盘为冲压件，适用于成批生产；图5-6b所示的挡油盘由车削加工制成，适用于单件或小批生产。

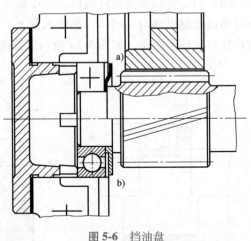

图 5-6 挡油盘

a）冲压件 b）车削件

4. 初定各轴段尺寸及初选轴承型号

以图5-7所示的一级圆柱齿轮减速器低速轴为例，说明各轴段直径及长度的确定过程。

（1）各轴段直径的确定 图5-7中，①~⑥段的轴径依次用 $d_1\sim d_6$ 表示。①段为低速轴上的最细轴段，根据初估轴径并与该轴段所装传动件（如联轴器）孔径相匹配，首先确定该轴段的直径 d_1。然后分析并确定哪些位置需设计定位轴肩，哪些位置需设计非定位轴肩，进而按定位轴肩和非定位轴肩高度的经验值，由 d_1 开始递推确定其余各轴段的直径。

定位轴肩的作用是使轴上零件装配时进行可靠地定位，图中①—②、④—⑤、⑤—⑥之间为定位轴肩，一般取定位轴肩的高度 $h\approx(0.07\sim0.1)d$，但必须大于对应位置处轴上零件的倒角或圆角半径，如图5-8a中 $h>R_1>R$，图5-8b中 $h>C_1>R$。

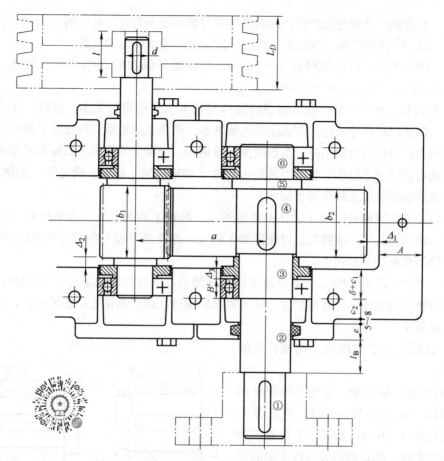

图 5-7　一级圆柱齿轮减速器装配底图的设计（二）

非定位轴肩是为轴上零件装拆方便等所设定的轴肩，其高度较小，一般直径相差 $1\sim3\text{mm}$。图 5-7 中，②—③、③—④之间为非定位轴肩。有时由于结构原因，不设置非定位轴肩，而是相邻两轴段取相同的名义尺寸，但公差带不同。如图 5-9 所示，轴承和密封装置处轴径的名义尺寸相同，但实际尺寸 $d(\text{f9})<d(\text{k6})$，这样也可以保证轴承的装拆方便。

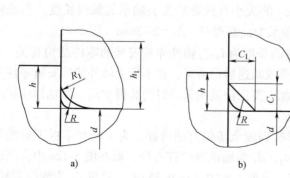

图 5-8　轴肩高度和圆角半径

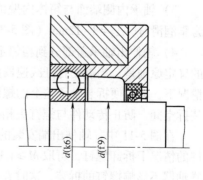

图 5-9　为方便装拆设计的不同公差带的轴段

注意：安装轴承及密封元件处，轴的直径应与轴承及密封元件孔径的标准尺寸一致。如图 5-7 中，③、⑥处装轴承，因此 d_3（d_6）一定为以 0 或 5 结尾的整数。

例如，图 5-7 中，若已经确定 $d_1 = 32$mm，则其他各段轴的直径可确定为 $d_2 = 38$mm，$d_3 = d_6 = 40$mm，$d_4 = 42$mm，$d_5 = 48$mm。

（2）初选轴承型号 滚动轴承类型的选择与轴承承受载荷的大小、方向、性质及轴的转速有关。普通圆柱齿轮减速器常选用深沟球轴承、角接触球轴承或圆锥滚子轴承。当载荷平稳或轴向力相对径向力较小时，常选用深沟球轴承；当轴向力较大、载荷不平稳或载荷较大时，可选用圆锥滚子轴承。若需要调整传动件（如锥齿轮、蜗杆、蜗轮等）的轴向位置，则应选择角接触球轴承或圆锥滚子轴承。

轴承内径是在轴的径向尺寸设计中确定的。一根轴上的两个支点宜采用同一型号的轴承，这样，轴承座孔可一次镗出，以保证加工精度。选择轴承型号时可先选 02 系列，再根据寿命计算结果做必要的调整。

如图 5-7 中，若 $d_3 = 40$mm，如果选用深沟球轴承，则可初选轴承代号为 6208，查轴承标准，得到轴承的宽度、外径等尺寸，即可根据轴承外径画出箱体上的轴承座孔，并在轴承座孔中画出轴承。

（3）各轴段长度的确定 轴段长度的确定原则：

1）与齿轮、联轴器、带轮等传动件相配合的轴段（称为轴头）长度，应比传动件轮毂宽度短 1~3mm，如图 5-7 和图 5-10 所示，以使套筒、轴端挡圈等与待固定的零件直接接触，从而保证传动件的可靠固定。传动件轮毂宽度与孔径有关，参见有关零件结构尺寸。图 5-7 中，带轮的轮毂宽度通常取 $l = (1.5~2)d$，而带轮的轮缘宽度 L_D 与带的根数和型号等有关，$L_D = (Z-1)e + 2f$，参见带轮的结构尺寸。

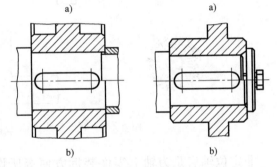

图 5-10 轮毂与轴段长度的关系
a）正确 b）错误

2）轴环的宽度 $b \geqslant 1.4h$，h 为轴肩高度。

3）轴承内侧端面与箱体内壁的距离 Δ_3 的大小直接影响安装轴承的轴段长度。当轴承为脂润滑时，$\Delta_3 = 8~12$mm（图 5-3）；而轴承为油润滑时，$\Delta_3 = 2~3$mm（图 5-4）。

4）轴伸出轴承盖部分到相邻定位轴肩的长度为 l_B 与轴外伸端安装的零件结构有关。l_B 的确定原则是，当需要打开减速器的轴承盖或减速器箱盖时，在不拆去轴外伸端安装零件的情况下，能方便拆装轴承盖上的螺钉。因此，要保证轴承盖螺钉的装拆空间、联轴器柱销的装拆空间，防止传动件与螺钉头相碰等。

在图 5-11 中，轴伸出端安装的零件影响到轴承盖螺钉的拆卸，为了能在不拆下轴端零件的情况下拆卸螺钉，可取 $M \geqslant (3.5~4)d_3$，d_3 为轴承盖螺钉直径。而在图 5-12a 中，凸缘联轴器不影响螺钉的拆装，这时 l_B 应小些，可取 $l_B = (0.15~0.25)d_2$，这里 d_2 为轴的直径；而在图 5-12b 中，虽然弹性套柱销联轴器不影响螺钉的拆装，但应考虑弹性套的拆装问题，l_B 需由装弹性套柱销的距离 A 确定，A 值可从联轴器标准中查取。

图 5-7 中，①~⑥轴段的长度依次用 $l_1 \sim l_6$ 表示。由轴段长度的确定原则，$l_1 \sim l_6$ 的确定方法可归纳为：l_1、l_4 比所装传动件的轮毂宽度短 1~3mm；$l_5 \geqslant 1.4h$ 并取整数，由前面画图轴承的位置及宽度 B' 已经确定，则由图 5-7 即可确定 l_3、l_6；按前述 4）确定 l_B，即可由图 5-7 确定出 l_2。

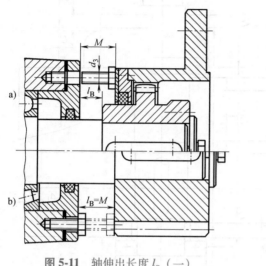

图 5-11　轴伸出长度 l_B（一）

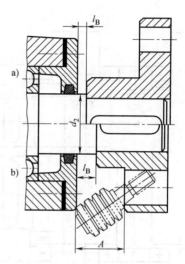

图 5-12　轴伸出长度 l_B（二）

特别注意的是，当齿宽系数取值较小时，会导致齿宽 b 较小，因此可能出现齿轮轮毂长度 l 小于所在轴的直径 d 的情况，此时应加长轮毂至满足 $l \geqslant d$。那么，最初根据齿宽 b 确定的箱体内壁位置就必须做相应的调整。

5. 确定轴上键槽的位置和尺寸

键连接的结构尺寸可按轴径 d 由表 14-23 查出。平键长度应比键所在轴段的长度短些，并使轴上的键槽靠近传动件装入一侧，以便装配时轮毂上的键槽易与轴上的键对准，如图 5-13a 所示，$\Delta = 1 \sim 3mm$。图 5-13b 所示的结构不正确，因 Δ 值过大而对准困难，同时，键槽开在过渡圆角处会加重应力集中。

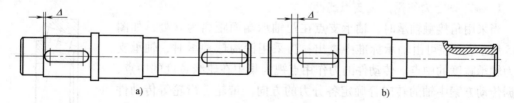

图 5-13　轴上键槽的位置
a）正确　b）不正确

当轴上有多个键槽时，为便于一次装夹加工，各键槽应尽量布置在同一母线上，如图 5-13a 所示，而图 5-13b 所示的结构布置是不正确的。如轴头径向尺寸相差较小，各键槽断面可按直径较小的轴段取同一尺寸，以减少键槽加工时的换刀次数。

至此，设计的二级展开式圆柱齿轮减速器的装配底图俯视图如图 5-14 所示。

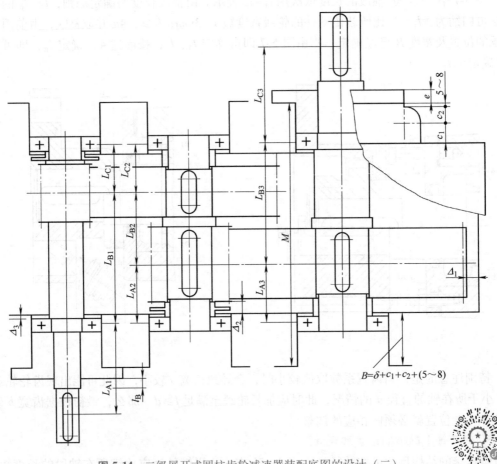

图 5-14 二级展开式圆柱齿轮减速器装配底图的设计（二）

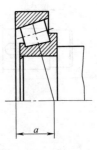

轴系设计及
虚拟装拆

5.1.2 键、轴承、轴的校核计算

1. 确定轴上力作用点及支点跨距

当采用角接触轴承时，轴承支点在距轴承端面距离为 a 处，如图 5-15 所示，a 值可由轴承标准中查出；当采用深沟球轴承时，轴承支点为轴承宽度的中点。传动件的力作用点视为集中在轮缘宽度的中点，依据传动方案中轴的转向等确定各分力的方向。带轮、齿轮等传动件和轴承位置确定之后，即可从装配图上确定轴上受力点和支点的位置，如图 5-14 所示。根据轴、键、轴承的尺寸，便可进行轴、键、轴承的校核计算。

建议先校核键和轴承，待满足要求后再校核轴。

2. 键连接的强度校核

若经校核键连接强度不够，当相差较小时，可适当增加键长；当相差较大时，可采用双键，其强度按单键的 1.5 倍计算。

图 5-15 角接触
轴承支点位置

3. 轴承的寿命校核

根据轴系受力和轴承类型，确定每个轴承所受的当量动载荷，同一根轴上选取当量动载荷大者进行轴承的寿命计算。

滚动轴承的预期寿命可取为减速器的寿命或减速器的检修周期。验算结果如果不能满足要求（寿命太长或太短），可以改用其他尺寸系列的轴承，必要时可改变轴承类型或轴承内径。若轴承型号有变动，则轴承处轴段的长度和轴承支点的位置要做相应的改变。

4. 轴的强度校核

对一般机器中的转轴，只需用当量弯矩法校核轴的强度——进行轴系受力分析，画出轴的受力分析简图，求出支点反力，画出轴的弯矩图、转矩图、当量弯矩图等，按弯扭合成强度对轴的危险截面进行强度校核。

对于较重要的轴，需全面考虑影响轴强度的应力集中等各种因素，用安全系数法校核轴各危险截面的疲劳强度。

如果校核不满足强度条件，则需对轴的直径、圆角半径等做适当修改；如果强度富裕较大，则还需综合考虑轴承寿命、键连接的强度，以决定是否修改轴的结构尺寸。实际上，许多零件的尺寸是由结构确定的，并不完全取决于强度。

课程设计中，至少要对一根轴及其上的轴承和键进行校核计算，具体要求由指导教师规定。

5.1.3 轴承组合设计

为保证轴承正常工作，除正确地确定轴承型号外，还要正确设计轴承组合结构，包括轴系的固定、轴承的润滑和密封等。

1. 轴系部件的轴向固定

圆柱齿轮减速器轴承支点跨距较小，尤其是中、小型减速器，其支点跨距常小于300mm。同时，齿轮传动效率高，温升小，因此轴的热膨胀伸长量很小，轴系常采用两端固定的方式。

轴承盖与轴承座外端面间，装有由不同厚度软钢片组成的一组调整垫片，用来补偿轴系零件轴向尺寸的制造误差，调整轴承游隙和少量调整齿轮的轴向位置。

2. 轴承的密封

对于被轴穿过的轴承盖，在轴承盖与轴之间应设计密封件，防止润滑剂外漏及外界灰尘、污物等进入轴承。常见的密封分为以下几种形式：

（1）毡圈密封　如图 5-16a 所示，将矩形截面的浸油毡圈塞入轴承盖的梯形槽中，对轴产生压紧作用，从而实现密封。因毡圈与轴直接接触，要求接触处轴的表面粗糙度值 $Ra \leqslant 1.6\mu m$。油封毡圈和沟槽尺寸见表 16-7。

毡圈密封结构简单，但磨损快，密封效果差，主要用于脂润滑和轴接触表面速度不超过5m/s 的场合。

（2）橡胶圈密封　如图 5-16b、c 所示，将橡胶圈装入轴承盖后可形成过盈配合，无须再采用其他轴向固定措施。它利用橡胶圈唇形结构部分的弹性和弹簧圈的箍紧作用实现密封。以防漏油为主时，唇向内侧（图 5-16b）；以防外界灰尘污物进入轴承为主时，唇向外侧（图 5-16c）。因橡胶圈与轴直接接触，要求接触处轴的表面粗糙度值 $Ra \leqslant 1.6\mu m$。内包骨架旋转轴唇形密封圈尺寸见表16-8。

橡胶圈密封性能好，工作可靠，寿命长，适用于轴接触表面圆周速度不超过 7m/s 的场合，既可用于脂润滑，也可用于油润滑。

（3）油沟密封　如图 5-16d 所示，它利用轴与轴承盖孔之间的油沟和微小间隙充满润滑脂来实现密封。油沟式密封槽参考尺寸见表 16-10。

油沟密封结构简单，但密封效果差，适用于脂润滑及较清洁的场合。

（4）迷宫式密封　如图 5-16e 所示，它利用固定在轴上的转动零件与轴承盖间构成的曲折而狭窄的缝隙中充满润滑脂来实现密封。

迷宫式密封的密封效果好，密封件不磨损，可用于脂润滑及油润滑，一般不受轴表面圆周速度的限制。若与其他形式的密封配合使用（图 5-16f），密封效果更好。

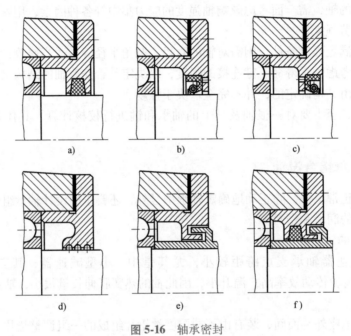

图 5-16　轴承密封

a）毡圈密封　　b）橡胶圈密封（唇向内侧）　c）橡胶圈密封（唇向外侧）

d）油沟密封　　e）迷宫式密封　f）迷宫式与毡圈的组合密封

3. 轴承盖的结构和尺寸

轴承盖用于固定轴承、调整轴承间隙及承受轴向载荷，多用铸铁制造。其结构形式分为凸缘式（图 5-17）和嵌入式（图 5-18）两种。每种形式的轴承盖按是否有通孔又分为透盖（图 5-17c 及图 5-18c）和闷盖（图 5-17a、b 及图 5-18a、b），透盖的轴孔内应设置密封装置（图 5-16）。

图 5-17c 所示的轴承盖端部加工有四个缺口，便于润滑油由油沟流经缺口来润滑轴承；当轴承为脂润滑时，不需要缺口。

凸缘式轴承盖是用螺钉将其固定到机体上的，调整轴承间隙方便，密封性能好，应用广泛。

嵌入式轴承盖有装 O 形密封圈和无密封圈两种。前者密封性能好，用于油润滑，后者

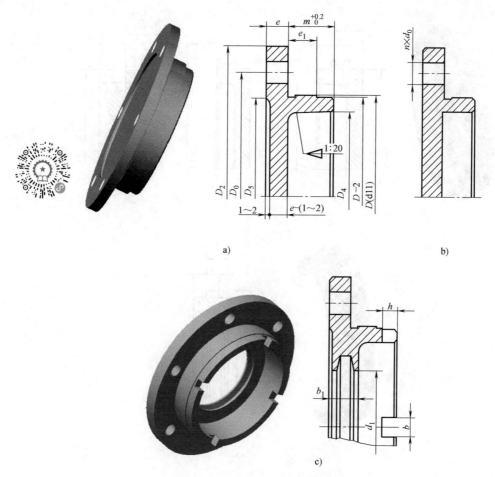

a)　　　　　　　　　　　　　　　b)

c)

图 5-17　凸缘式轴承盖

a)、b) 闷盖　c) 透盖

$e = 1.2d_3$，d_3 为轴承盖螺钉直径；若有套杯，$D_0 = D + (2 \sim 2.5)d_3 + 2s_2$，

s_2 为套杯厚度；若无套杯，$D_0 = D + (2 \sim 2.5)d_3$；

$D_2 = D_0 + (2.5 \sim 3)d_3$；$D_4 = (0.85 \sim 0.9)D$；$D_5 = D_0 - (2.5 \sim 3)d_3$；

$d_0 = d_3 + 1 \sim 2\text{mm}$；$D \leqslant 100\text{mm}$ 时，$n = 4$；$D > 100\text{mm}$ 时，$n = 6$；

$b = 8 \sim 10\text{mm}$；$h = (0.8 \sim 1)b$；

m 由结构确定；d_1、b_1 由密封装置确定

用于脂润滑。

　　嵌入式轴承盖不用螺钉连接，结构简单，但箱体轴承座孔中需镗削环形槽，加工麻烦，且不便于调整轴承间隙，多用于游隙不可调的轴承。

5.1.4　圆柱齿轮结构设计

　　齿轮结构按毛坯制造方法不同，分为锻造毛坯、铸造毛坯和焊接毛坯三类。铸造毛坯和焊接毛坯用于大直径齿轮（$d_a > 500\text{mm}$）。

　　当分度圆直径与轴径相差不大，且齿根圆与键槽底部距离 $x < 2.5m_n$（m_n 为模数）时，

图 5-18 嵌入式轴承盖

a)、b) 闷盖 c) 透盖

用 O 形密封圈：$e_2 = 8 \sim 12\text{mm}$；$s = 15 \sim 20\text{mm}$；$D_5 = D_\text{m}$；$\delta_2 = 8 \sim 10\text{mm}$；

不用密封圈：$e_2 = 5 \sim 8\text{mm}$；$s = 10 \sim 15\text{mm}$；$D_3 = D + e_2$；

$D_4 = (0.85 \sim 0.9)D$；m 由结构确定；d_1、b_1 由密封装置确定；D_m 为 O 形密封圈的外径；

b、h 由 O 形密封圈截面直径确定

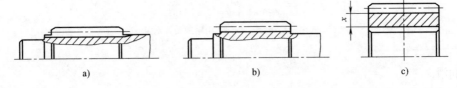

图 5-19 齿轮轴式和实心式齿轮

a)、b) 齿轮轴式 c) 实心式

如图 5-19a、b 所示，应将齿轮与轴做成一体，称齿轮轴。当 $x \geq 2.5m_\text{n}$ 时，可将齿轮与轴分开。

课程设计中多为中、小直径锻造毛坯齿轮，根据尺寸不同，齿轮结构主要有齿轮轴式（图 5-19a、b）、实心式（图 5-19c）、腹板式（图 5-20）三种形式。

图 5-20 给出了齿轮结构尺寸的经验式，按经验式计算这些尺寸后应圆整。

齿轮的加工方法有很多，如铣齿、滚齿、插齿、拉齿、创齿、剃齿、珩齿、磨齿、3D 打印、粉末冶金等。

图 5-21 所示为二级展开式圆柱齿轮减速器装配底图的设计第一阶段完成的具体内容。

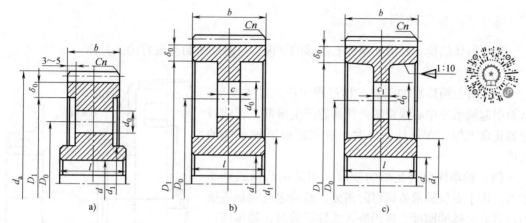

图 5-20　腹板式齿轮结构和尺寸

a) $d_a \leqslant 200mm$，圆钢或自由锻　b) $d_a \leqslant 500mm$，自由锻　c) $d_a \leqslant 500mm$，模锻

$d_1 = 1.6d$；$l = (1.2 \sim 1.5)d \geqslant b$；$c = 0.3b$；

$c_1 = (0.2 \sim 0.3)b$；$n = 0.5m$；$\delta_0 = (2.5 \sim 4)m \geqslant 8 \sim 10mm$；

$D_0 = 0.5(D_1 + d_1)$；$d_0 = 0.25(D_1 - d_1)$

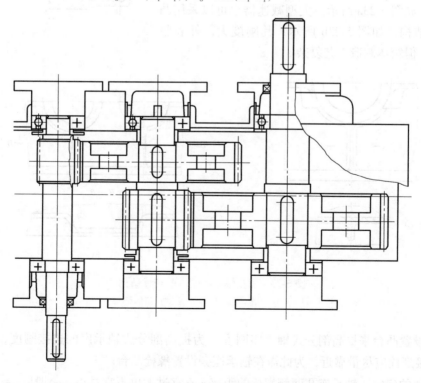

图 5-21　二级展开式圆柱齿轮减速器装配底图的设计（三）

5.2 箱体及附件设计——装配图设计第二阶段

设计中应遵循先箱体、后附件，先主体、后局部，先轮廓、后细节的结构设计顺序，并应注意视图的选择、表达及视图的关系。

5.2.1 箱体结构设计

设计箱体结构，要保证箱体有足够的刚度、可靠的密封和良好的工艺性。

1. 箱体的刚度

为了避免箱体在加工和工作过程中产生过大变形，从而引起轴承座中心线歪斜，使齿轮产生偏载，影响减速器正常工作，在设计箱体时，首先应保证轴承座的刚度。

（1）轴承座应有足够的壁厚　当采用凸缘式轴承盖时，由于安装轴承盖螺钉的需要，所确定的轴承座壁厚已具有足够的刚度。使用嵌入式轴承盖时，轴承座一般取与使用凸缘式轴承盖时相同的壁厚，如图 5-22 所示。

（2）加支撑肋板或采用凸壁式箱体提高轴承座刚度　为提高轴承座刚度，一般减速器采用平壁式箱体加外肋结构，如图 5-23a 所示。大型减速器也可以采用凸壁式箱体结构，如图 5-23b 所示，其刚度大，外表整齐、光滑，但箱体制造工艺复杂。

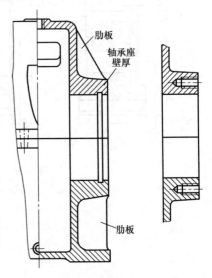

图 5-22　轴承座壁厚和肋板

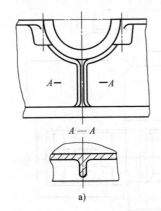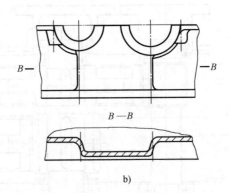

图 5-23　提高轴承座刚度的箱体结构
a）平壁式箱体加外肋　b）凸壁式箱体结构

（3）设置凸台来提高剖分式轴承座刚度　为提高剖分式轴承座的连接刚度，轴承座孔两侧的连接螺栓应尽量靠近，为此需在轴承座旁设置螺栓凸台。

1）s 值的确定。轴承座孔两侧螺栓的距离 s 不宜过大也不宜过小，一般取 $s \approx D_2$，D_2 为凸缘式轴承盖的外圆直径，如图 5-24 所示。s 值过大，连接刚度差；s 值过小（图 5-25），螺栓孔可能与轴承盖螺孔干涉，还可能与输油沟干涉，为保证扳手空间将会不必要地加大凸台高度。

　　2）凸台高度 h 值的确定。凸台高度 h 由连接螺栓中心线位置（s 值）和保证装配时有足够的扳手空间（c_1 值）来确定。其确定过程如图 5-26 所示。为制造加工方便，各轴承座凸台高度应当一致，并且按最大轴承座凸台高度确定。

　　箱盖凸台三视图如图 5-27 所示。位于高速级一侧箱盖凸台与箱壁结构的视图关系如图 5-28（凸台在箱壁外侧）所示。

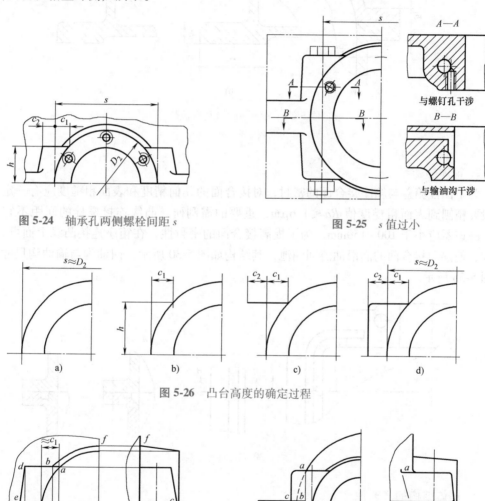

图 5-24　轴承孔两侧螺栓间距 s

图 5-25　s 值过小

图 5-26　凸台高度的确定过程

图 5-27　箱盖凸台三视图

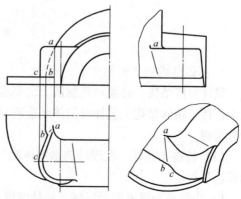

图 5-28　凸台在箱壁外侧

（4）凸缘尺寸的确定 为了保证箱盖与箱座的连接刚度，箱盖与箱座的连接凸缘厚度应大于箱体壁厚（表4-1），如图5-29所示。

为了保证箱体底座的刚度，底座凸缘厚度 $b_2 = 2.5\delta$（表4-1），底面宽度 N 应超过内壁位置，一般 $N = c_1 + c_2 + 2\delta$。c_1、c_2 为地脚螺栓扳手空间的尺寸。图5-29b所示为正确结构，图5-29c所示结构是不正确的。

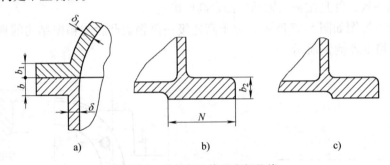

图 5-29 分箱面凸缘及底板凸缘

a）分箱面凸缘 b）底板凸缘，$N = c_1 + c_2 + 2\delta$ c）错误结构

2. 箱体的密封

为了保证箱盖与箱座接合面的密封，对接合面的几何精度和表面粗糙度应有一定要求，一般要精刨到表面粗糙度值 $Ra \leqslant 1.6\mu m$，重要的需刮研。凸缘连接螺栓的间距不宜过大，小型减速器应小于100~150mm。为了提高接合面的密封性，在箱座连接凸缘上面可铣出回油沟，使渗向接合面的润滑油流回油池，其结构如图5-30所示，回油沟与输油沟尺寸相同，如图5-5b所示。

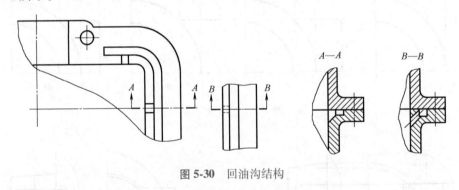

图 5-30 回油沟结构

3. 箱体结构的工艺性

设计箱体结构，必须对其制造工艺要求和过程有清楚的了解，才能使设计的箱体有良好的工艺性。箱体结构工艺性对箱体制造质量、成本、检修维护等有直接影响，因此设计时应十分重视。

（1）铸造工艺性 在设计铸造箱体时，应力求壁厚均匀、过渡平缓、金属无局部积聚、起模容易等。

1）为保证金属液流动通畅，铸件壁厚不可过薄，铸件最小壁厚见表12-12。

2）为避免缩孔或应力裂纹，薄厚壁之间应采用平缓的过渡结构，铸造过渡斜度见表12-16。

3）为避免金属积聚，两壁间不宜采用锐角连接。图 5-31a 所示为正确结构，图 5-31b 所示为不正确结构。

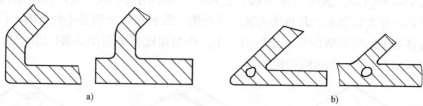

图 5-31　两壁连接

a）正确　b）不正确

4）设计铸件应考虑起模方便。为便于起模，铸件沿起模方向应有 1：20~1：10 的斜度。铸造箱体沿起模方向有凸起结构时，需在模型上设置活模，这将使造型中起模复杂，如图 5-32 所示，故应尽量减少凸起结构。当有多个凸起部分时，应尽量将其连成一体，如图 5-33b 所示，以便于起模。

5）铸件应尽量避免出现狭缝，因这时砂型强度差，所以易产生废品。图 5-34a 中两凸台距离过近而形成狭缝，是一种不正确的结构，图 5-34b 所示为正确结构。

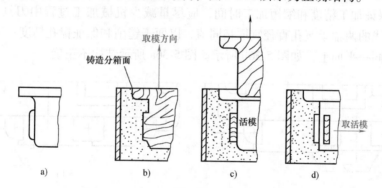

图 5-32　凸起结构与起模——需用活模

a）铸件　b）整体木模不能取出　c）取出主体，留下活模　d）取出活模

（2）机械加工工艺性　在设计箱体时，要注意机械加工工艺性要求，尽可能减少机械加工面积和刀具的调整次数，必须严格区分加工面和非加工面等。

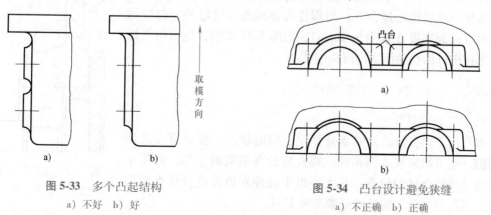

图 5-33　多个凸起结构

a）不好　b）好

图 5-34　凸台设计避免狭缝

a）不正确　b）正确

1）箱体结构设计要避免不必要的机械加工。图 5-35 所示为箱座底面结构。支承地脚底面宽度 N（$N=c_1+c_2+2\delta$，如图 5-29 所示）已具有足够的刚度。这一宽度值也能满足减速器安装时对支承面宽度的要求，若再增大宽度从而增大机械加工面积是不经济的。图 5-35a 中全部进行机械加工的底面结构是不正确的。中、小型箱座多采用图 5-35b 所示的结构形式，大型箱座则采用图 5-35c 所示的结构形式。

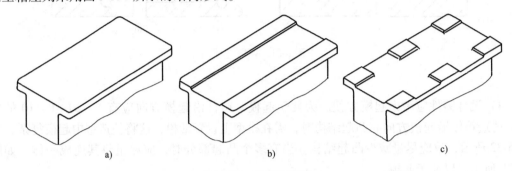

图 5-35　箱座底结构

a）不正确的箱座结构　b）中、小型箱座结构　c）大型箱座结构

2）为了保证加工精度和缩短加工时间，应尽量减少机械加工过程中刀具的调整次数。例如，同一轴线的两轴承座孔直径宜取相同值，以便于镗削和保证镗孔精度；又如各轴承座孔外端面应在同一平面上，如图 5-36b 所示。图 5-36a 所示结构不正确。

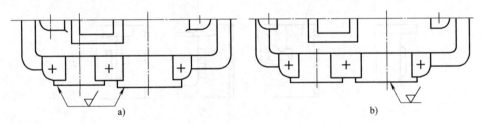

图 5-36　箱体轴承座端面结构

a）不正确　b）正确

3）设计铸造箱体时，箱体上的加工面与非加工面应严格分开，并且不应在同一平面内，如箱体与轴承盖的接合面，与视孔盖、油标和放油螺塞接合处，与螺栓头部或螺母接触处，都应做出凸台（凸起高度 Δ 常为 5~8mm），如图 5-37 所示；也可将与螺栓头部或螺母的接触面锪出沉头座孔。

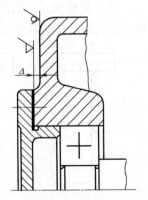

图 5-37　加工面与非加工面应当分开

5.2.2　附件的功用和结构设计

1. 视孔和视孔盖

视孔用于检查传动件的啮合情况、润滑状态、接触斑点及齿侧间隙，还可用来注入润滑油。视孔应设在箱盖的上部，以便于观察传动件啮合区的位置，其大小以手能伸入箱体进行检查操作为宜。视孔与视孔盖的尺寸可参考表 17-1。

视孔盖可用轧制钢板或铸铁制成，它和箱体之间应加纸质密封垫圈，以防止漏油。轧制钢板制视孔盖如图 5-38a 所示，其结构轻便，上下面无需机械加工，无论单件或成批生产均常采用；铸铁制视孔盖如图 5-38b 所示，需制木模，且有较多部位需进行机械加工，故应用较少。

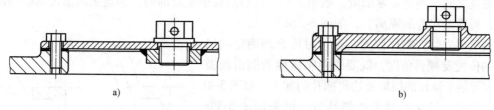

图 5-38　视孔盖

a）钢板制　b）铸铁制

2. 通气器

通气器用于通气，使箱内外气压一致，以避免由于运转时箱内油温升高、内压增大，从而引起减速器润滑油的渗漏。

通气器多安装在视孔盖上或箱盖上。安装在钢板制视孔盖上时，可用一个扁螺母固定。为防止螺母松脱落到箱内，将螺母焊在视孔盖上，如图 5-38a 所示。这种形式结构简单，应用广泛。安装在铸造视孔盖或箱盖上时，要在铸件上加工螺纹孔和端部平面，如图 5-38b 所示。

常见的通气器有三种。表 17-2 为简易式通气器，其通气孔不直接通向顶端，以免灰尘落入，用于较清洁的场合。表 17-3 为平顶有过滤网通气器。表 17-4 为圆顶有过滤网通气器。过滤网可阻止灰尘随空气进入箱内。

3. 油标

油标用来指示油面高度，应设置在便于检查和油面较稳定之处，如低速轴附近。常见的油标有油尺、圆形油标、长形油标等。

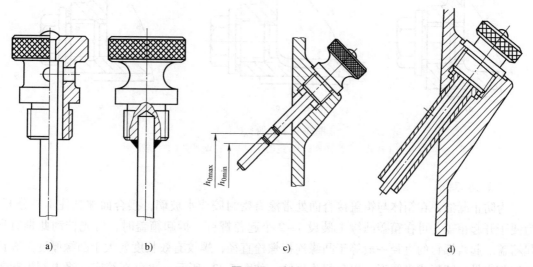

图 5-39　油尺

a）手柄与尺杆铆接的油尺　b）手柄与尺杆焊接的油尺　c）油尺的刻线　d）带隔离套的油尺

（1）油尺　油尺结构简单，在减速器中应用较多。为便于加工和节省材料，油尺的手柄和尺杆常由两个元件铆接或焊接在一起，如图5-39a、b所示。油尺安装在减速器上，可采用螺纹连接，也可采用H9/h8配合装入。油尺上两条刻线的位置分别对应最高、最低油面，如图5-39c所示。检查油面高度时拔出油尺，以杆上油痕判断油面高度，如果油痕在这两个刻度之间，则为正常油量。如果需要在运转过程中检查油面，为避免因油搅动影响检查效果，可在油尺外装隔离套，如图5-39d所示。

油尺多安装在箱体侧面，设计时应合理确定油尺插孔的位置及倾斜角度，既要避免箱体内的润滑油溢出，又要便于油尺的插取及油尺插孔的加工，如图5-40所示。当箱座较矮不便采用侧装时，可采用图5-39a所示的带有通气器的直接式油尺。

油尺的各部分尺寸见表17-5。

（2）圆形及长形油标　油尺为间接检查式油标。长形油标、圆形油标为直接观察式油标，可随时观察油面高度，长形油标结构尺寸见表17-6，压配式圆形油标见表17-7。油标安装位置不受限制，当箱座高度较小时，宜选用图形和长形油标。

4. 放油孔和放油螺塞

为了将污油排放干净，应在油池的最低位置处设置放油孔（图5-41），并安置在减速器不与其他部件靠近的一侧，以便于放油。

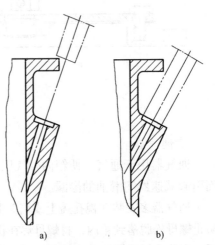

图 5-40　油尺插孔的位置
a）不正确　b）正确

平时放油孔用螺塞堵住，并配有封油垫圈。放油螺塞及封油垫圈的结构尺寸见表17-8。

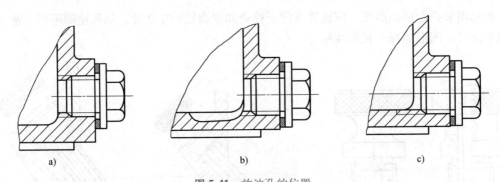

图 5-41　放油孔的位置
a）不正确　b）正确　c）正确（有半边孔攻螺纹工艺性较差）

5. 起盖螺钉

为防止漏油，在箱体与箱盖接合面处常涂有密封胶或水玻璃，接合面被粘住不易分开。为便于开起箱盖，可在箱盖凸缘上装设1~2个起盖螺钉。拆卸箱盖时，可先拧动此螺钉顶起箱盖。起盖螺钉的直径一般等于凸缘连接螺栓直径，螺纹有效长度要大于凸缘厚度。螺钉杆端部常做成圆形或半圆形，以免损伤螺纹，如图5-42a所示；也可在箱座凸缘上制出起盖用螺纹孔，如图5-42b所示。螺纹孔直径等于凸缘连接螺栓直径，这样必要时可用凸缘连接螺栓旋入螺纹孔顶起箱盖。

6. 定位销

为了保证箱体轴承座孔的镗孔精度和装配精度，需在箱体连接凸缘长度方向的两端安置两个定位销，并尽量远些，以提高定位精度。定位销的位置还应考虑到钻孔、铰孔的方便，且不应妨碍邻近连接螺栓的装拆。

定位销有圆锥形和圆柱形两种结构。为保证重复拆装时定位销与销孔的紧密性和便于定位销拆卸，应采用圆锥销。一般取定位销直径 $d = (0.7 \sim 0.8) d_2$，d_2 为箱盖箱座连接凸缘螺栓的直径。其长度应大于上下箱体连接凸缘的总厚度，并且装配成上、下两头均有一定长度的外伸量，以便装拆，如图 5-43 所示。

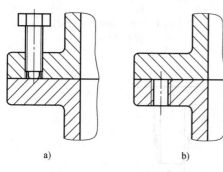

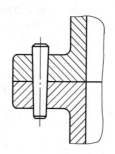

图 5-42　起盖螺钉和起盖螺纹孔

a) 起盖螺钉　b) 起盖螺纹孔

图 5-43　定位销

圆锥销和圆柱销都是标准件，设计时可参考表 14-26。

7. 起吊装置

设置在箱盖上的吊环螺钉、吊钩及吊耳（图 5-44a、b），一般是用来吊运箱盖的，也可以用来吊运轻型减速器。

吊环螺钉为标准件，其结构尺寸见表 17-9。一般按减速器质量选取。减速器质量 m 见表 5-1。

表 5-1　减速器质量 m

一级圆柱齿轮减速器					二级展开式圆柱齿轮减速器					
a/mm	100	150	200	250	300	a/mm	100×150	150×200	175×250	200×300	250×350	250×400
m/kg	32	85	155	260	350	m/kg	135	230	305	490	725	980

二级同轴式圆柱齿轮减速器						锥齿轮减速器				
a/mm	100	150	200	250	300	350	R/mm	100	150	200	250	300
m/kg	120	180	330	500	600	800	m/kg	50	60	100	190	290

锥齿轮-圆柱齿轮减速器					蜗杆减速器					
R/mm	100	100	150	200	250	a/mm	100	120	150	180	210	250
a/mm	150	200	250	300	400						
m/kg	180	300	400	600	800	m/kg	65	80	160	330	350	540

注：a 为中心距；R 为锥距。

采用 A 型吊环螺钉时，箱盖螺纹孔口处要有局部扩大的圆柱孔，见表 17-9。

在箱盖上直接铸出吊钩或吊耳，可避免采用吊环螺钉时在箱盖上进行机械加工，但吊钩或吊耳的铸造工艺较螺孔座复杂些。

箱盖吊钩、吊耳和箱座吊钩的结构尺寸如图 5-44 所示，设计时可根据具体条件进行适当修改。

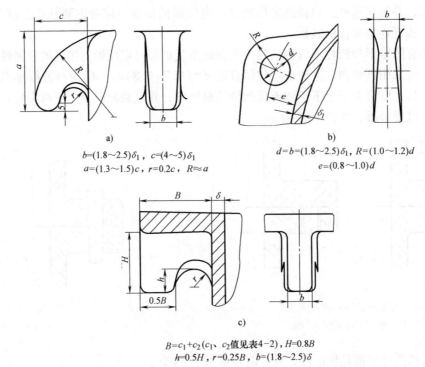

a)

$b=(1.8\sim2.5)\delta_1$，$c=(4\sim5)\delta_1$
$a=(1.3\sim1.5)c$，$r=0.2c$，$R\approx a$

b)

$d=b=(1.8\sim2.5)\delta_1$，$R=(1.0\sim1.2)d$
$e=(0.8\sim1.0)d$

c)

$B=c_1+c_2$ (c_1、c_2值见表4-2)，$H=0.8B$
$h=0.5H$，$r=0.25B$，$b=(1.8\sim2.5)\delta$

图 5-44 起吊装置
a）箱盖上的吊钩 b）箱盖上的吊耳 c）箱座上的吊钩

8. 油杯

轴承采用脂润滑时，有时需在轴承座或轴承盖相应部位安装油杯，如图 5-45 所示。油杯的尺寸见表 16-3～表 16-6。

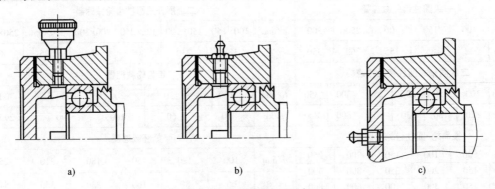

a)　　　　　　　　　b)　　　　　　　　　c)

图 5-45 加润滑脂用油杯
a）旋转式油杯 b）装在轴承座上的直通式压注油杯 c）装在轴承盖上的直通式压注油杯

图 5-46 所示为二级展开式圆柱齿轮减速器装配图设计第二阶段完成后的内容。

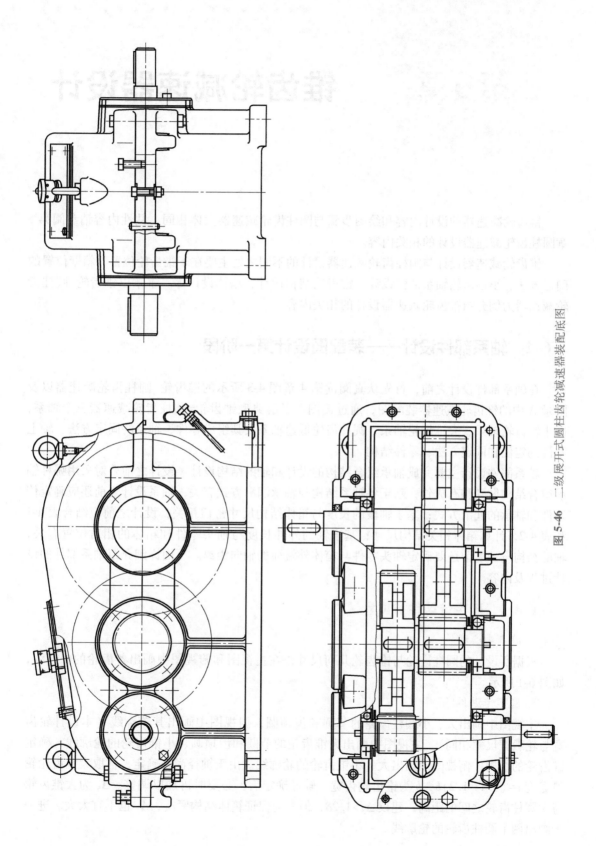

图 5-46　二级展开式圆柱齿轮减速器装配底图

第6章　锥齿轮减速器设计

锥齿轮减速器的设计内容和绘图步骤与圆柱齿轮减速器大体相同，共性内容请参阅第5章圆柱齿轮减速器设计的相关内容。

锥齿轮减速器设计与圆柱齿轮减速器设计的不同之处主要在于锥齿轮位置与箱壁位置的确定方法、小锥齿轮轴系部件设计、锥齿轮结构设计、箱体设计等。本章以锥齿轮-圆柱齿轮减速器为例介绍锥齿轮减速器设计的相关内容。

6.1　轴系部件设计——装配图设计第一阶段

在轴系部件设计之前，首先认真阅读第4章图4-3所示的锥齿轮-圆柱齿轮减速器以及附录A中的锥齿轮减速器装配图，通过读图，了解典型锥齿轮-圆柱齿轮减速器三个轴系，即小锥齿轮轴系、大锥齿轮轴系、圆柱齿轮低速轴系及其组成零件、轴系的固定方法、轴上零件的定位和固定方法、零件结构。

轴系部件设计主要完成轴承组合结构的设计和轴的结构设计。设计之前要对采用哪种轴承组合结构做到胸有成竹；基于各轴系结构与轴承润滑方式有关，轴系设计之前还应确定传动件和轴承的润滑方式；基于轴段的长度与箱体结构尺寸密切相关，设计之前应结合表4-1和表4-2，计算箱体相关结构尺寸；基于轴的外伸长度与轴头零件和箱体的相对位置有关，轴的结构设计之前还要确定轴头零件与箱体外端面的轴向距离。下面详细介绍轴系部件的设计过程及内容。

6.1.1　确定传动件的位置

1. 确定中心线

根据所设计的圆柱齿轮与锥齿轮几何尺寸，在主视图和俯视图中画出各齿轮的中心线，如图6-1所示。

2. 确定传动件轮廓

主视图中画出大、小圆柱齿轮的节圆和齿顶圆，俯视图中画出其轮廓线（本设计轮齿宽与轮毂宽尺寸相同）。主视图中画出大锥齿轮的节圆和齿顶圆、小锥齿轮的轮廓线，确定锥齿轮的结构，俯视图中画出大、小锥齿轮的轮廓线。由于轴径尚未确定，估取大锥齿轮轮毂宽度 $l = (1.1\sim1.2)b$，b 为锥齿轮齿宽。轴径确定后，必要时再加以调整。Δ_5 为大锥齿轮与大圆柱齿轮之间的距离，建议 $\Delta_5 > 1.2\delta$，但是为保证箱体结构紧凑，Δ_5 也不宜太大。进一步画出两个圆柱齿轮的轮廓线。

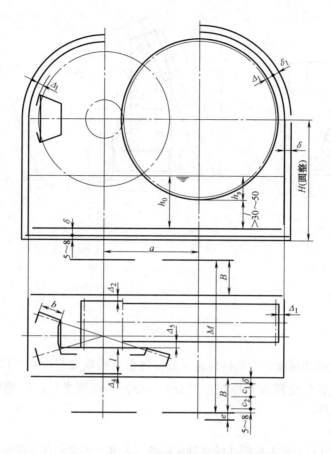

图 6-1 传动件、轴承座端面及箱壁位置

3. 锥齿轮结构简介

小锥齿轮直径较小，一般可用锻造毛坯或轧制圆钢毛坯制成实心式结构。当小锥齿轮小端齿槽底到键槽底面的距离 $x \leqslant 1.6m$（m 为大端模数）时，应将齿轮和轴制成一体，如图 6-2a 所示；当 $x > 1.6m$ 时，齿轮和轴分开制造，如图 6-2b 所示，且小锥齿轮为实心式结构。

大锥齿轮直径小于 500mm 时，用锻造毛坯，一般用自由锻毛坯经车削加工和刨齿而成（图 6-3a）；在大量生产并具有模锻设备的条件下，才用模锻毛坯齿轮（图 6-3b）。

6.1.2　确定箱壁位置及轴承座端面位置

1. 顶壁和长度方向侧壁

大圆柱齿轮齿顶圆与箱体内壁的距离为 Δ_1、小锥齿轮背部端面与箱体内壁的距离为 Δ_1，见表 4-1。据此可在主视图及俯视图上画出箱盖顶壁和箱体长度方向侧壁，如图 6-1 所示。

2. 宽度方向侧壁

锥齿轮-圆柱齿轮减速器的箱体，一般都采用以小锥齿轮轴线为对称中心线的对称结构，以便于大锥齿轮调头安装时改变出轴方向。为保证箱体侧壁与小圆柱齿轮端面不干涉、箱体侧壁和大锥齿轮背部端面不干涉，必须预留间隙 Δ_2 和 Δ_4，建议 Δ_2 和 Δ_4 二者中的较小值取为箱座壁厚 δ，另一侧根据箱体的对称计算得出。据此可在俯视图上画出箱体宽度方向侧壁。

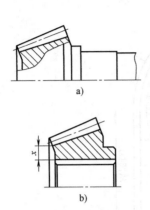

图 6-2 小锥齿轮结构

a) 齿轮与轴制成一体
b) 齿轮与轴分制

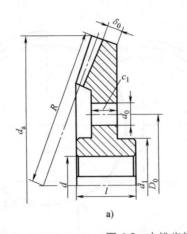

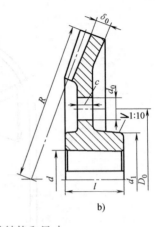

图 6-3 大锥齿轮结构和尺寸

a) 自由锻 b) 模锻

$d_a \leqslant 500\text{mm}$ 时，用锻造锥齿轮，$d_1 = 1.6d$，$l = (1.0 \sim 1.2)d$，

$\delta_0 = (3 \sim 4)m \geqslant 10\text{mm}$，$c = (0.1 \sim 0.13)R$，

$c_1 = (0.15 \sim 0.17)R$，D_0、d_0 由结构确定

3. 箱体底壁

h_s 为大锥齿轮浸油深度，大圆柱齿轮一般应将整个齿宽或至少 0.7 倍的齿宽浸入油中。然后检验低速级大锥齿轮浸油不应超过（1/6 ~ 1/3）分度圆半径，h_s 确定后即可定出 h_0，据此可画出箱体底壁。

4. 轴承座外端面

大锥齿轮轴系以及圆柱齿轮低速轴系轴承座的宽度 B，其确定方法同第 5 章。据此可画出箱盖、箱座宽度方向的外端面线。c_1、c_2 为轴承旁连接螺栓 d_1 对应的值，推荐值见表 4-2。

5. 箱体外壁

根据箱盖壁厚 δ_1、箱座壁厚 δ，画出箱体外壁。

6.1.3 小锥齿轮轴系设计

小锥齿轮轴系设计主要考虑各支点轴承选择、轴系固定、轴系位置调整、轴上零件安装时的定位和运行时位置的固定，以及轴承间隙的调整等问题。

1. 小锥齿轮轴系结构轴向尺寸确定原则

因受空间限制，小锥齿轮多采用悬臂结构。为了保证轴系刚度，一般取轴承支点跨距 $L_{B1} \approx 2L_{C1}$（图 6-4）。在满足 $L_{B1} \approx 2L_{C1}$ 的条件下，为使轴系部件的轴向尺寸紧凑，在结构设计中应尽可能使 L_{C1} 达到最小。图 6-5a 所示轴向结构尺寸过大，图 6-5b 所示轴向结构尺寸紧凑。

2. 轴承确定

锥齿轮轴向力较大，载荷大时常选用圆锥滚子轴承。轴承型号可在轴径尺寸确定后初步确定。

3. 常用轴承组合结构

典型轴系固定方式常用的有两端固定和一端固定一端游动两种。

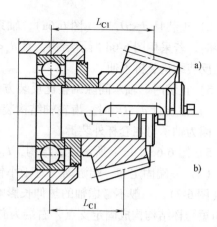

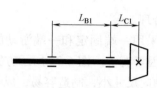

图 6-4 小锥齿轮轴系支点
跨距与悬臂长度

图 6-5 小锥齿轮悬臂长度
a) 不正确 b) 正确

（1）两端固定 由于轴的热伸长很小，常采用两端固定式结构。图 6-9 中，小锥齿轮轴系为采用深沟球轴承两端固定的结构形式。用圆锥滚子轴承时，轴承有正装与反装两种布置方案，图 6-6a、b 所示为正装结构，图 6-6c、d、e 所示为反装结构。

在保证 $L_{B1} \approx 2L_{C1}$ 的条件下，图 6-6 中各种不同结构方案的特点如下：

1）反装的圆锥滚子轴承组成的轴系部件，其轴向结构尺寸紧凑。

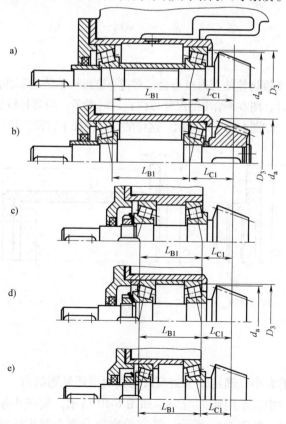

图 6-6 小锥齿轮轴承组合结构方案
a)、b) 正装结构 c)、d)、e) 反装结构

2）正装且 $d_a < D_3$ 时（图6-6a），轴系零件装拆方便，轴上所有零件都可在套杯外装拆；反装时，若采用图6-6d所示结构，且 $d_a < D_3$ 时，轴上零件也可在套杯外装拆。图6-6c、e所示的反装结构装拆不便。

3）正装时，轴承间隙调整比反装方便。

4）正装且 $d_a > D_3$ 时，齿轮轴结构装拆不方便；齿轮与轴分开的结构（图6-6b）装拆方便，因为轴承可在套杯外装拆。

5）图6-6c、d、e所示反装结构，L_{C1} 较短，受力更合理。

（2）一端固定和一端游动　对于小锥齿轮轴系，可采用一端固定和一端游动的结构形式（图6-7），一般不考虑轴的热伸长影响，而多与结构因素有关。图6-7a所示方案中，左端用短套杯结构构成固定支点，右端为游动支点。套杯轴向尺寸小，制造容易，成本低，而且装拆方便。图6-7b所示方案中，左端密封装置直接装在套杯上，不另设轴承盖，左端轴承的双向固定结构简单，装拆方便。但上述两种结构方案均采用的是间隙不可调轴承。

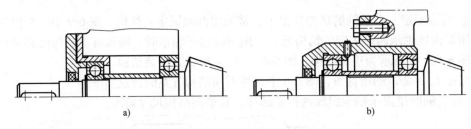

a)　　　　　　　　　　　　　　　　b)

图6-7　小锥齿轮轴承组合结构方案

4. 轴系位置调整

因装配时要调整两个锥齿轮使其顶点重合，常将小锥齿轮轴装在套杯内。套杯的结构尺寸根据轴承组合结构要求设计，图6-8给出的尺寸可供设计时参考。当套杯较长时，常将直径为 D 的内孔中间部位尺寸加大，如图6-6a、b所示。这样的设计使加工方便，可降低加工精度要求。

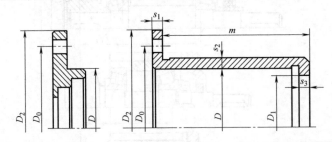

图6-8　套杯的结构和尺寸

$s_1 \approx s_2 \approx s_3 = (0.08 \sim 0.1)D$，$D_0 = D + 2s_2 + (2 \sim 2.5)d_3$，$D_2 = D_0 + (2.5 \sim 3)d_3$

D 为轴承外径，d_3 为轴承盖螺钉直径，D_1 由轴承确定，m 由结构确定

5. 轴承润滑

根据齿轮线速度的大小，确定轴承的润滑是油润滑还是脂润滑。

小锥齿轮轴系部件中轴承用脂润滑时，如图6-10所示，要在小锥齿轮与相近轴承之间设封油盘；用油润滑时，如图6-6a所示，需在箱座剖分面上制出输油沟和在套杯上制出数个进油孔，将油导入套杯内润滑轴承。

设计时，选定一种轴系固定方案，确定轴承类型和润滑方式，确定出小锥齿轮轴头安装零件距箱体端部距离，至此完成的草图，如图 6-9 所示。

6.1.4　确定支点位置，校核轴、键及轴承

支点及受力点的确定如图 6-9 所示。轴、键、轴承校核计算与圆柱齿轮减速器相同。

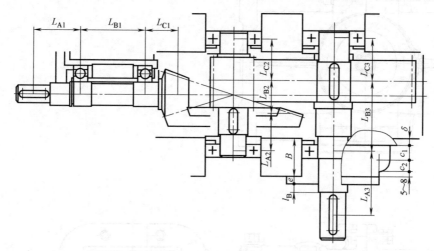

图 6-9　锥齿轮-圆柱齿轮减速器初步装配草图

完成轴承、轴承盖以及齿轮的详细结构设计，如图 6-10 所示，即完成了锥齿轮-圆柱齿轮减速器装配底图第一阶段的设计内容。

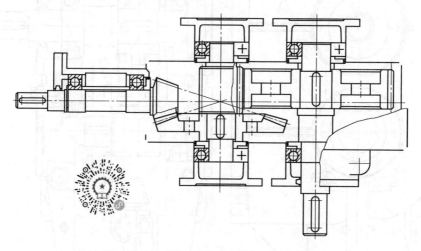

图 6-10　锥齿轮-圆柱齿轮减速器第一阶段装配底图

6.2　箱体及附件设计——装配图设计第二阶段

锥齿轮-圆柱齿轮减速器箱体及附件结构设计与圆柱齿轮减速器基本相同（见 5.2 节）。图 6-11 所示为锥齿轮-圆柱齿轮减速器装配底图设计完成第二阶段后的内容。

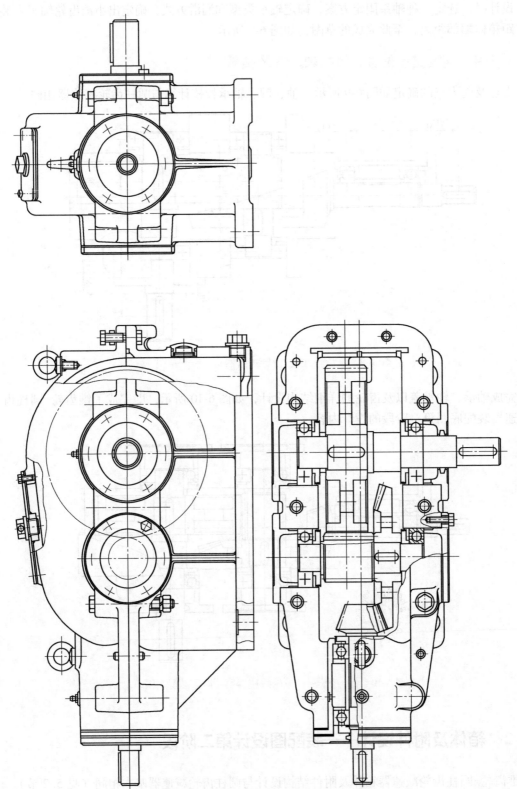

图 6-11　锥齿轮-圆柱齿轮减速器第二阶段装配底图

第7章　圆柱蜗杆减速器设计

圆柱蜗杆减速器的设计内容和绘图步骤与圆柱齿轮减速器大体相同，共性内容请参阅第5章圆柱齿轮减速器设计的相关内容。

圆柱蜗杆减速器设计与圆柱齿轮减速器设计的不同之处主要在于蜗杆轴系部件设计、蜗轮的结构设计与箱体结构设计等。本章以下置式蜗杆减速器为例介绍圆柱蜗杆减速器设计的主要内容。

蜗杆与蜗轮的轴线在空间垂直交错，因此圆柱蜗杆减速器装配图以主视图和左视图为主。

7.1　轴系部件设计——装配图设计第一阶段

认真阅读圆柱蜗杆减速器装配图，分析典型圆柱蜗杆减速器两个轴系（蜗杆轴系和蜗轮轴系）的组成，了解蜗杆轴系和蜗轮轴系的设计方案。

蜗杆轴系部件设计主要完成轴承组合结构的设计以及轴结构尺寸的确定。基于各轴系结构与轴承润滑方式密切相关，轴系设计之前应确定传动件与轴承的润滑方式；由于轴段的长度与箱体结构尺寸密切相关，因此应先结合图4-4和表4-1，熟悉并计算箱体结构尺寸；因为轴的外伸长度与轴头零件和箱体的相对位置有关，所以轴结构设计之前要确定轴头零件与箱体的轴向距离。下面详细介绍轴系部件的设计过程及内容。

7.1.1　确定传动件的位置

1. 绘制传动件中心线

根据设计所得的蜗杆、蜗轮几何尺寸，绘制各视图中传动件的中心线，如图7-1所示。

2. 绘制传动件轮廓

确定蜗杆、蜗轮的结构，画出蜗杆、蜗轮的轮廓尺寸。

（1）蜗杆结构　如图7-2所示，由于蜗杆径向尺寸小而常与轴制成一体，故称为蜗杆轴。蜗杆齿根圆直径 d_{f1} 略大于轴径 d（图7-2a）时，其螺旋部分可以车制，也可以铣制。当 $d_{f1}<d$ 时（图7-2b）时，只能铣制。

（2）蜗轮结构　蜗轮结构分组合式和整体式两种（图7-3）。为节省有色金属，大多数蜗轮做成组合式结构（图7-3a、b），只有铸铁蜗轮或直径 $d_{e2}<100mm$ 的青铜蜗轮才用整体式结构（图7-3c）。图7-3a所示为青铜轮缘用过盈配合装在铸铁轮心上的组合式蜗轮结构，其常用的配合为H7/s6或H7/r6。为增加连接的可靠性，在配合表面接缝处装4~8个螺钉。

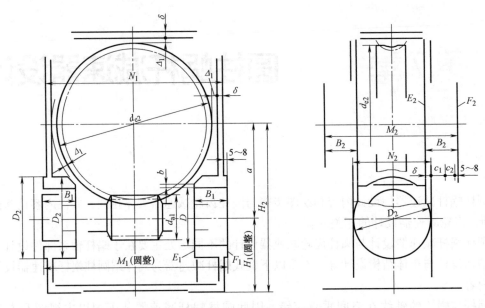

图 7-1 传动件、轴承座端面及箱壁位置

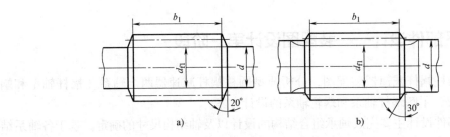

图 7-2 蜗杆结构和尺寸

a) d_{fl} 略大于 d b) d_{fl} 小于 d

为避免钻孔时钻头偏向软金属青铜轮缘，螺孔中心宜稍偏向较硬的铸铁轮心一侧。图 7-3b 所示为轮缘与轮心用铰制孔螺栓连接的组合式蜗轮结构，其螺栓直径和个数由强度计算确定。这种组合结构工作可靠、装配方便，适用于较大直径的蜗轮。为节省青铜和提高连接强度，在保证必需的轮缘厚度的条件下，螺栓位置应尽量靠近轮缘。

7.1.2 确定箱壁及箱体轴承座位置

1. 箱体顶壁和主视图侧壁的确定

蜗轮齿顶圆与箱体内壁的距离为 Δ_1（取值见表 4-1），据此可在主视图上画出两侧内壁和顶壁，根据箱体的壁厚可画出箱体外壁。

2. 蜗杆轴承座宽度 B_1 的确定

取蜗杆轴承座外端面凸台高为 5～8mm，确定蜗杆轴承座外端面 F_1 的位置，M_1 为蜗杆轴承座两外端面的距离。

为了提高蜗杆的刚度，应尽量缩短支点间的距离，为此，蜗杆轴承座需伸到箱内。内伸部分长度与蜗轮外径及蜗杆轴承外径或套杯外径有关。内伸轴承座外径与蜗杆轴承盖外径

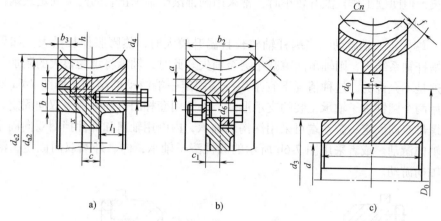

图 7-3　蜗轮结构和尺寸

a)、b) 组合式　c) 整体式

$d_3 = 1.6d$，$l = (1.2 \sim 1.8)d$，$c = 0.3b_2$，$c_1 = (0.2 \sim 0.25)b_2$，$b_3 = (0.12 \sim 0.18)b_2$，$a = b = 2m \geqslant 10\text{mm}$

（m 为模数），d_6 按强度计算确定，d_0、D_0 由结构确定，$h = 0.5b_3$，$d_4 = (1.2 \sim 1.5)m \geqslant 6\text{mm}$，蜗轮端面以外的部分

锯掉，l_1 为螺钉拧入深度（取 $l_1 = 3d_4$），$x = 1 \sim 2\text{mm}$，$f \geqslant 1.7m$，$n = 2 \sim 3\text{mm}$

D_2 相同。为使轴承座尽量内伸，常将圆柱形轴承座上部靠近蜗轮部分铸出一个斜面（图 7-1 及图 7-4），使其与蜗轮外圆间的距离 $\Delta_1 \approx \delta$，再取 $b = 0.2(D_2 - D)$，从而确定轴承座内端面 E_1 的位置。

需要说明的是，D_2 和 D 可初步估计，粗略绘制，待轴的结构设计完成、轴承的型号确定之后再进行调整。

3. 蜗轮轴承座位置的确定

如图 7-1 中左视图所示，常取蜗杆减速器宽度约等于蜗杆轴承盖外径（等于蜗杆轴承座外径），即 $N_2 \approx D_2$。由箱体外表面宽度可确定内壁 E_2 的位置，即蜗轮轴承座内端面位置。其外端面 F_2 的位置或轴承座的宽度 B_2，由轴承旁螺栓直径及箱壁厚度确定，即 $B_2 = \delta + c_1 + c_2 + (5 \sim 8)\text{mm}$。

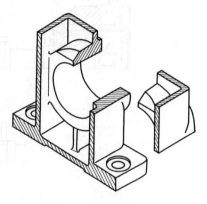

图 7-4　蜗杆轴承座

4. 箱体底壁的确定

对于下置式蜗杆减速器，为保证散热，通常取蜗轮轴中心高 $H_2 = (1.8 \sim 2)a$，a 为传动中心距，进而可以确定蜗杆轴中心高 H_1，并应将 H_1 圆整。进行热平衡计算，验证箱体的润滑油量是否满足传动件冷却散热要求，如不满足可加大 H_2，也可在箱体上加设散热片，散热片结构如图 7-12 所示。若加散热片仍不能满足散热要求，可在蜗杆端部装风扇，进行强制冷却。

7.1.3　轴系设计

蜗轮轴系的设计方法同圆柱齿轮，不再赘述。这里主要介绍蜗杆轴系的设计。

1. 轴承支点结构设计

（1）两端固定　当蜗杆轴较短（支点跨距小于 300mm）且温升又不太大时，或者虽然蜗杆轴较长，但间歇工作且温升较小时，常采用圆锥滚子轴承正装的两端固定式蜗杆轴系结构，如图 7-5 所示。

（2）一端固定一端游动　当蜗杆轴较长且温升较大时，热膨胀伸长量大。如果采用两端固定式蜗杆轴系结构，则轴承间隙减小甚至消失。此时，轴承将承受很大的附加载荷而加速破坏，这是不允许的。这种情况下宜采用一端固定一端游动的结构，如图 7-6a 所示。固定端常采用两个圆锥滚子轴承正装的支承形式，外圈用套杯凸肩和轴承盖双向固定，内圈用轴肩和圆螺母双向固定；游动端可采用深沟球轴承，内圈用轴肩和弹性挡圈双向固定，外圈在座孔中轴向游动。或者采用图 7-6b 所示的圆柱滚子轴承，内、外圈双向固定，滚子在外圈内表面轴向游动。

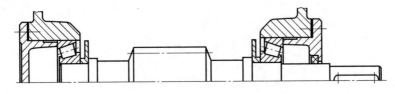

图 7-5　两端固定式蜗杆轴系结构

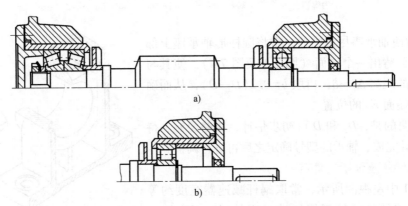

a)

b)

图 7-6　一端固定一端游动式蜗杆轴系结构
a) 一端固定一端游动　b) 内、外圈双向固定

在设计蜗杆轴承座孔时，应使座孔直径大于蜗杆外径，以便蜗杆装入。为便于加工，常使箱体两轴承座孔直径相同。

蜗杆轴系中的套杯，主要用于支点轴承外圈的轴向固定。套杯的结构和尺寸设计可参考图 6-8。由于蜗杆轴的轴向位置不需要调整，因此，可以采用图 7-6 所示的径向结构尺寸较紧凑的小凸缘式套杯。

固定端的轴承承受的轴向力较大，宜用圆螺母而不用弹性挡圈固定；游动端轴承可用弹性挡圈固定。

用圆螺母固定正装的圆锥滚子轴承时，如图 7-7 所示，在圆螺母与轴承内圈之间必须加一个隔离环，否则圆螺母将与保持架干涉。环的外径和宽度见标准中圆锥滚子轴承的安装尺寸。

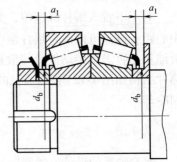

图 7-7　圆螺母固定圆锥滚子
轴承的结构

2. 轴承的选择

（1）轴承类型的选择　蜗轮轴轴承类型的选择与圆柱齿轮减速器相同，这里只介绍蜗杆轴轴承类型的选择。

蜗杆轴承支点与齿轮轴承支点受力情况不同。蜗杆轴承承受轴向力大，因此不宜选用深沟球轴承，一般可选用能承受较大轴向力的角接触球轴承或圆锥滚子轴承，角接触球轴承的极限转速高，圆锥滚子轴承的基本额定动载荷大；当轴向力非常大且转速不高时，可选用双向推力球轴承承受轴向力，同时选用向心轴承承受径向力。

（2）轴承尺寸的选择　在轴的径向尺寸设计过程中，可确定轴承的内径尺寸。因蜗杆轴轴向力大，且转速较高，故常初选 03 系列轴承。

3. 润滑与密封

（1）润滑　下置式蜗杆减速器的轴承用浸油润滑。为避免轴承搅油而导致功率损耗过大，最高油面 h_{0max} 不能超过轴承最下面的滚动体中心，如图 7-8 所示；最低油面高度 h_{0min} 应保证最下面的滚动体在工作中能少许浸油。

蜗杆圆周速度 $v<4\sim5\mathrm{m/s}$ 时，下置式蜗杆减速器多采用浸油润滑。蜗杆齿浸油深度为 $(0.75\sim1)h$，h 为齿高。若油面高度能同时满足轴承和蜗杆浸油深度要求，则两者均采用浸油润滑，如图 7-8a 所示。为防止由于浸入油中蜗杆螺旋齿的排油作用，迫使过量的润滑油冲入轴承，需在蜗杆轴上装挡油盘，如图 7-8a 所示。挡油盘与箱座孔间留有一定间隙，既能阻挡冲来的润滑油，又能使适量的油进入轴承。

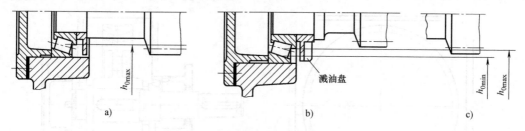

a)　　　　　　　　　　　　　　　b)　　　　　　　　　　　　　　　c)

图 7-8　下置式蜗杆减速器的油面高度

a) 装挡油盘　b) 装溅油盘　c) 蜗杆浸油深度不足

在油面高度满足轴承浸油深度的条件下，如果蜗杆齿尚未浸入油中（图 7-8b）或浸油深度不足（图 7-8c），则应在蜗杆两侧装溅油盘（图 7-8b），使传动件在飞溅润滑条件下工作。这时滚动轴承浸油深度可适当降低，以减少轴承搅油损耗。

蜗轮轴轴承转速较低，可用脂润滑或用刮板润滑（图 7-10 中的俯视图）。

上置式蜗杆减速器的润滑，请参阅 4.2 节及有关资料。

（2）密封　下置式蜗杆应采用较可靠的密封方式，如采用橡胶密封圈密封。蜗轮轴轴承的密封与齿轮减速器相同。

确定出蜗杆轴轴头安装传动件的定位轴肩距轴承盖端部间的距离，即图 7-9 中的 l_B，完成轴的结构设计及轴承组合结构设计，如图 7-9 所示。

7.1.4　确定支点、受力点，校核轴、键及轴承

支点、受力点如图 7-9 所示。轴、键、轴承校核计算与圆柱齿轮减速器相同。

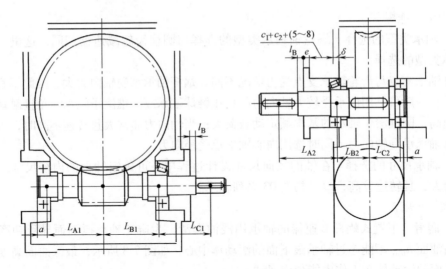

图 7-9 蜗杆减速器初步装配草图

7.1.5 细节结构设计

完成蜗轮、轴承盖等的结构设计，即完成了蜗杆减速器第一阶段的工作内容，蜗杆减速器第一阶段装配底图如图 7-10 所示。

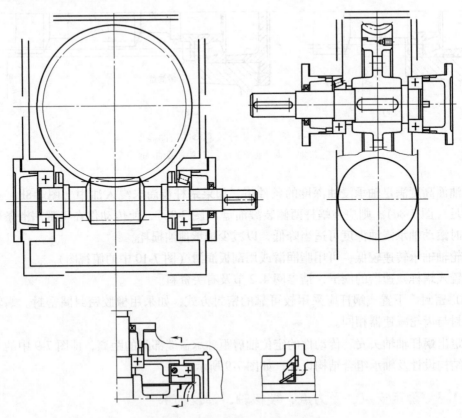

图 7-10 蜗杆减速器第一阶段装配底图

7.2　箱体及附件设计——装配图设计第二阶段

剖分式蜗杆减速器箱体结构设计，除前面所述蜗杆、蜗轮轴承座确定方法之外，其他结构与齿轮减速器设计相似；附件结构设计也与圆柱齿轮减速器相似，可参阅第 5 章。这里只简单介绍一下整体式箱体结构。如图 7-11 所示，整体式箱体两侧一般设两个大端盖孔，蜗轮由此装入，该孔径要稍大于蜗轮外圆的直径。为保证传动啮合的质量，大端盖与箱体间的配合采用 H7/js6 或 H7/g6。

为增加蜗轮轴承座的刚度，大端盖内侧可加肋。

为使蜗轮跨过蜗杆装入箱体，蜗轮外圆与箱体上壁间应留有相应的距离 s（图 7-11）。

当蜗杆减速器需要加设散热片时，散热片的布置一般取竖直方向。若在蜗杆轴端装风扇，则散热片布置方向应与风扇气流方向一致。散热片的结构和尺寸如图 7-12 所示。

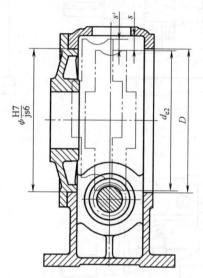

图 7-11　整体式蜗杆减速器箱体结构

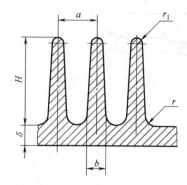

图 7-12　散热片结构和尺寸

$H=(4\sim5)\delta$；$a=2\delta$；$b=\delta$；$r=0.5\delta$；$r_1=0.25\delta$

图 7-13 所示为蜗杆减速器装配草图设计完成第二阶段后的内容。

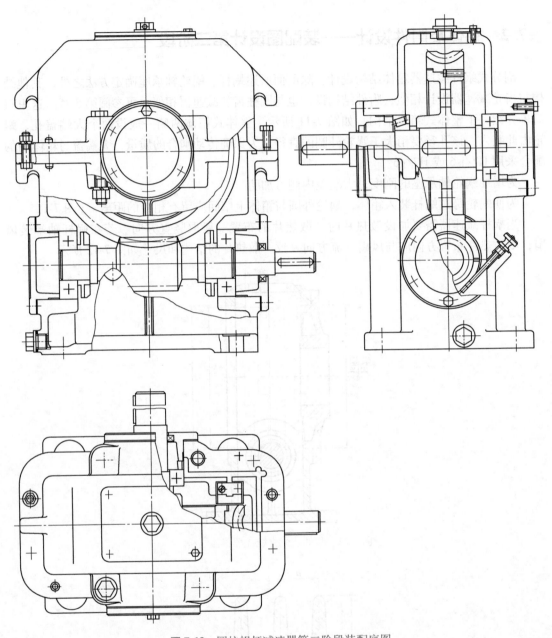

图 7-13 圆柱蜗杆减速器第二阶段装配底图

第8章

装配图总成设计——装配图设计第三阶段

装配图设计第三阶段的主要内容：首先对前两个阶段完成的装配底图进行检查修改，在此基础上完成装配图尺寸标注、画剖面线、编写技术特性和技术要求、零部件编号、填写明细栏和标题栏等，最终完成装配图的设计。具体步骤如下：

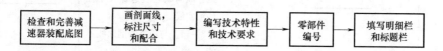

检查和完善减速器装配底图 → 画剖面线，标注尺寸和配合 → 编写技术特性和技术要求 → 零部件编号 → 填写明细栏和标题栏

8.1 检查和完善装配底图

1. 装配底图检查

完成装配底图后，应认真检查、核对、修改、完善，检查的主要内容包括以下几个方面：

1）总体布置。对照任务书，检查、核对装配图设计与传动方案布置是否一致，如输入轴、输出轴的位置布局等。

2）尺寸核查。检查传动件的尺寸参数是否与前面设计计算结果一致。

3）干涉检查。检查减速器运行时传动件与箱体是否干涉，轴与轴承透盖是否相碰，轴外伸端装上传动件后是否与轴承盖螺钉相碰撞等。

4）各轴系检查。检查轴上零件是否方便拆装，轴上各零件定位是否准确，各零件的轴向和周向固定是否可靠，轴承间隙能否调整，轴系位置能调整，轴的工艺性如何。

5）检查润滑密封是否可靠。

6）检查箱体的结构是否合理，加工面与非加工面是否区分。

7）检查各附件是否设置齐全，位置是否合理，表达是否正确。

8）检查视图是否已经完全、清楚地表达了各零件的相互位置和装配关系，投影关系是否正确，零件具体结构表达是否正确。重点检查齿轮啮合区、螺纹连接件的画法等。

为了便于自我检查和修改，表8-1列出了设计中的常见错误。

2. 装配图常见错误示例

图8-1所示为减速器装配图常见错误示例，图8-2所示为正确的减速器装配图。

表 8-1　设计中的常见错误

序号	项目	错　误　图	错误说明	正确图
1	螺栓连接起模斜度等		1—轴承盖上的螺钉不能设置在剖分面上 2—轴承座、加强肋均未设计铸造起模斜度 3—连接螺栓距轴承座较远，不利于提高连接刚度 4—螺栓头部的支承面处应设计沉头孔或凸台 5—轴承座凸台与箱座底板之间的高度 h 小于螺栓长度，使得螺栓无法由下向上装入 6—螺栓杆与螺栓孔之间应有间隙 7—横向缺乏螺纹的起始线，纵向缺乏表达螺纹小径的细实线 8—箱盖与箱座的剖面线不能一致 9—螺栓支承面处应设计沉头孔或凸台，螺栓连接应有防松用弹簧垫圈	
2	箱座油沟		输油沟画法不对	参见图 5-5b
3	视孔及视孔盖处		1—缺少视孔外轮廓线 2—缺少视孔内投影线 3—调整垫片没有剖的部分不应涂黑 4—视孔位置不合适，通过视孔不能够看到两齿轮啮合处	参见图 5-38

（续）

序号	项目	错 误 图	错误说明	正确图
4	吊环螺钉		1—螺纹孔深缺少余量 2—缺少螺钉沉头座孔	
5	轴承及螺栓的位置		1—调整垫片内径过小，无法安装 2—轴承安装位置不合适，端面不应与箱体内壁平齐 3—连接螺栓位置不对，中心线与箱体外壁间应为 c_1	参见图 5-7
6	俯视图上的凸台		1—漏画沉孔投影线 2—漏画机体上的投影线	
7	定位销		1—相邻零件剖面线方向应相反 2—销上下均没出头，不便于拆卸	
8	油标尺		1—油标尺太短 2—漏画孔的投影线且内螺纹太长 3—缺少螺纹退刀槽 4—缺少沉孔 5—油标尺无法装拆	参见图 5-39c、图 5-40b

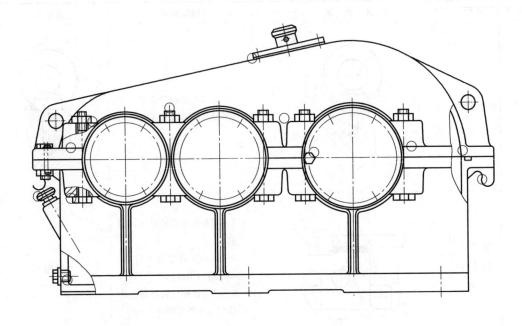

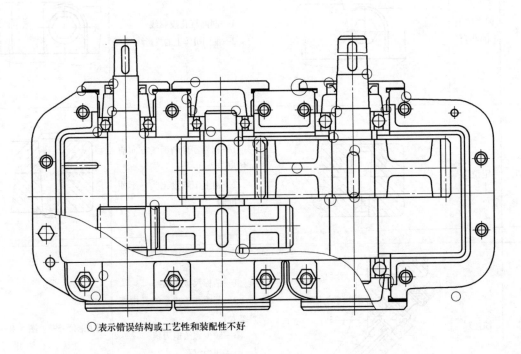

○表示错误结构或工艺性和装配性不好

图 8-1　减速器装配图常见错误示例

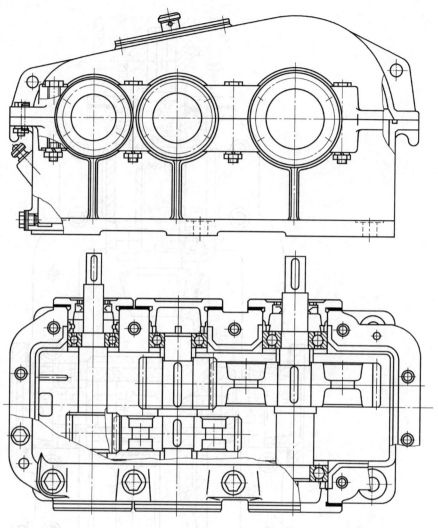

图 8-2　正确的减速器装配图

8.2　装配图尺寸标注

在装配图上应标注以下 4 类尺寸：

1. 特性尺寸

传动零件的中心距及其极限偏差等，其中中心距极限偏差 $\pm f_a$ 可查表 20-8 获得。

2. 安装尺寸

输入轴和输出轴外伸端直径、长度，减速器中心高，地脚螺栓孔的直径和位置，箱座底面尺寸等。

3. 外形尺寸

减速器总长、总宽、总高等。

4. 配合尺寸、性质及精度

减速器装配图应标注以下几个方面的配合尺寸（结合图 8-3 说明）：

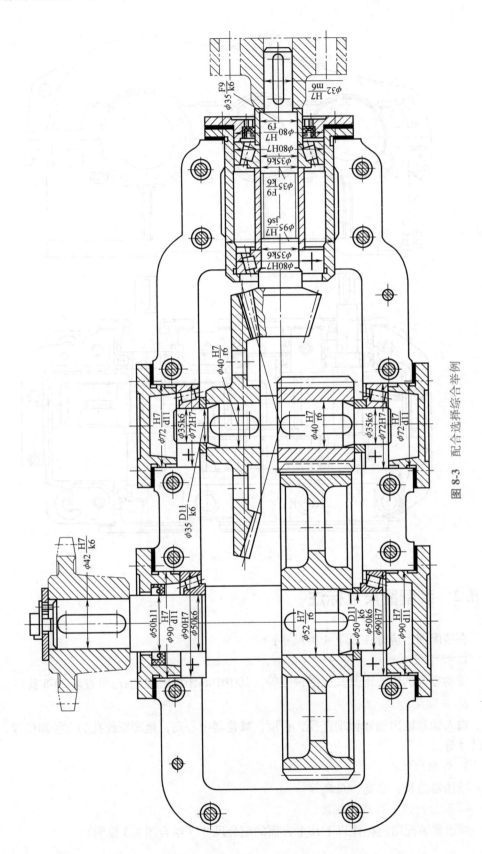

图 8-3 配合选择综合举例

1）齿轮、蜗轮、带轮、链轮、联轴器和轴的配合。在较少装拆的情况下选用小过盈配合，如图中 $\phi52\dfrac{H7}{r6}$、$\phi40\dfrac{H7}{r6}$ 等；在经常装拆的情况下，选用过渡配合，如 $\phi42\dfrac{H7}{k6}$ 等。

2）轴承与轴、轴承座的配合。滚动轴承是标准组件，与相关零件配合时，其内孔与外径不必标注公差带。与轴承内孔配合的轴颈直径及与轴承外径配合的座孔直径，应分别按基轴制和基孔制选择公差带，分别查表 15-6 和表 15-7。转速越高、载荷越大，则应采用较紧的配合；经常拆卸的轴承和游动套圈，则应采用较松的配合。

3）套筒、封油盘、挡油盘等与轴的配合为间隙配合，但这些零件往往和滚动轴承装在同一轴段上，该段轴的直径及公差已按滚动轴承的要求选定，故装套筒、封油盘、挡油盘等处轴的公差带最好与滚动轴承处轴的公差带一致，而孔的公差带另行给定，如图 8-3 中 $\phi50\dfrac{D11}{k6}$ 等。

4）轴承盖与轴承座孔或套杯孔的配合应选用间隙配合，由于轴承座孔已按滚动轴承要求选定，此时它与轴承盖的配合也是由不同公差等级组成的，如 $\phi90\dfrac{H7}{d11}$、$\phi80\dfrac{H7}{f9}$ 等。

5）套杯与轴承座孔选用过渡配合，以便于装拆和保证对中，如 $\phi95\dfrac{H7}{js6}$ 等。

上述 4 类尺寸应尽量集中标注在反映主要结构的视图上，齿轮减速器为俯视图，蜗杆减速器为主视图，并应使尺寸的布置整齐、清晰、规范。

8.3　技术特性与技术要求

1. 技术特性

在装配图明细栏附近适当位置应写出减速器的技术特性，包括减速器的输入功率、输入转速、传动效率、传动特性（如总传动比、各级传动比等），也可列表表示。表 8-2 给出了二级圆柱齿轮减速器技术特性。

表 8-2　技术特性

输入功率 /kW	输入转速 /(r/min)	传动效率 η	总传动比 i	传 动 特 性							
				第一级				第二级			
				m_n	β	z_2/z_1	精度等级	m_n	β	z_4/z_3	精度等级

2. 技术要求

装配图上应写明在视图上无法表示的关于装配、调整、检验、维护等方面的技术要求，主要内容如下：

（1）装配前对零件的处理要求　装配前所有零件要用煤油或汽油清洗干净。箱体内壁涂防侵蚀的涂料。箱体内应清理干净，不允许有任何杂物等。

（2）装配过程中对安装和调整的要求

1）滚动轴承间隙的要求。为保证轴承正常工作，技术要求中应给出轴承的轴向游隙。

对可调游隙轴承，如圆锥滚子轴承，由于轴承内、外圈是分离的，或可以互相窜动，安装时应认真调整其游隙。角接触轴承的轴向游隙数值可由表 15-10 查出。

对不可调游隙的轴承，如深沟球轴承，在两端固定的轴承结构中，可在端盖与轴承外圈端面间留适当的轴向间隙 Δ，以允许轴的热伸长，一般 Δ = 0.1~0.4mm。当轴承支点跨度大且运转温升高时，取较大值。

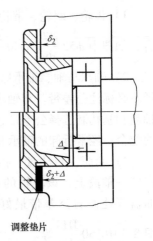

图 8-4 所示为用调整垫片调整轴承的热补偿间隙，调整垫片通常采用一组厚度不同的低碳钢薄片，总厚度为 1.2~2mm。所需调整垫片厚度可用下述方法得出，先用轴承盖将轴承顶紧，消除轴承的轴向间隙，然后用塞尺测量端盖与轴承座之间的间隙 δ_2，$\delta_2 + \Delta$ 为调整垫片的厚度。

图 8-4 用调整垫片调整轴承的热补偿间隙

图 8-5a 所示为圆锥滚子轴承的轴向游隙，图 8-5b 所示为用调节螺钉调整轴承游隙，图 8-5c 所示为用圆螺母调整轴承游隙，调整时可先把螺钉或螺母拧紧，消除轴承的轴向间隙，然后再退至所需要的轴向游隙 Δ 为止，最后锁紧螺钉或螺母。

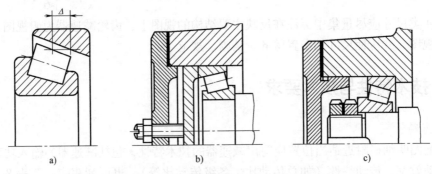

图 8-5 用调节螺钉或圆螺母调整轴承游隙
a) 轴向游隙 b) 用调节螺钉调整 c) 用圆螺母调整

2) 传动副的侧隙和接触斑点。减速器安装必须保证齿轮传动或蜗杆传动所需要的侧隙以及齿面接触斑点，其要求是由传动件精度等级确定的，具体数值见第 20 章。对多级传动，当各级传动的侧隙和接触斑点要求不同时，在技术条件中应分别写明。传动件侧隙的检查可以用塞尺或铅丝塞进相互啮合齿的侧隙中，然后测量塞尺厚度或铅丝变形后的厚度。

接触斑点的检查方法：在主动轮齿面上刷上红丹粉，当主动轮转 2~3 周后，观察从动轮齿面上的着色情况，分析接触区的位置及接触面积是否满足要求。圆柱齿轮传动、锥齿轮传动、蜗杆传动的正常接触斑点分别如图 8-6a、b、c 所示，接触斑点的大小分别查表 20-9、表 20-16 和表 20-29。

(3) 润滑要求 需说明传动件和轴承所用润滑剂的牌号、用量、补充或更换时间。

选择润滑剂时，应考虑传动类型、载荷性质及运转速度。齿轮减速器润滑油黏度按高速级齿轮的圆周速度选取，$v \le 2.5$m/s 时可选用中负荷工业齿轮油 320，$v > 2.5$m/s 时可选用中负荷工业齿轮油 220。蜗杆减速器按滑动速度 v_s 选择，12m/s $> v_s \ge$ 2m/s 时选用蜗轮蜗杆油

a)　　　　　　　　b)　　　　　　　　c)

图 8-6　接触斑点

a）圆柱齿轮传动　b）锥齿轮传动　c）蜗杆传动

680，$v_s \geqslant 12\text{m/s}$ 时选用蜗轮蜗杆油 220。此外还可以用全损耗系统用油、气缸油等润滑。常用润滑油的性质和用途可参考表 16-1。润滑油应装至油面规定高度，即油标上限。换油时间取决于油中杂质的多少及氧化、污染的程度，一般为半年左右。新减速器开始使用时，两周左右后换油。

轴承采用脂润滑时，填充量要适宜，过多或不足都会导致轴承发热，一般以填充轴承空间的 1/3~1/2 为宜。每隔半年左右补充或更换一次。常用润滑脂的性质和用途可参考表 16-2。

（4）密封要求　减速器所有连接面和密封处均不允许漏油。箱体剖分面允许涂密封胶或水玻璃，不允许使用任何垫片。

（5）装配完成后试车要求　减速器装配后先做空载试验，正、反转各 1h，要求运转平稳，噪声小，连接固定处不得松动；然后做负载试验，油池温升不得超过 35℃，轴承温升不得超过 40℃。

（6）包装、运输和外观要求　箱体表面应涂漆。外伸轴及其他零件需涂油并包装严密。减速器在包装箱内应固定牢靠。包装箱外应写明"不可倒置""防雨淋"等字样。

8.4　零部件编号、 明细栏和标题栏

1. 零部件编号

1）装配图中所有零部件均应编号。编号时，相同的零件可以只编写一个序号，一般只标注一次，不可遗漏；多处出现相同的零部件，必要时也可重复标注。对各独立组件，如轴承、通气器等，可作为一个零件编号。

2）编号应按顺时针或逆时针方向顺序排列整齐。序号字高可比装配图中尺寸数字的高度大一号或两号。编号引线不应相交，并尽量不与剖面线平行。一组紧固件，如螺栓、垫圈、螺母，可采用公共编号引线。

2. 明细栏及标题栏

明细栏是减速器所有零件的详细目录。明细栏由下向上填写，明细栏中的序号必须与装配图中零部件的编号一致。标准件必须按照规定的标记完整地写出零件名称、材料、主要尺寸及标准代号。传动件必须写出主要参数，如齿轮的模数、齿数、螺旋角等，材料应注明牌号。

装配图标题栏和明细栏可采用国家标准（GB/T 10609.1—2008、GB/T 10609.2—2009）规定的格式，也可采用课程设计推荐的格式，如图 8-7、图 8-8 所示。

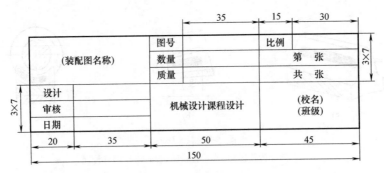

图 8-7 装配图标题栏

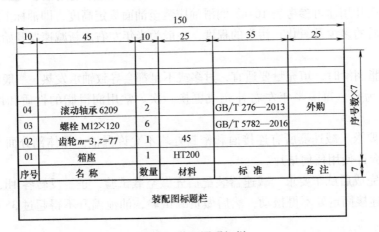

04	滚动轴承 6209	2		GB/T 276—2013	外购
03	螺栓 M12×120	6		GB/T 5782—2016	
02	齿轮 $m=3$, $z=77$	1	45		
01	箱座	1	HT200		
序号	名 称	数量	材 料	标 准	备 注
装配图标题栏					

图 8-8 装配图明细栏

第9章　零件图的设计

9.1　概述

1. 零件图的设计要求

零件图是制造、检验和制订零件工艺规程的依据，由装配图拆绘设计而成。零件图既要反映其功能要求，明确表达零件的详细结构，又要考虑加工装配的可能性和合理性。一张完整的零件图应能全面、正确、清晰地表明零件的结构形状和相对位置，零件的结构形状和尺寸必须与装配图一致，要给出制造和检验所需的全部尺寸和技术要求。零件图的设计质量对减少废品、降低成本、提高生产率和产品的力学性能等至关重要。

2. 零件图的设计要点

（1）视图选择和布置　每个零件图应单独绘制在一个标准图幅内，制图比例优先采用1：1，根据零件表达需要采用一个或多个基本视图，再配以适当的其他视图等，细部结构可另行放大绘制，必要时附以文字说明。

（2）尺寸、几何公差、表面粗糙度的标注　零件图上的尺寸是加工检验的依据。图上标注的尺寸必须做到正确、完整，避免尺寸重复、遗漏以及出现封闭尺寸链。重要尺寸直接标出，且标注在最能反映形体特征的视图上，注意要选好尺寸标注基准面。

配合尺寸要标注出公称尺寸及其极限偏差。按标准加工的尺寸（如中心孔等尺寸），应按国家标准规定的格式进行标注。

零件图上的几何公差，应按设计要求由标准查取。

表面粗糙度影响零件表面的耐磨性、抗疲劳能力及配合性质等，同时还影响零件的加工工艺性和制造成本。因此，零件所有加工表面和非加工表面都要注明表面粗糙度。当较多表面具有同一表面粗糙度时，可在零件图标题栏上方集中标注。

尺寸极限偏差、几何公差、表面粗糙度均按照表面作用及必要的制造经济原则确定。

（3）技术要求　零件在制造和检验时所必须保证的设计要求和条件，不便用图形或符号表示时，应在零件图技术要求中列出。一些在零件图中多次出现且具有相同几何特征的局部结构（倒角等）尺寸，也可在技术要求中列出。应说明零件的热处理方法及热处理后达到的硬度，以及对材料的力学性能和化学成分的要求等。

（4）标题栏　图样右下角应画出标题栏，格式与尺寸可按国家标准规定的格式绘制，也可采用图9-1所示格式。

本章将说明减速器中的轴、齿轮、箱体等典型零件图的设计要点，并推荐相应各种零件表面粗糙度、几何公差选取的有关资料。

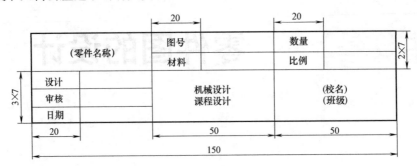

图 9-1 零件图标题栏

9.2　轴类零件图的设计要点

1. 视图选择

轴类零件一般只需绘制一个主视图即可将其结构基本表达清楚。按车床加工位置，即轴的轴线在主视图中水平布置。视图上表达不清的键槽和孔等，可用剖视图辅助表达；对轴的细部结构，如螺纹退刀槽、砂轮越程槽、中心孔等，可用局部放大图表达。

2. 尺寸标注

轴类零件应标注各段轴的直径、长度、键槽及细部结构尺寸。

（1）径向尺寸标注　各段轴的直径必须逐一标注，即使直径完全相同的各段轴也不能省略。凡是有配合的轴段应根据装配图上所标注的尺寸及公差来标注直径及其偏差（查表 19-3 确定偏差值）。

（2）轴向尺寸标注　首先应正确选择基准面，应以工艺基准面作为标注轴向尺寸的主要基准面。尽可能使尺寸标注符合轴的加工工艺和测量要求，不允许出现封闭尺寸链。通常将最不重要的轴段（如图 9-2 中 ϕ_7 轴段）的轴向尺寸作为尺寸链的封闭环，其尺寸不用标出。

图 9-2 所示为减速器输出轴直径与长度尺寸的标注示例，其中齿轮轮毂与轴肩接触面即基面 I 为主要基准面。图中 L_2、L_3、L_4、L_5、L_7 等尺寸都是以该基准面作为基准标出的，以

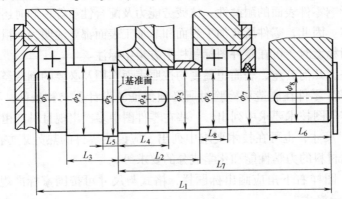

图 9-2 轴的直径及长度尺寸的标注示例

减少加工误差。标注尺寸 L_4、L_2 是考虑到齿轮轴向固定和轴承内圈定位的可靠性，标注尺寸 L_3 是为了控制轴承支点的跨距，标注尺寸 L_6 是考虑到轴头传动件的轴向固定，L_8 为次要尺寸。ϕ_1 轴段和 ϕ_7 轴段的长度误差不影响轴系的装配和使用，故可作为封闭尺寸，不用标注。

表 9-1 列出了该轴的车削主要加工工序。工序图中标注的制造测量尺寸即为零件图中标注的尺寸；工序图中未标尺寸是工序过程中自然形成的尺寸，即封闭尺寸，零件图中也没有标出。

表 9-1　轴的车削主要加工工序

工序号	工序名称	工序草图	所需尺寸
1	下料，车外圆，车端面，钻中心孔	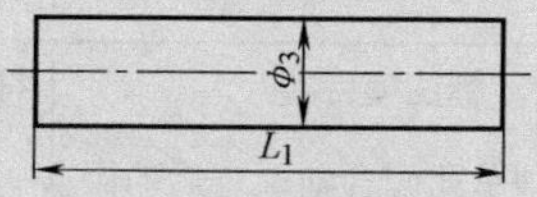 ϕ_3，L_1	L_1，ϕ_3
2	夹住一头，量 L_7，车 ϕ_4	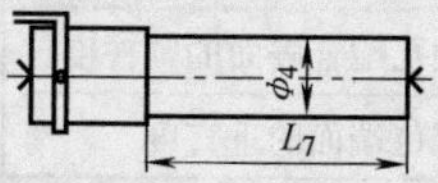 ϕ_4，L_7	L_7，ϕ_4
3	量 L_4，车 ϕ_5	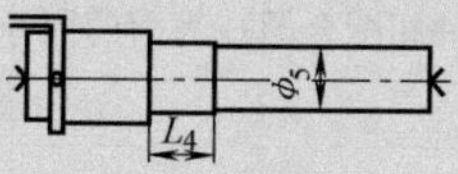 ϕ_5，L_4	L_4，ϕ_5
4	量 L_2，车 ϕ_6	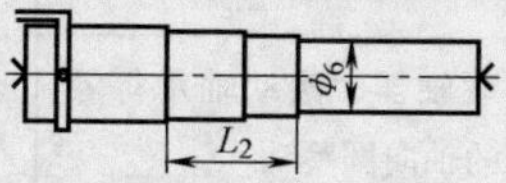 ϕ_6，L_2	L_2，ϕ_6
5	量 L_6，车 ϕ_8	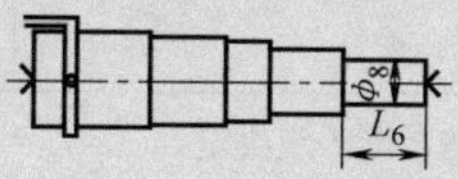 ϕ_8，L_6	L_6，ϕ_8
6	量 L_8，车 ϕ_7	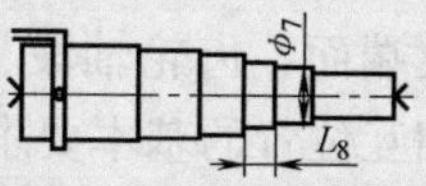 ϕ_7，L_8	L_8，ϕ_7
7	调头，量 L_5，车 ϕ_2	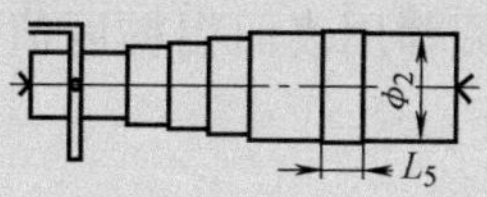 ϕ_2，L_5	L_5，ϕ_2
8	量 L_3，车 ϕ_1	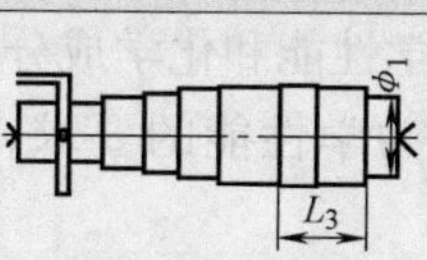 ϕ_1，L_3	L_3，ϕ_1

3. 尺寸公差

轴上配合部位（如轴颈、轴头、密封处）的径向尺寸都应注出极限偏差。轴的极限偏差根据装配图上选定的配合性质，从表 19-3 中查得。

普通减速器设计中，轴的轴向尺寸按自由公差处理，一般不标注尺寸公差。自由公差按 h12、h13 决定。

普通平键的键槽尺寸及公差参考键连接标准，从表 14-23 中查出。为了加工检验方便，键槽深度一般标注尺寸（$d-t_1$）值，再标注极限偏差（此时极限偏差取负值）。具体请参考附录 A 中轴的图例。

4. 几何公差

轴上的各重要表面应标注几何公差。轴的几何公差推荐项目及推荐等级见表 9-2，具体公差等级按传动精度和工作条件确定。几何公差数值可从表 9-2 中备注所列的表查得。

表 9-2　轴的几何公差项目及推荐等级

公差类别	标注项目	符号	等级	对工作性能的影响	备注
形状公差	与滚动轴承孔配合轴颈表面的圆柱度	⌭	*	影响滚动轴承与轴配合的松紧及对中性，滚道会发生几何变形而缩短轴承寿命	查表 19-10
	与传动件轴孔配合表面的圆柱度		7~8	影响传动件与轴配合的松紧及对中性	
定向公差	滚动轴承定位端面的垂直度	⊥	6~7	影响轴承定位及受载均匀性	查表 19-11
定位公差	平键键槽两侧面的对称度	⩵	5~7	影响键受载的均匀性及装拆难易程度	
	与传动件轴相配合圆柱表面的同轴度	◎	5~7	影响传动件、滚动轴承的安装及回转同心性，影响齿轮轮齿载荷分布的均匀性	查表 19-12
跳动公差	与传动件轴相配合圆柱表面的径向圆跳动	↗	6~7		
	与齿轮、联轴器、滚动轴承等零件定位端面的轴向圆跳动	↗	6~7		
	与滚动轴承配合轴颈表面的径向圆跳动	↗	*		

注："*"表示由轴的精度等级决定。

图 9-3 所示为齿轮轴的几何公差标注示例。它表明了轴颈及端面、齿轮轴段、输入端段、键槽的形状及相互位置的基本要求。

5. 表面粗糙度

按表面作用查阅荐用表面粗糙度值，见表 9-3。

6. 技术要求

1）对材料的力学性能和化学成分的要求。

2）对材料表面力学性能的要求，如热处理及表面硬度等。

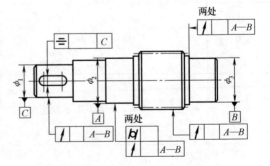

图 9-3　齿轮轴的几何公差标注示例

3）对加工的要求，如中心孔是否保留，是否与其他零件一起配合加工等。

4）对未注倒角、圆角的说明，长轴校直等说明。

5）对未注公差尺寸的公差等级要求。

表 9-3　轴的工作表面的表面粗糙度值

加工表面	$Ra/\mu m$	加工表面	$Ra/\mu m$			
与传动件及联轴器轮毂相配合的表面	3.2~0.8	密封处的表面		毡圈	橡胶油封	间隙及迷宫
与/P0 级滚动轴承相配合的表面	1.6~0.8		与轴接触处的圆周速度/(m/s)			
平键键槽的工作面	3.2~1.6		≤3	>3~5	5~10	
与传动件及联轴器轮毂相配合的轴肩端面	6.3~3.2					3.2~1.6
与/P0 级滚动轴承相配合的轴肩端面	3.2		3.2~1.6	1.6~0.8	0.8~0.4	
平键键槽底面	6.3					

> **细节决定成败**　轴的结构虽然简单，但其设计包括尺寸公差、几何公差、表面质量、加工工艺等多个方面。一个几何公差的小错误将会直接影响装配质量、运转精度，甚至导致整根轴、整个设备报废。

9.3　齿轮类零件图的设计要点

齿轮类零件包括圆柱齿轮、锥齿轮、蜗杆和蜗轮。这类零件的零件图上除视图和技术要求外，还要有供加工和检验用的啮合特性表。

1. 视图选择

齿轮类零件一般可用两个视图（主视图和左视图）表示。主视图主要表示轮毂、轮缘、轴孔、键槽等结构；左视图主要反映轴孔、键槽的形状和尺寸。左视图可画出完整视图，也可只画出局部视图。

对组合式的蜗轮结构，应分别画出组合前的轮缘、轮芯的零件图及组装后的蜗轮组件图。蜗轮切齿工作是在组装后进行的，因此组装前，零件的相关尺寸应留有必要的加工余量，待组装后再加工到最后需要的尺寸。

齿轮轴、蜗杆轴的视图与轴类零件的零件图类似。

2. 尺寸标注及基本偏差

在标注尺寸时，首先应明确标注的基准。齿轮类零件的轮毂孔不仅是装配的基准，也是切齿和检测加工精度的基准，因此对各径向尺寸，应以孔的轴线为基准标出。

轮毂孔的端面是装配的定位基准，也是切齿时的定位基准，故其齿宽方向的尺寸应以端面为基准标出。

轴孔及齿顶圆是加工、装配的重要基准，尺寸精度要求较高，应标出尺寸极限偏差。其中轴孔极限偏差由精度等级及配合性质决定，齿顶圆极限偏差按其是否作为测量基准而定。

锥齿轮的锥距和锥角是保证啮合的重要尺寸。标注时，锥距应精确到 0.01mm；锥角应精确到秒（″）。还应标注出基准端面到锥顶的距离，因为它影响到锥齿轮的啮合精度，所以必须在加工时予以控制。

画蜗轮组件图时，应注出轮缘和轮芯的配合尺寸、精度及配合性质。

3. 表面粗糙度

按表面作用查阅荐用表面粗糙度值，见表 9-4。

4. 齿坯几何公差

齿坯的几何公差项目及等级可按表 9-5 选取。

5. 啮合特性表

啮合特性表包括齿轮的主要参数及检验项目。啮合精度等级、齿厚极限偏差代号等，原则上应按齿轮运动及负载性质诸多因素，结合制造工艺水平决定。具体检测项目和数值见第20章，啮合特性表的格式可参看附录 A 中的零件图 1~4。

表 9-4　齿轮、蜗轮工作表面的表面粗糙度值 Ra　（单位：μm）

加工表面		精度等级			
		6	7	8	9
轮齿工作面（齿面）		<0.8	1.6~0.8	3.2~1.6	6.3~3.2
齿顶圆柱面	是测量基面	1.6	3.2~1.6	3.2~1.6	6.3~3.2
	非测量基面	3.2	6.3~3.2	6.3	12.5~6.3
轮缘与轮芯配合面		1.6~0.8		3.2~1.6	6.3~3.2
轴孔配合面		3.2~0.8		3.2~1.6	6.3~3.2
与轴肩配合的端面		3.2~0.8		3.2~1.6	6.3~3.2
其他加工面		6.3~1.6		6.3~3.2	12.5~6.3

注：原则上尺寸数值较大时选取大一些的 Ra 数值。

表 9-5　齿坯的几何公差[①]项目及等级

项目	等级	作用
轴孔的圆柱度	6~8	影响轴孔配合的松紧及对中性
齿顶圆对中心线的圆跳动	按齿轮精度等级及尺寸确定	在齿形加工后引起运动误差——齿向误差，影响传动精度及载荷分布的均匀性
齿轮基准端面对中心线的轴向圆跳动		
轮毂键槽对孔中心线的对称度	7~9	影响键受载的均匀性及装拆的难易

① 齿坯公差可以查阅齿轮精度标准荐用表。

6. 技术要求

1）对铸件、锻件毛坯的要求。
2）对材料的力学性能和化学成分的要求。
3）对材料表面力学性能的要求。
4）对未注倒角、圆角的说明。
5）对机械加工未注公差尺寸的公差等级要求。
6）对高速齿轮平衡试验的要求。

9.4　箱体类零件图的设计要点

1. 视图选择

箱体类零件（箱盖、箱座）的结构形状一般都比较复杂，为了将它的内、外部结构表达清楚，通常需要采用主、俯、左（或右）三个视图，对于螺纹孔、放油孔、油尺孔、销钉孔、槽等细部结构，有时还应增加一些局部视图、局部剖视图或局部放大图。一般按箱体工作位置布置主视图。可参考附录 A 中的零件图 11、12。

2. 标注尺寸

箱体类零件形状复杂，尺寸繁多。标注尺寸时，既要考虑铸造、加工工艺、测量、检验的要求，又要做到尺寸多而不乱、不重复、无遗漏。为此，必须注意以下几点：

（1）尺寸标注基准的选择　尺寸标注时要注意基准的选择，力求设计基准与加工工艺基准一致，以方便加工时测量。如箱座、箱盖高度方向的尺寸应以箱座底面、剖分面为尺寸基准，宽度方向的尺寸应以箱体宽度方向的对称中心线为尺寸基准，长度方向的尺寸应以轴承孔中心线为尺寸基准，采用嵌入式端盖的减速器箱体上沟槽的位置尺寸应以减速器轴承座外端面为尺寸基准。

（2）定位尺寸和形状尺寸的标注　在箱体类零件图中，这类尺寸数量最多，标注工作量大，故应特别细心。一般先标注定位尺寸，再标注形状尺寸。

定位尺寸是确定机体各部分相对位置的尺寸，如轴孔中心距、孔中心位置尺寸等。定位尺寸应从基准（或辅助基准）直接标出。

形状尺寸是表明箱体各部分形状大小的尺寸，如箱体的长、宽、高，壁厚，连接凸缘的厚度，圆弧和圆角半径，光孔及螺孔的直径及深度，加强肋尺寸等。这类尺寸均应直接标出，不应做任何计算。

（3）性能尺寸　性能尺寸是影响减速器工作性能的重要尺寸。对减速器箱体来说，就是相邻轴承孔的中心距离，应直接标出中心距的大小及极限偏差值，其极限偏差取装配中心距极限偏差的80%。

（4）配合尺寸　配合尺寸是保证机器正常工作的重要尺寸，应根据装配图上的零件配合查相应国家标准得到配合的极限偏差值，并将其标出。

（5）安装附件部分的尺寸　箱体多为铸件，标注尺寸时应便于木模的制作。因为木模是由一些基本几何体拼合而成的，所以在其基本形体的定位尺寸标出后，其形状尺寸应以自身的基准标注，如减速器箱盖上的检查孔、箱座上的油标尺孔及放油孔等。

（6）倒角、圆角、拔模斜度　所有倒角、圆角、拔模斜度均应标出，但考虑图面清晰或不便标注的情况，可在技术要求中加以说明。

3. 几何公差标注

箱体的几何公差推荐标注项目及等级可按表9-6选取。

表 9-6　箱体的几何公差标注项目及等级

标注项目	符号	等级	作用
轴承座孔的圆柱度	⌭	表 15-8	影响箱体与轴承的配合性能及对中性
剖分面的平面度	▱	7~8	影响剖分面的密合性及防渗漏性能
轴承座孔中心线间的平行度	∥	*	影响齿面接触斑点及传动的平稳性
两轴承座孔中心线的同轴度	◎	6~8	影响轴系安装及齿面载荷分布的均匀性
轴承座孔端面对中心线的垂直度	⊥	7~8	影响轴承固定及轴向受载的均匀性
轴承座孔中心线对剖分面的位置度	⌖	<0.3mm	影响孔系精度及轴系装配
两轴承座孔中心线间的垂直度	⊥	7~8	影响传动精度及载荷分布的均匀性

注："*"表示由齿轮精度等级和尺寸决定，见齿轮精度。

4. 表面粗糙度

按表面作用查阅荐用表面粗糙度值，见表9-7。

表9-7 箱体工作表面的表面粗糙度值 （单位：μm）

加工表面	Ra	加工表面	Ra
减速器剖分面	3.2~1.6	减速器底面	12.5~6.3
轴承座孔面	1.6~0.8	轴承座孔外端面	6.3~3.2
圆锥销孔面	3.2~1.6	螺栓孔座面	12.5~6.3
嵌入式端盖凸缘槽面	6.3~3.2	油塞孔座面	12.5~6.3
视孔盖接触面	12.5	其他表面	>12.5

5. 技术要求

1）凸缘上的定位销孔应在箱盖与箱座用螺栓连接后配钻、配铰。

2）箱盖与箱座的轴承孔应在用螺栓连接并装入定位销后镗孔。

3）清砂、时效处理等。

4）铸造起模斜度及铸造圆角。

5）内表面需煤油清洗后涂防锈漆。

6）其他需文字说明的事宜等。

第10章　计算机辅助设计简介

10.1　概述

计算机辅助设计（Computer Aided Design，CAD）是工程技术人员以计算机为工具，用各自的专业知识，对产品进行总体设计、绘图、分析和编写技术文档等活动的总称。它具有制图速度快、修改设计快、设计计算快、易于建立和使用标准图库及改善绘图质量、提高设计和管理水平、缩短设计周期等一系列优点，是工程设计方法的发展方向，目前已广泛应用。

在机械设计课程设计阶段，学生可用传统的手工计算和手工画图的方法进行；如果条件许可，也可用计算机进行辅助计算，用计算机绘图。

10.1.1　计算机辅助计算

减速器中各个元件的设计计算，除了箱体外，均已有成熟的计算公式，即在已知它们的数学模型的基础上进行设计计算。因此，把手工设计计算转变为计算机辅助计算是完全可能的。

计算机辅助计算主要包括以下内容：根据强度条件和设计准则，计算确定齿轮、蜗轮的设计参数，进而计算其几何尺寸；进行轴的设计计算，按强度条件确定轴的各部分直径；轴承选择及寿命的校核计算；带传动的设计计算；链传动的设计计算等。

在进行机械零件设计计算过程中，常常需要查阅各种数表和线图，以求得所需参数。为了实现计算机自动查找和检索出所需要的数据，编程时首先应对它们进行处理。常见的处理方法如下：

1. 将数表和线图直接编在解题的程序中（即程序化）

（1）数表的程序化　可以用数组将数表程序化。有些数表属于一维数表，如齿轮的标准模数系列表；大多数数表属于二维数表。在数表查取时与几个变量有关，就定义为几维数组，并将数表中的数据存放在数组中。

（2）线图的程序化　因为线图（如V带的选型图）不能直接存储在计算机中，所以在编制程序时必须将线图程序化。

线图程序化的方法之一是将连续的线图转化为离散的数表，然后对数表进行处理。当所取的点不在节点上时，需要插值。插值的方法很多，工程计算中常用线性插值法和拉格朗日插值法。线性插值法简单，但精度较低，主要用于表距较小的两点间的插值计算。当要求插值精度较高时，可用拉格朗日插值法。

线图程序化的方法之二是将线图公式化，如果有线图的原始公式，用公式计算是很方便的。

对于一些试验曲线，可以拟合出相应的数据公式。

2. 将数表和线图编写成一个独立的数据文件，供解题时调用

当数据量较大时，将数表和线图直接编在解题的程序中，会使程序冗长，调试修改困难，容易出错，程序运行速度慢。在这种情况下，可以将数表和线图中的大量数据以数据文件的形式存放，需要时用数据文件的读取语句来实现数据的查用输出。这样既能方便地供应用程序调用，又能节省内存，同时修改也方便。

3. 将数表和线图建成数据库

数据库是以一定数据结构储存的、可由多个用户共享、冗余度小、独立于应用程序的数据集合，一个数据库内包括若干个表。使用数据库便于对大量的数据进行管理。

10.1.2　计算机绘图及常用软件

随着计算机的普及，CAD 软件已被广泛用于机械、电子、建筑、航空航天、汽车等所有需要设计绘图的领域。用于计算机辅助设计的软件很多，下面简要介绍几种常用的 CAD 软件。

1. AutoCAD

AutoCAD 是美国 AutoDesk 公司开发的一个交互式通用软件，具有完善的图形绘制功能、方便的二次开发功能，支持多种操作平台，是国际国内广为流行的二维绘图软件。

2. CAXA

CAXA（Computer Aided X Advanced）是我国完全自主研发的工具软件，包括：二维 CAD——CAXA 电子图板；三维 CAD——CAXA 实体设计；CAPP——CAXA 工艺图表（CAXA 电子图板工艺版）；CAM 软件——CAXA 制造工程师、CAXA 数控车、CAXA 线切割；管理软件 PDM 和 PLM——CAXA 图文档（协同管理）等。

CAXA 具有完善的数据接口，可以实现绘图设计、加工代码生成等一体化。

3. Pro/E 和 Creo

Pro/E 是美国参数技术公司（PTC）开发的产品，是一个功能强大的、基于特征的参数化实体造型系统，在三维造型软件领域占有重要地位。

Creo 构建于 Pro/E 野火版的成熟技术之上，整合了 PTC 公司的 Pro/E 参数化技术、Co-Create 的直接建模技术和 ProductView 的三维可视化技术，目前 Creo 软件已成为三维建模软件的领头羊。

4. SolidWorks

在三维造型软件中，最简单、易学易用的是 SolidWorks，它提供了多种常用零件的参数化模块，使用起来方便快捷，但功能不如 Pro/E 和 Creo 强大。

10.2　三维造型设计

与手工绘图相比，采用绘图软件 AutoCAD、CAXA 进行二维设计，可以减轻工作强度，提高设计速度。但是，随着 Pro/E、Creo、UG、SolidWorks 等三维设计软件的出现，设计已逐步从二维平面设计升级至三维造型设计。三维造型设计不仅可以直观地表征零件的空间结构，检验各零件的干涉情况，而且其参数化功能使得修改设计相当方便，还能够生成数控加工代码。因此，三维设计是机械设计发展的必然趋势。本节以 SolidWorks 为例介绍轴类、盘类和箱体类三种典型零件的三维造型设计过程。

10.2.1　机械零件的三维造型

1. 轴类零件

轴类零件的主体为回转体，多为由几段不同直径的圆柱、圆锥等组成的阶梯轴，其上常有键槽、倒角、中心孔等结构特征。因此，可利用 SolidWorks 软件的旋转特征先构建轴的基本形状，再通过拉伸切除特征进行键槽和中心孔的造型，具体步骤如下：

（1）草图的绘制　创建草绘平面，根据轴的结构尺寸绘制轴的轴剖面，添加驱动尺寸，进行几何结构约束，轴的轴剖面草绘图如图 10-1 所示。

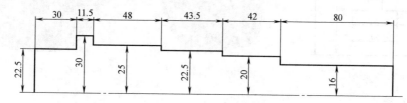

图 10-1　轴的轴剖面草绘图

（2）基本结构的造型　退出草绘平面，利用"旋转"命令，以轴线为中心，旋转 360° 生成轴的主体结构，如图 10-2 所示。

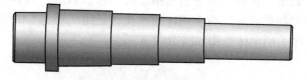

图 10-2　轴的主体结构

（3）功能结构的造型　通过"拉伸切除"命令生成键槽、中心孔，利用"倒角"命令建立轴两端的倒角，完成轴的三维造型，如图 10-3 所示。

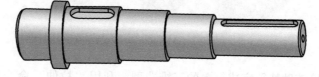

图 10-3　轴的三维造型

2. 盘类零件

盘类零件的主体部分是回转体，常见的盘类零件有齿轮、带轮、套筒等，这类零件的基本结构采用旋转特征生成，再利用拉伸、切除等特征添加其他结构。下面介绍齿轮的三维造型过程。

（1）绘制齿轮的草图　创建草绘平面，根据齿轮的结构尺寸绘制齿轮的轴剖面，添加驱动尺寸，进行几何结构约束，齿轮的轴剖面草绘图如图10-4所示。

（2）齿轮基本结构的造型　退出草绘平面，利用"旋转"命令，以水平轴线为旋转轴线，生成齿轮基体，如图10-5所示。

（3）功能结构的造型　绘制齿轮单个齿的外形轮廓，通过"拉伸"生成单个齿，利用"阵列"命令生成全部齿，利用"拉伸切除"命令建立键槽和单个腹板孔，利用"阵列"命令建立其余腹板孔，利用"倒角"命令创建倒角，完成齿轮的三维造型，如图10-6所示。

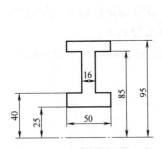

图 10-4　齿轮的轴剖面草绘图　　　　图 10-5　齿轮基体　　　　图 10-6　齿轮的三维造型

3. 箱体类零件

箱体类零件结构复杂，特征多，造型过程中涉及"拉伸"、"旋转"、"抽壳"、"挖切"和"打孔"等诸多造型命令。现介绍减速器箱盖的三维造型过程。

（1）创建箱盖的基本结构　利用"拉伸"命令创建箱盖的大体轮廓，利用"抽壳"命令确定箱盖的壁厚，利用"拉伸"命令创建箱盖的凸缘，利用"拉伸"命令在凸缘上创建轴承座和凸台，利用"拉伸切除"命令创建轴承孔，利用"镜像"命令创建另一侧的轴承座、凸台和轴承孔，箱盖的主体结构如图10-7所示。

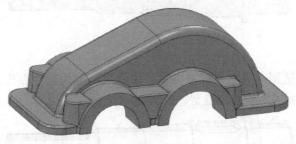

图 10-7　箱盖的主体结构

（2）建立吊耳等辅助特征完成箱盖的三维造型　利用"拉伸"命令和"切除"命令建立吊耳并开孔；利用"异型孔向导"命令创建凸台和轴承座上的阶梯孔和螺纹孔，以及凸缘上的定位销孔。利用"镜像"命令创建另一侧的阶梯孔、螺纹孔和定位销孔；利用"拉伸"命令建立顶部的视孔凸台，利用"拉伸切除"命令创建视孔，利用"异型孔向导"命令创建4个螺纹孔；利用"扫描"命令建立肋板，利用"倒圆角"命令和"倒角"命令对箱盖进行整体的结构处理，完成箱盖的三维造型，如图10-8所示。

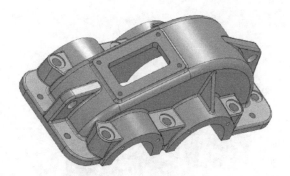

图 10-8　箱盖的三维造型

10.2.2　机械产品的三维装配

单个零件的三维造型完成后，就要构建整个产品的三维模型。检验零件之间是否干涉，必须进行产品的装配。

用三维软件装配零件的顺序与实际装配过程类似，先将零件装配成子装配体，再将多个子装配体组装成大的部件或机器。SolidWorks 提供了简单方便的装配功能模块，借助常用的装配约束关系，如同轴、重合、相切、相距等进行装配。现以轴、齿轮、轴承、套筒、封油盘等构成的轴系为例介绍装配过程。

建立装配文件，创建装配图。选择菜单栏中的"插入"命令，选择需要装配的轴，插入图 10-3 所示的轴。利用"配合"命令，选择"面重合"的约束，装配键（2 个），如图 10-9 所示。

图 10-9　装上键的轴

利用"配合"命令中的"同心"和"面重合"的约束，分别装配齿轮、套筒、封油盘和轴承。装配后的轴系结构如图 10-10 所示。

图 10-11、图 10-12 给出了二级圆柱齿轮减速器的三维模型。

图 10-10　装配后的轴系结构

图 10-11　未装箱盖的二级圆
柱齿轮减速器的三维模型

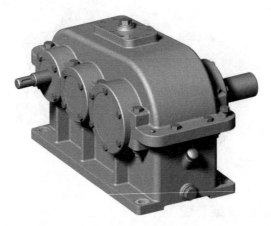

图 10-12 装配完成后的二级圆柱齿轮减速器的三维模型

10.3 二维工程图的生成

二维工程图是表达产品结构、形状及加工制造的重要图样，因此需要将已构建的三维实体模型创建生成二维工程图。SolidWorks 提供了方便快捷的工程图模块，基于该模块，依据三维实体模型可以很方便地创建所需要的各个视图、剖视图、局部放大图、断面图等，还可进行尺寸、公差、表面粗糙度标注及文本注释，生成标题栏和明细栏等。二维工程图的具体创建方法此处不再赘述，请读者参考相关书籍。

与时俱进　计算机辅助设计作为一种提升产品设计效率和设计质量的重要手段，目前已经在众多企业得以实施。作为当代大学生，要具有开放思维，把握时代脉搏和设计潮流，追踪科技前沿，敢于尝试设计分析的新手段、新方法，助力现代设计方法和手段在实际工作中的全面推广。

第11章 设计计算说明书及答辩准备

11.1 设计计算说明书的编写

设计计算说明书是全部设计计算的整理和总结，是图样设计的理论依据，而且是审核设计的技术文件之一。设计计算说明书的封面和格式如图 11-1、图 11-2 所示。

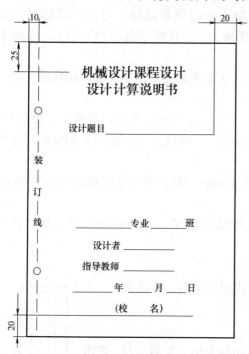

图 11-1 设计计算说明书封面

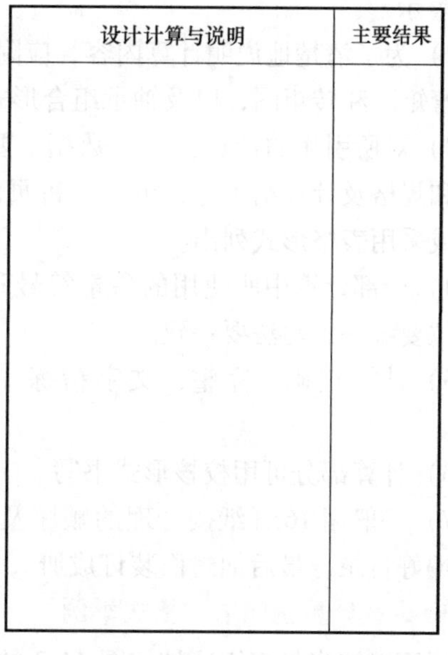

设计计算与说明	主要结果

图 11-2 设计计算说明书格式

1. 设计计算说明书的内容

设计计算说明书的内容视设计对象而定。对于传动装置的设计，大致包括以下内容：

1）目录（标题、页次）。

2）设计任务书。

3）传动方案的拟定（简要说明，附传动方案简图）。

4）电动机的选择，传动系统的运动和动力参数计算（包括计算电动机所需功率，选择电动机，分配各级传动比，计算各轴的转速、功率和转矩）。

5）传动零件的设计计算（确定传动件的主要参数和尺寸）。

6）轴的设计计算（初估轴径、结构设计和强度校核）。

7）键连接的选择和计算。

8）滚动轴承的选择和计算。

9）联轴器的选择。

10）润滑方法和密封形式，润滑油牌号的选择。

11）其他技术说明（如减速器附件的选择和说明，装配、拆卸、安装时的注意事项等）。

12）设计小结（简要说明课程设计的体会，本设计的优缺点及改进意见等）。

13）参考资料（按序号、作者、书名、出版地、出版单位、出版年月的顺序列出）。

2. 设计计算说明书的编写要求

设计计算说明书应简要说明设计中所考虑的主要问题和全部计算项目，且应满足以下要求：

1）计算部分要列出公式，代入有关数据，略去中间演算过程，写出计算结果。最后应有简短的结论（如应力计算中的"低于许用应力""在规定范围内"等），或用不等式表示。

2）为了清楚地说明计算内容，应附必要的插图（如传动方案简图，轴的结构图、受力图、弯矩图和转矩图，以及轴承组合形式简图等）。

3）对所引用的计算公式和数据，要标有来源，即参考资料的编号。对所选主要参数、尺寸和规格及计算结果等，可写在每页的"主要结果"一栏内，或集中写在相应的计算之中，或采用表格形式列出。

4）全部计算中所使用的参量符号和脚标，必须前后一致；各参量的数值应标明单位，且单位要统一，写法要一致。

5）计算正确、完整，文字精练、通顺，论述清楚明了，书写整洁，无勾抹，插图简明。

6）计算部分可用校核形式书写。

7）一般用 16 开纸按合理的顺序及规定格式用钢笔书写。标出页次，编好目录，最后加封面装订成册。

3. 设计计算说明书的格式举例

下面以按当量弯矩法校核图 11-3 的减速器高速轴为例，说明设计计算说明书的书写格式及内容，见表 11-1 。

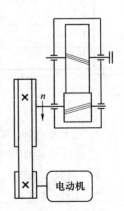

图 11-3 待校核的减速器高速轴布局图

已知小齿轮的分度圆直径 $d = 136.82$mm，螺旋角 $\beta = 9°22'1''$。根据轴的转速 $n = 700$r/min 和传递的功率 $P = 15$kW，计算得齿轮的切向力 $F_t = 2991$N，径向力 $F_r = 1103$N，轴向力 $F_x = 493$N。带传动的压轴力 $F_Q = 1800$N。经结构设计，高速轴的结构和尺寸如图 11-4a 所示。

需要特别注意：图 11-4b 中，压轴力 F_Q、齿轮所受三个分力 F_t、F_r、F_x 的方向是依据图 11-3 判断确定的。

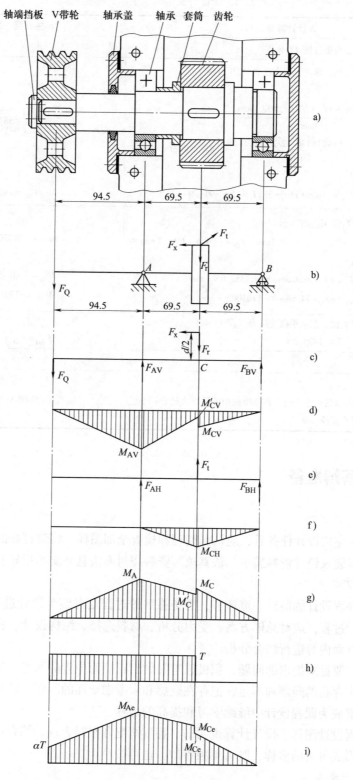

轴端挡板　V带轮　轴承盖　轴承　套筒　齿轮

图 11-4　减速器高速轴的当量弯矩法强度校核

表 11-1 设计计算说明书的书写格式示例

设 计 计 算 与 说 明	主 要 结 果
1. 画轴的空间受力图（图 11-4b）	
2. 画垂直面受力图，求垂直面支反力（图 11-4c） 由 $\sum M_B = 0$，得 $$F_{AV} = \frac{F_Q \times 233.5\text{mm} + F_x \times d/2 + F_r \times 69.5\text{mm}}{139\text{mm}}$$ $$= \frac{1800 \times 233.5 + 493 \times 136.82/2 + 1103 \times 69.5}{139}\text{N} = 3817.9\text{N}$$ 由 $\sum F_Y = 0$，得 $F_{BV} = F_Q + F_r - F_{AV} = (1800 + 1103 - 3817.9)\text{N} = -914.9\text{N}$	$F_{AV} = 3817.9\text{N}$ $F_{BV} = -914.9\text{N}$
3. 绘制垂直面弯矩 M_{AV} 图（图 11-4d） C 截面左侧：$M'_{CV} = F_{AV} \times 69.5\text{mm} - F_Q \times (94.5 + 69.5)\text{mm} = -29856.0\text{N} \cdot \text{mm}$ C 截面右侧：$M_{CV} = F_{BV} \times 69.5\text{mm} = -63585.6\text{N} \cdot \text{mm}$ 支点 A 处：$M_{AV} = -F_Q \times 94.5\text{mm} = -170100\text{N} \cdot \text{mm}$	$M'_{CV} = -29856.0\text{N} \cdot \text{mm}$ $M_{CV} = -63585.6\text{N} \cdot \text{mm}$ $M_{AV} = -170100\text{N} \cdot \text{mm}$
4. 画水平面受力图，求水平面支反力（图 11-4e） $F_{AH} = F_{BH} = -F_t/2 = -1495.5\text{N}$	$F_{AH} = F_{BH} = -1495.5\text{N}$
……	……
10. 结论 经与图 11-4a 所示的尺寸比较，各危险截面的计算直径分别小于其结构设计确定的直径	经当量弯矩法校核，轴的强度足够

11.2 答辩准备

1. 答辩资料整理

按照要求完成设计任务后，应认真整理和检查全部图样，将装订好的设计计算说明书和折叠好的图样装入设计资料袋中，认真填写资料袋封面信息并交给指导教师。

2. 答辩环节

答辩是课程设计的最后一道环节，准备答辩的过程是对整个设计进行全面系统的回顾、总结和提高的过程，应对总体方案、受力分析、材料选择、结构设计、密封与润滑、工作能力计算等多方面内容进行综合分析。

答辩时，要针对提出的问题，积极思考并做出正确而中肯的回答。通过答辩，找出设计计算和图样中存在的问题和不足，把存在疑惑和未考虑全面的问题弄清楚，进一步完善设计成果，使答辩成为课程设计中继续学习和提高的过程。

教师依据设计图样、设计计算说明书、答辩情况和平时表现，综合评定学生的课程设计成绩。答辩形式可灵活多样，既可单独答辩，也可按小组进行。

3. 答辩思考题

1）合理的传动方案应满足哪些要求？

2）电动机的类型如何选择？其功率和转速如何确定？

3）联轴器的类别和具体型号如何选择？

4）为什么转轴多设计成阶梯轴？以高速轴为例，说明各轴段的直径和长度是如何确定的。

5）减速器中的传动件是怎样润滑的？油面高度如何确定？浸油深度如何测量？轴承是怎样润滑的？

6）如何确定传动装置的总效率？

7）齿轮上所受力的方向是怎么确定的？

8）设计 V 带传动时，如何确定 V 带的型号、带轮的结构形式、带轮直径、带轮轮毂长度？若带的根数过多，如何解决？

9）欲缩小链传动的径向尺寸，应从哪些方面入手？

10）你所设计的齿轮各采用了什么材料、什么样的热处理和什么样的加工工艺？

11）闭式软齿面齿轮传动的主要失效形式和设计准则是什么？闭式硬齿面齿轮传动和开式齿轮传动又怎样设计？

12）一对相啮合的大、小圆柱齿轮的齿宽、接触应力、许用接触应力、弯曲应力、许用弯曲应力是否相等？为什么？

13）圆柱齿轮在什么情况下做成齿轮轴？若采用齿轮轴，则在材料选择、滚齿加工、热处理方法上应做哪些考虑？

14）直齿轮、斜齿轮、锥齿轮和齿轮传动的哪些参数要取成标准值？哪些参数可以圆整？哪些参数需做精确计算？

15）蜗杆传动的主要失效形式和设计准则是什么？

16）在蜗杆减速器的安装调整中应注意什么问题？如何保证安装调整的要求？

17）常用的蜗轮结构形式有哪几种？各适用于何种情况？

18）轴的设计应满足哪些要求？轴的结构设计是如何进行的？

19）你所设计的减速器中，各轴采用了什么材料？各齿轮采用了什么材料？

20）图中哪些是定位轴肩，哪些是非定位轴肩？轴肩的高度如何确定？给滚动轴承定位的轴肩高度有什么要求，怎样确定？

21）试述你设计的轴上零件的定位、固定、装拆及调整方法。

22）与轴相配合的各零件，它们的配合如何选择？轴的各段表面粗糙度如何确定？

23）如何选择、确定键的类型和尺寸？若键连接的强度不足，可采取哪些措施？

24）为什么箱盖、箱座的接合面上不能加调整垫片？

25）滚动轴承的类型如何选择？你为什么选择这种轴承？

26）同一根轴上常用同一型号的滚动轴承，为什么？如何计算轴承的寿命？若轴承的寿命不能满足要求时，应如何解决？

27）凸缘式轴承盖和嵌入式轴承盖各有何优缺点？试从加工、装配、轴承间隙的调整等方面加以比较。

28）箱体上装螺栓和放油塞等位置处，为何要有沉头孔或凸台？

29）视孔的大小和位置如何确定？通气器的作用是什么？如何实现内外通气？若不用通气器会发生什么问题？

30）定位销有什么功能？在箱体上应怎样布置？销的长度如何确定？

31）封油盘和挡油盘的作用是什么？你用哪种？为什么？

32）你所设计的减速器中，哪里有密封装置？各采用什么密封形式？

33）什么情况下要在箱座上开油沟？试述油沟中油的流向。

34）油标的位置如何确定？油标与箱体之间如何连接？

35）确定吊钩、油标、放油塞、定位销的位置时各应注意什么？

36）减速器装配图上应标注哪些类型的尺寸？它们各有哪些用处？

37）起盖螺钉的作用是什么？

38）螺栓扳手空间如何确定？螺栓连接如何防松？

39）减速器箱体为何采用剖分式设计？制造安装时如何保证两轴承孔的位置精度？

第2部分

机械设计课程设计
常用标准和规范

第12章　常用数据和一般标准

12.1　常用数据

表 12-1~表 12-4 为机械设计常用数据。

表 12-1　常用材料的弹性模量、切变模量及泊松比

名　称	弹性模量 E/GPa	切变模量 G/GPa	泊松比 μ	名　称	弹性模量 E/GPa	切变模量 G/GPa	泊松比 μ
灰铸铁、白口铸铁	115~160	45	0.23~0.27	铸铝青铜	105	42	0.25
球墨铸铁	151~160	61	0.25~0.29	硬铝合金	71	27	0.31
碳素钢	200~220	81	0.24~0.28	冷拔黄铜	91~99	35~37	0.32~0.42
合金钢	210	81	0.25~0.3	轧制纯铜	110	40	0.31~0.34
铸钢	175	70~84	0.25~0.29	轧制锌	84	32	0.27
轧制磷青铜	115	42	0.32~0.35	轧制铝	69	26~27	0.32~0.36
轧制锰黄铜	110	40	0.35	铅	17	7	0.42

表 12-2　常用材料的密度

材　料　名　称	密度/(g/cm^3)	材　料　名　称	密度/(g/cm^3)
碳素钢	7.8~7.85	锡基轴承合金	7.34~7.75
铸钢	7.8	铅基轴承合金	9.33~10.67
合金钢	7.9	纯橡胶	0.93
镍铬钢	7.9	皮革	0.4~1.2
灰铸铁	7.0	聚氯乙烯	1.35~1.4
铸造黄铜	8.62	有机玻璃	1.18~1.19
锡青铜	8.7~8.9	尼龙 6	1.13~1.14
无锡青铜	7.5~8.2	尼龙 66	1.14~1.15
轧制磷青铜	8.8	尼龙 1010	1.04~1.06
硅钢片	7.55~7.8	橡胶夹布传动带	0.8~1.2
工业用铝	2.7	矿物油	0.92

表 12-3　黑色金属硬度对照

洛氏 HRC	维氏 HV	布氏 $F/D^2=30$ HBW	洛氏 HRC	维氏 HV	布氏 $F/D^2=30$ HBW	洛氏 HRC	维氏 HV	布氏 $F/D^2=30$ HBW	洛氏 HRC	维氏 HV	布氏 $F/D^2=30$ HBW
68	909	—	61	721	—	54	578	569	47	468	455
67	879	—	60	698	647	53	561	552	46	454	441
66	850	—	59	676	639	52	544	535	45	441	428
65	822	—	58	655	628	51	527	518	44	428	415
64	795	—	57	635	616	50	512	502	43	416	403
63	770	—	56	615	601	49	497	486	42	404	391
62	745	—	55	596	585	48	482	470	41	393	381

（续）

洛氏 HRC	维氏 HV	布氏 $F/D^2=30$ HBW	洛氏 HRC	维氏 HV	布氏 $F/D^2=30$ HBW	洛氏 HRC	维氏 HV	布氏 $F/D^2=30$ HBW	洛氏 HRC	维氏 HV	布氏 $F/D^2=30$ HBW
40	381	370	34	321	314	28	273	269	22	235	234
39	371	360	33	313	306	27	266	263	21	230	229
38	360	350	32	304	298	26	259	257	20	226	225
37	350	341	31	296	291	25	253	251	—	—	—
36	340	332	30	288	283	24	247	245	—	—	—
35	331	323	29	280	276	23	241	240	—	—	—

注：1. 本表内容摘自 GB/T 1172—1999。
　　2. 表中 F 为试验力，N；D 为试验用球的直径，mm；用硬质合金球作为压头，布氏硬度用符号"HBW"表示。

表 12-4　机械传动和轴承的效率（概略值）

	种　　类	效率 η		种　　类	效率 η
圆柱齿轮传动	很好磨合的 6 级精度和 7 级精度齿轮传动（油润滑）	0.98~0.99	摩擦传动	平摩擦轮传动	0.85~0.92
	8 级精度的一般齿轮传动（油润滑）	0.97		槽摩擦轮传动	0.88~0.90
	9 级精度的齿轮传动（油润滑）	0.96		卷绳轮	0.95
	加工齿的开式齿轮传动（脂润滑）	0.94~0.96	联轴器	滑块联轴器	0.97~0.99
	铸造齿的开式齿轮传动	0.90~0.93		齿式联轴器	0.99
锥齿轮传动	很好磨合的 6 级精度和 7 级精度齿轮传动（油润滑）	0.97~0.98		弹性联轴器	0.99~0.995
				万向联轴器（$\alpha \leqslant 3°$）	0.97~0.98
	8 级精度的一般齿轮传动（油润滑）	0.94~0.97		万向联轴器（$\alpha > 3°$）	0.95~0.97
	加工齿的开式齿轮传动（脂润滑）	0.92~0.95	滑动轴承	润滑不良	0.94（一对）
	铸造齿的开式齿轮传动	0.88~0.92		润滑正常	0.97（一对）
蜗杆传动	自锁蜗杆（油润滑）	0.40~0.45		润滑特好（压力润滑）	0.98（一对）
	单头蜗杆（油润滑）	0.70~0.75		液体摩擦	0.99（一对）
	双头蜗杆（油润滑）	0.75~0.82	滚动轴承	球轴承（稀油润滑）	0.99（一对）
	三头和四头蜗杆（油润滑）	0.80~0.92		滚子轴承（稀油润滑）	0.98（一对）
	环面蜗杆传动（油润滑）	0.85~0.95	卷筒		0.96
带传动	平带无压紧轮的开式传动	0.98	减（变）速器	一级圆柱齿轮减速器	0.97~0.98
	平带有压紧轮的开式传动	0.97		二级圆柱齿轮减速器	0.95~0.96
	平带交叉传动	0.9		行星圆柱齿轮减速器	0.95~0.98
	V 带传动	0.96		一级锥齿轮减速器	0.95~0.96
链传动	焊接链	0.93		二级锥齿轮-圆柱齿轮减速器	0.94~0.95
	片式关节链	0.95		无级变速器	0.92~0.95
	滚子链	0.96		摆线-针轮减速器	0.90~0.97
	齿形链	0.97			
复合轮组	滑动轴承（$i=2~6$）	0.90~0.98	丝杠传动	滑动丝杠	0.30~0.60
	滚动轴承（$i=2~6$）	0.95~0.99		滚动丝杠	0.85~0.95

12.2　一般标准

表 12-5~表 12-11 为一般标准。

表 12-5　图纸幅面、图样比例

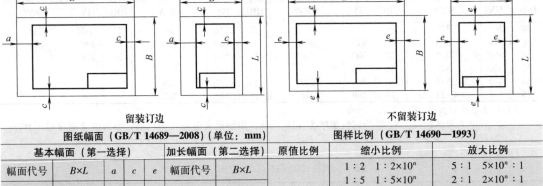

留装订边　　　　　　　　　　　　不留装订边

图纸幅面（GB/T 14689—2008）（单位：mm）							图样比例（GB/T 14690—1993）		
基本幅面（第一选择）					加长幅面（第二选择）		原值比例	缩小比例	放大比例
幅面代号	$B×L$	a	c	e	幅面代号	$B×L$		$1:2$　　$1:2×10^n$	$5:1$　　$5×10^n:1$
								$1:5$　　$1:5×10^n$	$2:1$　　$2×10^n:1$
A0	841×1189			20	A3×3	420×891		$1:10$　$1:10×10^n$	$1×10^n:1$
A1	594×841		10		A3×4	420×1189		必要时允许选取	必要时允许选取
A2	420×594	25			A4×3	297×630	$1:1$	$1:1.5$　$1:1.5×10^n$	$4:1$　　$4×10^n:1$
								$1:2.5$　$1:2.5×10^n$	$2.5:1$　$2.5×10^n:1$
A3	297×420			10	A4×4	297×841		$1:3$　　$1:3×10^n$	
			5					$1:4$　　$1:4×10^n$	
A4	210×297				A4×5	297×1051		$1:6$　　$1:6×10^n$	

注：1. 加长幅面的图框尺寸按所选用的基本幅面大一号图框尺寸确定。例如对 A3×4，按 A2 的图框尺寸确定，即 e 为 10mm（或 c 为 10mm）。

2. 加长幅面（第三选择）的尺寸见 GB/T 14689—2008。

3. n 为正整数。

表 12-6　标准尺寸　　　　　　　　　　　　　　　　（单位：mm）

R			R′			R			R′			R			R′		
R10	R20	R40	R′10	R′20	R′40	R10	R20	R40	R′10	R′20	R′40	R10	R20	R40	R′10	R′20	R′40
10.0	10.0		10	10		50.0	50.0	50.0	50	50	50			224			220	220
	11.2			11				53.0			53			236			240
12.5	12.5	12.5	12	12	12		56.0	56.0		56	56	250	250	250	250	250	250
		13.2			13			60.0			60			265			260
	14.0	14.0		14	14	63.0	63.0	63.0	63	63	63			280	280		280	280
		15.0			15			67.0			67			300			300
16.0	16.0	16.0	16	16	16		71.0	71.0		71	71	315	315	315	320	320	320
		17.0			17			75.0			75			335			340
	18.0	18.0		18	18	80.0	80.0	80.0	80	80	80			355	355		360	360
		19.0			19			85.0			85			375			380
20.0	20.0	20.0	20	20	20		90.0	90.0			90	90	400	400	400	400	400	400
		21.2			21			95.0			95			425			420
	22.4	22.4		22	22	100	100	100	100	100	100			450	450		450	450
		23.6			24			106			105			475			480
25.0	25.0	25.0	25	25	25			112		110	110	500	500	500	500	500	500
		26.5			26			118			120			530			530
	28.0	28.0		28	28	125	125	125	125	125	125			560		560	560
		30.0			30			132			130			600			600
31.5	31.5	31.5	32	32	32			140		140	140	630	630	630	630	630	630
		33.5			34			150			150			670			670
	35.5	35.5			36	160	160	160	160	160	160			710	710		710	710
		37.5			38			170			170			750			750
40.0	40.0	40.0	40	40	40			180		180	180	800	800	800	800	800	800
		42.5			42			190			190			850			850
	45.0	45.0		45	45	200	200	200	200	200	200			900	900		900	900
		47.5			48			212			210			950			950

注：1. 表中内容摘自 GB/T 2822—2005。标准尺寸包括直径、长度、高度等。

2. 选择系列及单个尺寸时，应首先在优先数系 R 系列中选用标准尺寸。选用顺序为 R10、R20、R40。如果必须将数值圆整，可在相应的 R′系列中选用标准尺寸，选用顺序为 R′10、R′20、R′40。

3. 本标准适用于有互换性或系列化要求的主要尺寸，其他结构尺寸也应尽可能采用。本标准不适用于由主要尺寸导出的因变量尺寸、工艺上工序间的尺寸和已有专用标准规定的尺寸。

表 12-7　60°中心孔　　　　　　　　　（单位：mm）

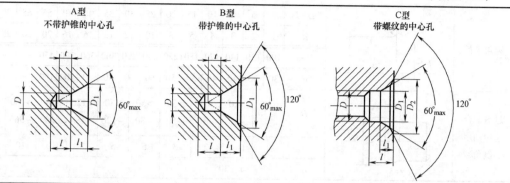

A、B 型						C 型				选择中心孔参考数据		
	A 型			**B 型**					参考			
D	**D₁**	参考		**D₁**	参考		**D**	**D₁**	**D₂**	**l**	原料端部	轴状原料	工件最大
		l₁	**t**		**l₁**	**t**					**l₁**	最小直径 D_0	最大直径 D_C	质量/t
2	4.25	1.95	1.8	6.30	2.54	1.8	—				8	10~18	0.12
2.5	5.30	2.42	2.2	8.00	3.20	2.2	—				10	18~30	0.2
3.15	6.70	3.07	2.8	10.00	4.03	2.8	M3	3.2	5.8	2.6	1.8	12	30~50	0.5
4	8.50	3.90	3.5	12.50	5.05	3.5	M4	4.3	7.4	3.2	2.1	15	50~80	0.8
(5)	10.60	4.85	4.4	16.00	6.41	4.4	M5	5.3	8.8	4.0	2.4	20	80~120	1
6.3	13.20	5.98	5.5	18.00	7.36	5.5	M6	6.4	10.5	5.0	2.8	25	120~180	1.5
(8)	17.00	7.79	7.0	22.40	9.36	7.0	M8	8.4	13.2	6.0	3.3	30	180~220	2
10	21.20	9.70	8.7	28.00	11.66	8.7	M10	10.5	16.3	7.5	3.8	35	180~220	2~5

中心孔表示法

标注示例	解　释	标注示例	解　释
GB/T 4459.5-B3.15/10	要求作出 B 型中心孔 $D=3.15mm$，$D_1=10mm$ 在完工的零件上要求保留中心孔	GB/T 4459.5-A4/8.5	用 A 型中心孔 $D=4mm$，$D_1=8.5mm$ 在完工的零件上不允许保留中心孔
GB/T 4459.5-A4/8.5	用 A 型中心孔 $D=4mm$，$D_1=8.5mm$ 在完工的零件上是否保留中心孔都可以	2×GB/T 4459.5-B3.15/10	同一轴的两端中心孔相同，可只在其一端标注，但应注出数量

注：1. 表中内容摘自 GB/T 145—2001 和 GB/T 4459.5—1999。

　　2. 不要求保留中心孔的零件采用 A 型，要求保留中心孔的零件采用 B 型，将零件固定在轴上的中心孔采用 C 型。

表 12-8　有配合零件倒圆和倒角的推荐值　　　　　　（单位：mm）

直径 d	>10 ~18	>18 ~30	>30 ~50	>50 ~80	>80 ~120	>120 ~180	>180 ~250
R 和 c	0.8	1.0	1.6	2.0	2.5	3.0	4.0
c_1	1.2	1.6	2.0	2.5	3.0	4.0	5.0

注：1. 表中内容摘自 GB/T 6403.4—2008。

　　2. 与滚动轴承相配合的轴及座孔处的圆角半径，见有关轴承标准。

　　3. α 一般采用 45°，也可以采用 30° 或 60°。

表 12-9 圆形零件自由表面过渡圆角半径和过盈配合连接轴用倒角 （单位：mm）

		D-d	2	5	8	10	15	20	25	30	35	40	50	55	65	70	90
圆角半径		R	1	2	3	4	5	8	10	12	12	16	16	20	20	25	25
		D-d	100	130	140	170	180	220	230	290	300	360	370	450	—	—	—
		R	30	30	40	40	50	50	60	60	80	80	100	100	—	—	—
过盈配合连接轴用倒角		D	≤10	>10 ~18	>18 ~30	>30 ~50	>50 ~80	>80 ~120	>120 ~180	>180 ~260	>260 ~360	>360 ~500					
		a	1	1.5	2	3	5	5	8	10	10	12					
		α	30°					10°									

注：尺寸 $D-d$ 是表中数值的中间值时，按较小尺寸来选取 R，例如，$D-d=98$mm，则按 90mm 来选 R，$R=25$mm。

表 12-10 回转面及端面砂轮越程槽 （单位：mm）

磨外圆　　磨内圆　　磨外端面

磨内端面　　磨外圆及端面　　磨内圆及端面

d	r	h	b_1	b_2
~10	0.2	0.1	0.6	2.0
	0.5	0.2	1.0	3.0
			1.6	
10~50	0.8	0.3	2.0	4.0
	1.0	0.4	3.0	
50~100			4.0	5.0
	1.6	0.6	5.0	
100	2.0	0.8	8.0	8.0
	3.0	1.2	10	10

注：1. 表中内容摘自 GB/T 6403.5—2008。

　　2. 砂轮越程槽内两直线相交处不允许产生尖角。

　　3. 砂轮越程槽深度 h 与圆弧半径 r 要满足 $r<3h$。

表 12-11 插齿空刀槽 （单位：mm）

模数	2	2.5	3	4	5	6	7	8	9	10	12	14	16
h_{min}	5	6			7			8		9			
b_{min}	5	6	7.5	10.5	13	15	16	19	22	24	28	33	38
r	0.5			1.0									

注：表中内容摘自 JB/ZQ 4238—2006。

12.3 铸件设计一般规范

表 12-12~表 12-16 为铸件设计一般规范。

表 12-12 铸件最小壁厚　　　　　　　　　　　（单位：mm）

铸造方法	铸件尺寸	铸钢	灰铸铁	球墨铸铁	可锻铸铁	铝合金	铜合金
砂型铸造	≤200×200	8	5~6	6	5	3	3~5
	>200×200~500×500	10~12	6~10	12	8	4	6~8
	>500×500	15~20	15~20	—	—	6	—

表 12-13 铸造内圆角

$a≈b$ 时，$R_1=R+a$　　　　　　　　　　　　　$b<0.8a$ 时，$R_1=R+b+c$

   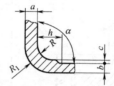

$\dfrac{a+b}{2}$/mm	R/mm											
	内圆角 α											
	≤50°		>50°~75°		>75°~105°		>105°~135°		>135°~165°		>165°	
	钢	铁	钢	铁	钢	铁	钢	铁	钢	铁	钢	铁
≤8	4	4	4	4	6	4	8	6	16	10	20	16
9~12	4	4	4	4	6	6	10	8	16	12	25	20
13~16	4	4	6	4	8	6	12	10	20	16	30	25
17~20	6	4	8	6	10	8	16	12	25	20	40	30
21~27	6	6	10	8	12	10	20	16	30	25	50	40
28~35	8	6	12	10	16	12	25	20	40	30	60	50
	c/mm 和 h/mm											
b/a	≤0.4			>0.4~0.65			>0.65~0.8			>0.8		
$c≈$	0.7 ($a-b$)			0.8 ($a-b$)			$a-b$			—		
$h≈$　钢	8c											
铁	9c											

注：表中内容摘自 JB/ZQ 4255—2006。

表 12-14 铸造外圆角

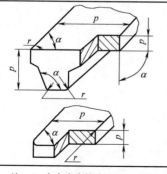

表面的最小边尺寸 p/mm	r/mm					
	外圆角 α					
	≤50°	>50°~75	>75°~105°	>105°~135°	>135°~165°	>165°
≤25	2	2	2	4	6	8
>25~60	2	4	4	6	10	16
>60~160	4	4	6	8	16	25
>160~250	4	6	8	12	20	30
>250~400	6	8	10	16	25	40
>400~600	6	8	12	20	30	50

注：1. 表中内容摘自 JB/ZQ 4256—2006。

2. 如果铸件按表可选出许多不同的 r 时，应尽量减少或只取一适当的 r 值，以求统一。

表 12-15 铸造斜度

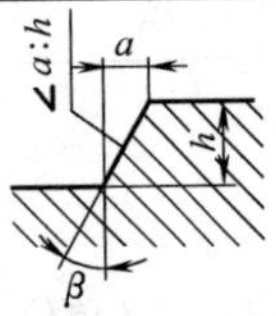

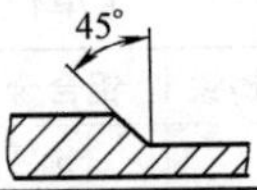

斜度 $a:h$	角度 β	使用范围
1:5	11°30′	$h<25$mm 的钢和铸铁件
1:10	5°30′	h 在 25~500mm 时的钢和铸铁件
1:20	3°	
1:50	1°	$h>500$mm 时的钢和铸铁件
1:100	30′	有色金属铸件

注：1. 表中内容摘自 JB/ZQ 4257—1997。

　　2. 当设计不同壁厚的铸件时（表中下图），在转折点处的斜角最大可增大到 30°~45°。

表 12-16 铸造过渡斜度 　　　　　　　　　　　（单位：mm）

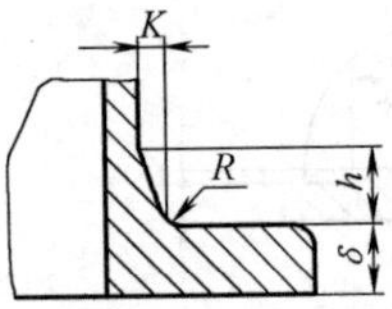

铸铁和铸钢件的壁厚 δ	K	h	R
10~15	3	15	5
>15~20	4	20	5
>20~25	5	25	5
>25~30	6	30	8
>30~35	7	35	8
>35~40	8	40	10
>40~45	9	45	10
>45~50	10	50	10

适用于减速器箱体、连接管、气缸及其他连接法兰

注：表中内容摘自 JB/ZQ 4254—2006。

第13章　常用材料

13.1 黑色金属材料

表13-1为钢的常用热处理方法及应用。表13-2～表13-7为常用黑色金属材料。

表 13-1　钢的常用热处理方法及应用

名　称	说　明	应　用
退火	退火是将金属加热到临界温度以上 30～50℃，保温一段时间，然后再缓慢地冷却（一般用炉冷）	用来消除铸件、锻件、焊件的内应力，降低硬度，以易于切削加工，细化金属晶粒，改善组织，增加韧度
正火	正火是将钢件加热到临界温度以上 30～50℃，保温一段时间，然后在空气中冷却，冷却速度比退火快	用来处理低碳和中碳结构钢材及渗碳零件，使其组织细化，增加强度及韧度，减小内应力，改善可加工性
淬火	淬火是将钢件加热到临界点以上温度，保温一段时间，然后放入水、盐水或油中（个别材料在空气中）急剧冷却，使其得到高硬度	用来提高钢的硬度和强度极限。但淬火时会引起内应力，使钢变脆，因此淬火后必须回火
回火	回火是将淬硬的钢件加热到临界点以下的某一温度，保温一段时间，然后在空气中或油中冷却	用来消除淬火后的脆性和内应力，提高钢的塑性和冲击韧度
调质	淬火后高温回火	使钢获得高的韧性和足够的强度，很多重要零件都经过调质处理
表面淬火	仅对零件表层进行淬火，使其有高的硬度和耐磨性，而心部保持原有的强度和韧性	常用来处理轮齿的表面
时效	将钢加热到 120～130℃，长时间保温后，随炉冷却或取出在空气中冷却	用来消除或减小淬火后的微观应力，防止变形和开裂，稳定工件的形状及尺寸，以及消除机械加工时产生的残余应力
渗碳	将钢件在渗碳介质中加热保温，使碳原子渗入表面，使表面增碳。渗碳层深度为 0.4～6mm 或>6mm，硬度为 56～65HRC	增加钢件的耐磨性、表面硬度、抗拉强度及疲劳极限，适用于材料为低碳、中碳（$w_C < 0.40\%$）结构钢的中小型零件和受重载荷、受冲击及耐磨的大型零件
碳氮共渗	使表面增加碳与氮，扩散层深度较浅，为 0.02～3.0mm；硬度高，在共渗层为 0.02～0.04mm 时硬度为 66～70HRC	增加结构钢、工具钢制件的耐磨性、表面硬度和疲劳极限，提高刀具切削性能和使用寿命。适用于硬度高、耐磨的中小型及薄片的零件和刀具等
渗氮	在一定温度下一定介质中使氮原子渗入工件表层，使表面增氮，渗氮层深度为 0.025～0.8mm，而渗氮时间需 40～50h。渗氮后工件表层硬度很高（1200HV），渗氮变形较小	增加钢件的耐磨性、表面硬度、疲劳极限和耐蚀性，适用于材料为结构钢或铸铁件的气缸套、气门座、机床主轴、丝杠等耐磨零件，以及在潮湿、碱水和燃烧气体介质的环境中工作的零件，如水泵轴、排气阀等零件

表 13-2　普通碳素钢

牌号	等级	拉 伸 试 验												冲 击 试 验		应用举例（非标准内容）
		屈服强度 R_{eH}/MPa						抗拉强度 R_m /MPa	断后伸长率 A(%)					温度 /℃	V 型缺口冲击吸收能量（纵向）/J	
		钢材厚度或直径/mm							钢材厚度或直径/mm							
		≤16	>16~40	>40~60	>60~100	>100~150	>150~200		≤40	>40~60	>60~100	>100~150	>150~200			
		不 小 于							不 小 于						不小于	
Q195	—	195	185	—	—	—	—	315~430	33	—	—	—	—	—	—	塑性好，常用其轧制薄板、拉制线材、制钉和焊接钢管
Q215	A	215	205	195	185	175	165	335~450	31	30	29	27	26	—	—	金属结构件、拉杆、套圈、铆钉、螺栓、短轴、心轴、凸轮（载荷不大的）、垫圈；渗碳零件及焊接件
	B													20	27	
Q235	A	235	225	215	215	195	185	370~500	26	25	24	22	21	—	—	金属结构件，心部强度要求不高的渗碳或碳氮共渗零件；吊钩、拉杆、套圈、气缸、齿轮、螺栓、螺母、连杆、轮轴、楔、盖及焊接件
	B													20	27	
	C													0		
	D													−20		
Q275	A	275	265	255	245	225	215	410~540	22	21	20	18	17	—	—	轴、轴销、制动杆、螺母、螺栓、垫圈、连杆、齿轮以及其他强度较高的零件。焊接性尚可
	B													20	27	
	C													0		
	D													−20		

注：1. 表中内容摘自 GB/T 700—2006。

2. A 级不做冲击试验；B 级做常温冲击试验；C、D 级用于重要焊接结构。

表 13-3　优质碳素钢

牌号	试样毛坯尺寸/mm	推荐热处理温度/℃			力 学 性 能					钢材交货状态硬度 HBW		应用举例（非标准内容）
		正火	淬火	回火	R_m /MPa	R_{eL} /MPa	A (%)	Z (%)	KU_2 /J	不大于		
					不 小 于					未热处理	退火钢	
08	25	930	—	—	325	195	33	60	—	131	—	轧制薄板、制管、冲压制品，垫片、垫圈及心部强度要求不高的渗碳和气体碳氮共渗零件；套筒、短轴、挡块、支架、靠模、离合器盘
10	25	930	—	—	335	205	31	55	—	137	—	用作拉杆、夹头、垫圈、铆钉，因无回火脆性、焊接性好而用作焊接零件
15	25	920	—	—	375	225	27	55	—	143	—	用于受力不大、韧性要求较高的零件、渗碳零件及紧固件和螺栓、螺钉、法兰盘和化工贮器

（续）

牌号	试样毛坯尺寸/mm	推荐热处理温度/℃			力学性能					钢材交货状态硬度 HBW		应用举例（非标准内容）
		正火	淬火	回火	R_m/MPa	R_{eL}/MPa	A(%)	Z(%)	KU_2/J	不 大 于		
					不 小 于					未热处理	退火钢	
20	25	910	—	—	410	245	25	55	—	156	—	渗碳、液体碳氮共渗后用作重型或中型机械受载荷不太大的轴、螺栓、螺母、开口销、吊钩、垫圈、齿轮和链轮
25	25	900	870	600	450	275	23	50	71	170	—	用于制造焊接设备和不受高应力的零件，如轴、辊子、垫圈、螺栓、螺钉、螺母、吊环螺钉
30	25	880	860	600	490	295	21	50	63	179	—	用作重型机械上韧性要求高的锻件及其制件，如气缸、拉杆、吊环、机架
35	25	870	850	600	530	315	20	45	55	197	—	用于制作曲轴、转轴、轴销、杠杆、连杆、螺栓、螺母、垫圈、飞轮等，多在正火、调质下使用
40	25	860	840	600	570	335	19	45	47	217	187	热处理后用于制造机床零件，重型、中型机械的曲轴、轴、齿轮、连杆、键、拉杆、活塞等，正火后可制作圆盘
45	25	850	840	600	600	355	16	40	39	229	197	用作要求综合力学性能高的各种零件，通常在正火或调质下使用，用于制造轴、齿轮、齿条、链轮、螺栓、螺母、销钉、键、拉杆等
50	25	830	830	600	630	375	14	40	31	241	207	用于要求有一定耐磨性、一定冲击作用的零件，如轮圈、轮缘、轧辊、摩擦盘等
55	25	820	—	—	645	380	13	35	—	255	217	用于制作弹簧、弹簧垫圈、凸轮、轧辊等
65	25	810	—	—	695	410	10	30	—	255	229	
15Mn	25	920	—	—	410	245	26	55	—	163	—	制作心部力学性能要求较高且需渗碳的零件
25Mn	25	900	870	600	490	295	22	50	7l	207	—	用作渗碳件，如凸轮、齿轮、联轴器、铰链、销
40Mn	25	860	840	600	590	355	17	45	47	229	207	用作轴、曲轴、连杆及高应力下工作的螺栓螺母
50Mn	25	830	830	600	645	390	13	40	31	255	217	多在淬火、回火后用来制作齿轮、齿轮轴、摩擦盘、凸轮
60Mn	25	810			690	410	11	35		269	229	用于制造弹簧、弹簧垫圈、冷拔钢丝（≤7mm）和发条

注：1. 表中内容摘自 GB/T 699—2015。
2. 表中，R_m—抗拉强度，R_{eL}—屈服强度，A—断后伸长率，Z—断面收缩率，KU_2—冲击吸收能量。

表 13-4　合金结构钢

牌号	试样毛坯尺寸/mm	热处理					力学性能						应用举例（非标准内容）
		淬火 温度/℃		淬火 冷却剂	回火 温度/℃	回火 冷却剂	抗拉强度 R_m/MPa	屈服强度 R_{eL}/MPa	断后伸长率 A (%)	断面收缩率 Z (%)	冲击吸收能量 KU_2/J	钢材退火或高温回火供应状态布氏硬度 HBW	
		第一次淬火	第二次淬火						不小于			不大于	
30Mn2	25	840	—	水	500	水	785	635	12	45	63	207	用来制作起重机行车轴、变速器齿轮、冷镦螺栓及大截面的调质零件
35Mn2	25	840	—	水	500	水	835	685	12	45	55	207	对于截面较小的零件，可以代替40Cr，用来制作直径不大于15mm的重要用途的冷镦螺栓及小轴
45Mn2	25	840	—	油	550	水、油	885	735	10	45	47	217	在直径不大于60mm时，与40Cr相当，可用来制作万向联轴器、齿轮轴、蜗杆、曲轴、连杆、花键轴、摩擦盘等
35SiMn	25	900	—	水	570	水、油	885	735	15	45	47	229	可代替40Cr用来制作中、小型轴类、齿轮等零件及在430℃以下工作的重要紧固件
42SiMn	25	880	—	水	590	水	885	735	15	40	47	229	可代替40Cr、34CrMo钢，用来制作大齿圈
37SiMn2MoV	25	870	—	水、油	650	水、空气	980	835	12	50	63	269	可代替34CrNiMo等用来制作高强度、重负荷轴、曲轴、齿轮、蜗杆等零件
20CrMnTi	15	880	870	油	200	水、空气	1080	850	10	45	55	217	强度、韧性均高，可代替镍铬钢用来制作承受高速、中等载荷以及冲击、磨损等的重要零件，如渗碳齿轮、凸轮等
20CrMnMo	15	850	—	油	200	水、空气	1180	885	10	45	55	217	用来制作要求表面硬度高、耐磨、心部有较高强度、韧性的零件，如传动齿轮和曲轴等
35CrMo	25	850	—	油	550	水、油	980	835	12	45	63	229	可代替40CrNi用来制作大截面齿轮和重载传动轴等

牌号												应用举例
20Cr	15	880	780~820	水、油	200	水、空气	835	540	10	40	47	179	用来制作心部强度较高、承受磨损、尺寸较大的渗碳零件,如齿轮、齿轮轴、蜗杆、凸轮、活塞销等,也用于制作速度较大、受中等冲击的调质零件
40Cr	25	850	—	油	520	水、油	980	785	9	45	47	207	用于制作承受交变、中速中载、强烈磨损而无很大冲击的重要零件,如重要的齿轮、轴、曲轴、连杆、螺栓、螺母等
18Cr2Ni4W	15	950	850	空气	200	水、空气	1180	835	10	45	78	269	用于制作要求承受很高载荷及强烈磨损、截面尺寸较大的重要零件,如内燃机主动牵引齿轮、飞机、坦克中的重要齿轮与轴,汽轮机主动牵引齿轮与螺导轴
40CrNiMo	25	850	—	油	600	水、油	980	835	12	55	78	269	用于制造重载荷、大截面的重要调质零件,如大型轴和齿轮、汽轮机轴、高压鼓风机叶片

注:表中内容摘自 GB/T 3077—2015。

表 13-5 一般工程用铸造碳钢

牌号	化学成分(质量分数,%)					力学性能					特性	应用举例
	C	Si	Mn	S	P	R_{eH} 或 $R_{p0.2}$/MPa	R_{m}/MPa	A (%)	Z (%)	冲击吸收能量 KU_2/J	(非标准内容)	(非标准内容)
						不小于			按合同选择			
ZG200-400	0.20	0.60	0.80	0.035	0.035	200	400	25	40	47	强度和硬度较低,韧性和塑性良好,低温冲击韧度大,脆性转变温度低,焊接性良好,铸造性能差	机座、变速器壳、电气吸盘
ZG230-450	0.30		0.90			230	450	22	32	35		轧钢机架、铁道车辆摇枕、侧梁、铁砧台、机座、箱体、450℃以下的管路附件
ZG270-500	0.40	0.60	0.90			270	500	18	25	27	较高的强度和硬度,韧性和塑性适度,铸造钢好,有一定的焊接性	飞轮、机架、蒸汽锤、气缸、水压机工作缸、机架、横梁、车辆车钩
ZG310-570	0.50					310	570	15	21	24	塑性接性	联轴器、齿轮、气缸、轴、机架、齿圈
ZG340-640	0.60					340	640	10	18	16	塑性和韧性低,强度和硬度高,铸造性和焊接性均差	起重运输机齿轮、车轮等重要零件

注:表中内容摘自 GB/T 11352—2009。

表 13-6 灰铸铁

牌号	铸件壁厚/mm		最小抗拉强度 R_m（单铸试棒）/MPa	铸件本体预期抗拉强度 R_m/MPa（min）	布氏硬度 HBW	应用举例（非标准内容）
	>	≤				
HT100	5	40	100		≤170	盖、外罩、油盘、手轮、手把、支架等
HT150	5	10	150	155	125~205	端盖、汽轮泵体、轴承座、阀壳、管及管路附件、手轮、一般机床底座、床身及其他复杂零件、滑座、工作台等
	10	20		130		
	20	40		110		
HT200	5	10	200	205	150~230	气缸、齿轮、底架、箱体、飞轮、齿条、衬套、一般机床铸有导轨的床身及中等压力（8MPa 以下）的液压缸、液压泵和阀的壳体等
	10	20		180		
	20	40		155		
HT225	5	10	225	230	170~240	
	10	20		200		
	20	40		170		
HT250	5	10	250	250	180~250	阀壳、液压缸、气缸、联轴器、箱体、齿轮、齿轮箱体、飞轮、衬套、凸轮、轴承座等
	10	20		225		
	20	40		195		
HT275	10	20	275	250	190~260	
	20	40		220		
HT300	10	20	300	270	200~275	齿轮、凸轮、车床卡盘、剪床及压力机的床身、导板、转塔自动车床及其他重载荷机床铸有导轨的床身、高压油缸、液压泵和滑阀的壳体等
	20	40		240		
HT350	10	20	350	315	220~290	
	20	40		280		

注：表中内容摘自 GB/T 9439—2010。

表 13-7 球墨铸铁

牌号	抗拉强度 R_m/MPa（min）	屈服强度 $R_{p0.2}$/MPa（min）	断后伸长率 A（%）（min）	布氏硬度 HBW	应用举例（非标准内容）
QT350-22L	350	220	22	≤160	减速器箱体、管、阀体、阀座、压缩机气缸、拨叉、离合器壳体等
QT400-18L	400	240	18	120~175	
QT400-15	400	250	15	120~180	
QT450-10	450	310	10	160~210	液压泵齿轮、阀体、车辆轴瓦、凸轮、犁铧、减速器箱体、轴承座等
QT500-7	500	320	7	170~230	
QT550-5	550	350	5	180~250	
QT600-3	600	370	3	190~270	曲轴、凸轮轴、齿轮轴、机床主轴、缸体、缸套、连杆、矿车轮、农机零件等
QT700-2	700	420	2	225~305	
QT800-2	800	480	2	245~335	
QT900-2	900	600	2	280~360	曲轴、凸轮轴、连杆、拖拉机链轨板等

注：表中内容摘自 GB/T 1348—2009。

13.2 有色金属材料

表 13-8 和表 13-9 为有色金属材料。

表 13-8　铸造铜合金

合金牌号	铸造方法	力学性能				特性与应用举例 （非标准内容）
		抗拉强度 R_m/MPa	屈服强度 $R_{p0.2}$/MPa	断后伸 长率 A （%）	布氏硬度 HBW	
		不小于				
ZCuSn5Pb5Zn5	S、J、R	200	90	13	60*	耐磨性和耐蚀性均好，易加工，铸造性能和气密性较好，用于较高载荷、中等滑动速度下工作的耐磨、耐腐蚀零件，如轴瓦、衬套、缸套、油塞、离合器、蜗轮等
	Li、La	250	100	13	65*	
ZCuSn10P1	S、R	220	130	3	80*	硬度高，耐磨性极好，不易产生咬死现象，有较好的铸造性能和可加工性，在大气和淡水中有良好的耐蚀性 可用于高载荷（20MPa 以下）和高滑动速度（8m/s）下工作的耐磨零件，如连杆、衬套、轴瓦、齿轮、蜗轮等
	J	310	170	2	90*	
	Li	330	170	4	90*	
	La	360	170	6	90*	
ZCuSn10Zn2	S	240	120	12	70*	耐蚀性、耐磨性和可加工性好，铸造性能好，铸件致密性较高，气密性较好 用作在中等及较高载荷和小滑动速度下工作的重要管配件，以及阀、旋塞、泵体、齿轮、叶轮和蜗轮等
	J	245	140	6	80*	
	Li、La	270	140	7	80*	
ZCuAl8Mn13Fe3Ni2	S	645	280	20	160	力学性能好，耐蚀性、铸造性能好，可焊接、制造强度高、耐蚀的重要铸件，如船舶螺旋桨、高压阀体、泵体、耐压耐磨的蜗轮、齿轮、法兰、衬套等
	J	670	310	18	170	
ZCuAl9Mn2	S、R	390	150	20	85	力学性能好，耐蚀性、耐磨性、铸造性能好，可焊接但不易钎焊，用以制造耐磨、结构简单的大型铸件，如衬套、齿轮、蜗轮及增压器内气封等
	J	440	160	20	95	
ZCuAl10Fe3	S	490	180	13	100*	力学性能好，耐磨性、耐蚀性、抗氧化性好，可焊接、不易钎焊，大型铸件自 700℃ 空冷可防止变脆，制造强度高、耐磨、耐蚀的零件，如蜗轮、轴承、衬套、管嘴、耐热管配件
	J	540	200	15	110*	
	Li、La	540	200	15	110*	
ZCuAl9Fe4Ni4Mn2	S	630	250	16	160	力学性能好，耐磨性好，400℃ 以下具有耐热性，铸造性能尚好的重要铸件，如船舶螺旋桨、耐磨和 400℃ 以下工作的零件（如轴承、齿轮、蜗轮、螺母、法兰、阀体、导向套管）
ZCuZn25A16Fe3Mn3	S	725	380	10	160*	有很好的力学性能，铸造性能良好，耐蚀性较好，有应力腐蚀开裂倾向，可以焊接 适用于高强耐磨零件，如桥梁支撑板、螺母、螺杆、耐磨板、滑块和蜗轮等
	J	740	400	7	170*	
	Li、La	740	400	7	170*	

（续）

合金牌号	铸造方法	力学性能				特性与应用举例 （非标准内容）
		抗拉强度 R_m/MPa	屈服强度 $R_{p0.2}$/MPa	断后伸 长率 A （%）	布氏硬度 HBW	
		不小于				
ZCuZn38Mn2Pb2	S	245	—	10	70	有较好的力学性能和耐蚀性，耐磨性较好，可加工性良好。用作一般用途的结构件、船舶仪表等的外形简单的铸件，如套筒、衬套、轴瓦、滑块等
	J	345	—	18	80	

注：1. 表中内容摘自 GB/T 1176—2013。

　　2. 带 ＊ 数值为参考值。

　　3. S—砂型铸造；J—金属型铸造；Li—离心铸造；La—连续铸造；R—熔模铸造。

表 13-9　铸造轴承合金

组别	牌　号	主要化学成分（质量分数，%）						HBW	应用举例 （非标准内容）
		Sb	Cu	Pb	Sn	Cd	As	不小于	
锡锑轴承合金	ZSnSb11Cu6	10.0~ 12.0	5.5~ 6.5	0.35	余量	1.1~ 1.6	0.1	27	适用于功率为 1500kW 以上的高速蒸汽机和功率为 370kW 的涡轮机、透平压缩机、高速内燃机及功率为 750kW 以上的电动机轴承等
锡锑轴承合金	ZSnSb4Cu4	4.0~ 5.0	4.0~ 5.0	0.35	余量	1.1~ 1.6	0.1	20	耐蚀、耐热、耐磨，适用于涡轮机、内燃机、高速轴承
	ZSnSb8Cu4	7.0~ 8.0	3.0~ 4.0	0.35	余量	1.1~ 1.6	0.1	24	韧性与 ZSnSb4Cu4 相同，适用于一般大机器的轴承，载荷压力大
铅锑轴承合金	ZPbSb16Sn 16Cu2	15.0~ 17.0	1.5~ 2.0	余量	15.0~ 17.0	1.75~ 2.25	0.3	30	用于浇注下列各种机器轴承的上半部，如功率为 1000kW 以内的蒸汽涡轮机，功率为 250~750kW 的机车，功率为 500kW 以内的发电机，功率为 400kW 以内的压缩机，轧钢机用减速机及离心泵轴承等
	ZPbSb15Sn 5Cu3Cd2	14.0~ 16.0	2.5~ 3.0	余量	5.0~ 6.0	1.75~ 2.25	0.6~ 1.0	32	用于浇注汽油发动机的轴承，各种功率压缩机的外伸轴承，功率为 100~250kW 的电动机、球磨机、小型轧钢机的齿轮箱及矿山泵轴承等

注：表中内容摘自 GB/T 1174—1992。

第14章　连　接　件

14.1　螺纹

表 14-1 和表 14-2 为普通螺纹和梯形螺纹尺寸。

表 14-1　普通螺纹　　　　　　　　　　　　　（单位：mm）

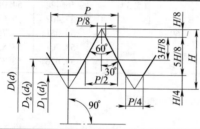

$H = 0.866P$

$d_2 = d - 0.6495P$

$d_1 = d - 1.0825P$

D、d——内、外螺纹大径；D_2、d_2——内、外螺纹中径；D_1、d_1——内、外螺纹小径；P——螺距

标记示例：

M24（粗牙普通螺纹，直径为 24mm，螺距为 3mm）

M24×1.5（细牙普通螺纹，直径为 24mm，螺距为 1.5mm）

公称直径 D、d		螺距 P		中径	小径	公称直径 D、d		螺距 P		中径	小径
第一系列	第二系列	粗牙	细牙	D_2、d_2	D_1、d_1	第一系列	第二系列	粗牙	细牙	D_2、d_2	D_1、d_1
3		0.5		2.675	2.459	16		2		14.701	13.835
			0.35	2.773	2.621				1.5	15.026	14.376
									1	15.350	14.917
	3.5	(0.6)		3.110	2.850		18	2.5		16.376	15.294
			0.35	3.273	3.121				2	16.701	15.835
4		0.7		3.545	3.242				1.5	17.026	16.376
			0.5	3.675	3.459				1	17.350	16.917
	4.5	(0.75)		4.013	3.688	20		2.5		18.376	17.294
			0.5	4.175	3.959				2	18.701	17.835
5		0.8		4.480	4.134				1.5	19.026	18.376
			0.5	4.675	4.459				1	19.350	18.917
6		1		5.350	4.917		22	2.5		20.376	19.294
			0.75	5.513	5.188				2	20.701	19.835
8		1.25		7.188	6.647				1.5	21.026	20.376
			1	7.350	6.917				1	21.350	20.917
			0.75	7.513	7.188	24		3		22.051	20.752
10		1.5		9.026	8.376				2	22.701	21.835
			1.25	9.188	8.647				1.5	23.026	22.376
			1	9.350	8.917				1	23.350	22.917
			0.75	9.513	9.188	27		3		25.051	23.752
12		1.75		10.863	10.106				2	25.701	24.835
			1.5	11.026	10.376				1.5	26.026	25.376
			1.25	11.188	10.647				1	26.350	25.917
			1	11.350	10.917	30		3.5		27.727	26.211
	14	2		12.701	11.835				(3)	28.051	26.752
			1.5	13.026	12.376				2	28.701	27.835
			(1.25)	13.188	12.647				1.5	29.026	28.376
			1	13.350	12.917				1	29.350	28.917

（续）

公称直径 D、d		螺距 P		中径	小径	公称直径 D、d		螺距 P		中径	小径
第一系列	第二系列	粗牙	细牙	D_2、d_2	D_1、d_1	第一系列	第二系列	粗牙	细牙	D_2、d_2	D_1、d_1
	33	3.5		30.727	29.211	48		5		44.752	42.587
			(3)	31.051	29.752				(4)	45.402	43.670
			2	31.701	30.835				3	46.051	44.752
			1.5	32.026	31.376				2	46.701	45.835
36		4		33.402	31.670				1.5	47.026	46.376
			3	34.051	32.752		52	5		48.752	46.587
			2	34.701	33.835				(4)	49.402	47.670
			1.5	35.026	34.376				3	50.051	48.752
	39	4		36.402	34.670				2	50.701	49.835
			3	37.051	35.752				1.5	51.026	50.376
			2	37.701	36.835	56		5.5		52.428	50.046
			1.5	38.026	37.376				4	53.402	51.670
42		4.5		39.077	37.129				3	54.051	52.752
			(4)	39.402	37.670				2	54.701	53.835
			3	40.051	38.752				1.5	55.026	54.376
			2	40.701	39.835		60	(5.5)		56.428	54.046
			1.5	41.026	40.376				4	57.402	55.670
	45	4.5		42.077	40.129				3	58.051	56.752
			(4)	42.402	40.670				2	58.701	57.835
			3	43.051	41.752				1.5	59.026	58.376
			2	43.701	42.835						
			1.5	44.026	43.376						

注：1. 表中内容摘自 GB/T 196—2003 和 GB/T 193—2003。

2. 优先选用第一系列，其次是第二系列，第三系列（表中未列出）尽可能不用。

3. M14×1.25 仅用于火花塞。

4. 括号内的尺寸尽量不用。

表 14-2　梯形螺纹　　　　　　　　　　　　　　（单位：mm）

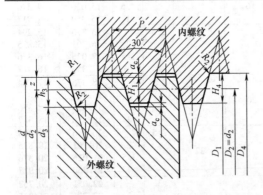

$H_1 = 0.5P$

$h_3 = H_1 + a_c = 0.5P + a_c$

$H_4 = H_1 + a_c = 0.5P + a_c$

$z = 0.25P = H_1/2$

$d_2 = d - 2z = d - 0.5P$

$D_2 = d - 2z = d - 0.5P$

$d_3 = d - 2h_3 = d - P - 2a_c$

$D_1 = d - 2H_1 = d - P$

$D_4 = d + 2a_c$

$R_{1max} = 0.5a_c$

$R_{2max} = a_c$

标记示例：

内螺纹：Tr40×7-7H

外螺纹：Tr40×7-7e

左旋外螺纹：Tr40×7LH-7e

螺纹副：Tr40×7-7H/7e

旋合长度组为 L 的多线螺纹：

Tr40×14(P7)-8e-L

公称直径 d		螺距	中径	大径	小径		公称直径 d		螺距	中径	大径	小径	
第一系列	第二系列	P	$d_2 = D_2$	D_4	d_3	D_1	第一系列	第二系列	P	$d_2 = D_2$	D_4	d_3	D_1
16		2	15	16.5	13.5	14		22	3	20.5	22.5	18.5	19
		4	14	16.5	11.5	12			5	19.5	22.5	16.5	17
	18	2	17	18.5	15.5	16			8	18	23	13	14
		4	16	18.5	13.5	14	24		3	22.5	24.5	20.5	21
20		2	19	20.5	17.5	18			5	21.5	24.5	18.5	19
		4	18	20.5	15.5	16			8	20	25	15	16

（续）

第一系列	第二系列	P	$d_2=D_2$	D_4	d_3	D_1	第一系列	第二系列	P	$d_2=D_2$	D_4	d_3	D_1
	26	3	24.5	26.5	22.5	23		42	3	40.5	42.5	38.5	39
		5	23.5	26.5	20.5	21			7	38.5	43	34	35
		8	22	27	17	18			10	37	43	31	32
28		3	26.5	28.5	24.5	25	44		3	42.5	44.5	40.5	41
		5	25.5	28.5	22.5	23			7	40.5	45	36	37
		8	24	29	19	20			12	38	45	31	32
	30	3	28.5	30.5	26.5	27		46	3	44.5	46.5	42.5	43
		6	27	31	23	24			8	42	47	37	38
		10	25	31	19	20			12	40	47	33	34
32		3	30.5	32.5	28.5	29	48		3	46.5	48.5	44.5	45
		6	29	33	25	26			8	44	49	39	40
		10	27	33	21	22			12	42	49	35	36
	34	3	32.5	34.5	30.5	31		50	3	48.5	50.5	46.5	47
		6	31	35	27	28			8	46	51	41	42
		10	29	35	23	24			12	44	51	37	38
36		3	34.5	36.5	32.5	33	52		3	50.5	52.5	48.5	49
		6	33	37	29	30			8	48	53	43	44
		10	31	37	25	26			12	46	53	39	40
	38	3	36.5	38.5	34.5	35		55	3	53.5	55.5	51.5	52
		7	34.5	39	30	31			9	50.5	56	45	46
		10	33	39	27	28			14	48	57	39	41
40		3	38.5	40.5	36.5	37	60		3	58.5	60.5	56.5	57
		7	36.5	41	32	33			9	55.5	61	50	51
		10	35	41	30	30			14	53	62	44	46

注：1. 表中内容摘自 GB/T 5796.3—2005 和 GB/T 5796.1—2005。

　　2. 旋合长度：N 为中等旋合长度（不标注），L 为长旋合长度。

　　3. 牙顶间隙 a_c 从 GB/T 5796.1—2005 中查得。

14.2　普通螺纹零件的结构要素

表 14-3~表 14-6 为普通螺纹零件的结构要素。

表 14-3　普通螺纹的收尾、肩距、退刀槽和倒角　　　　（单位：mm）

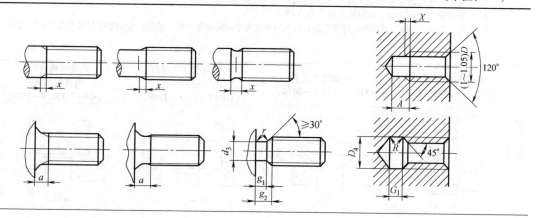

（续）

普通螺纹

螺距 P	外 螺 纹									内 螺 纹							
	螺纹收尾 x（不大于）		肩距 a（不大于）			退刀槽				螺纹收尾 X（不大于）		肩距 A（不小于）		退刀槽			
	一般	短的	一般	长的	短的	g_2	g_1	$r \approx$	d_3	一般	短的	一般	长的	G_1 一般	G_1 短的	$R \approx$	D_4
0.5	1.25	0.7	1.5	2	1	1.5	0.8	0.2	$d-0.8$	2	1	3	4	2	1	0.2	$D+0.3$
0.75	1.9	1	2.25	3	1.5	2.25	1.2	0.4	$d-1.2$	3	1.5	3.8	6	3	1.5	0.4	$D+0.3$
0.8	2	1	2.4	3.2	1.6	2.4	1.3	0.4	$d-1.3$	3.2	1.6	4	6.4	3.2	1.6	0.4	$D+0.3$
1	2.5	1.25	3	4	2	3	1.6	0.6	$d-1.6$	4	2	5	8	4	2	0.5	$D+0.3$
1.25	3.2	1.6	4	5	2.5	3.75	2	0.6	$d-2$	5	2.5	6	10	5	2.5	0.6	$D+0.5$
1.5	3.8	1.9	4.5	6	3	4.5	2.5	0.8	$d-2.3$	6	3	7	12	6	3	0.8	$D+0.5$
1.75	4.3	2.2	5.3	7	3.5	5.25	3	1	$d-2.6$	7	3.5	9	14	7	3.5	0.9	$D+0.5$
2	5	2.5	6	8	4	6	3.4	1	$d-3$	8	4	10	16	8	4	1	$D+0.5$
2.5	6.3	3.2	7.5	10	5	7.5	4.4	1.2	$d-3.6$	10	5	12	18	10	5	1.2	$D+0.5$
3	7.5	3.8	9	12	6	9	5.2	1.6	$d-4.4$	12	6	14	22	12	6	1.5	$D+0.5$
3.5	9	4.5	10.5	14	7	10.5	6.2	1.6	$d-5$	14	7	16	24	14	7	1.8	$D+0.5$
4	10	5	12	16	8	12	7	2	$d-5.7$	16	8	18	26	16	8	2	$D+0.5$
4.5	11	5.5	13.5	18	9	13.5	8	2	$d-6.4$	18	9	21	29	18	9	2.2	$D+0.5$
5	12.5	6.3	15	20	10	15	9	2.5	$d-7$	20	10	23	32	20	10	2.5	$D+0.5$
5.5	14	7	16.5	22	11	17.5	11	2.5	$d-7.7$	22	11	25	35	22	11	2.8	$D+0.5$
6	15	7.5	18	24	12	18	11	3.2	$d-8.3$	24	12	28	38	24	12	3	$D+0.5$

单线梯形外螺纹与内螺纹的退刀槽

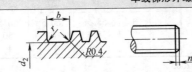 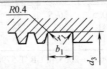

P	$b=b_1$	d_2	d_3	$r=r_1$	$n=n_1$	P	$b=b_1$	d_2	d_3	$r=r_1$	$n=n_1$
2	2.5	$d-3$	$d+1$	1	1.5	10	12.5	$d-12$	$d+2$	3	5.5
3	4	$d-4$			2	12	15	$d-14$			6.5
4	5	$d-5.1$	$d+1.1$	1.5	2.5	16	20	$d-19.2$	$d+3.2$	4	9
5	6.5	$d-6.6$	$d+1.6$		3	20	24	$d-23.5$	$d+3.5$	5	11
6	7.5	$d-7.8$	$d+1.8$	2	3.5	24	30	$d-27.5$	$d+3.5$	5	13
8	10	$d-9.8$		2.5	4.5	32	40	$d-36$	$d+4$	5.5	17

注：1. 表中内容摘自 GB/T 3—1997。

2. 外螺纹倒角和退刀槽过渡角一般按45°，也可按60°或30°。当螺纹按60°或30°倒角时，倒角深度约等于螺纹深度。内螺纹倒角一般是120°锥角，也可以是90°锥角。

3. D 为内螺纹公称直径，d 为外螺纹公称直径。

4. 应优先选用"一般"长度的收尾和肩距；容屑需要较大空间时可选"长"肩距；结构受限时可选"短"收尾。

表 14-4　紧固件的通孔及沉孔尺寸　　　　　　　（单位：mm）

（续）

d	d_h			d_2 (max)	$t\approx$	d_1 (max)	d_2	t	d_3	d_1	d_2	d_3	d_1	t
	精装配	中等装配	组装配											
M3	3.2	3.4	3.6	6.5	1.55	3.58	6.0	3.4	—	3.4	9	—	3.4	只要能制出与通孔轴线垂直的圆平面即可
M4	4.3	4.5	4.8	9.6	2.55	4.68	8.0	4.6		4.5	10		4.5	
M5	5.3	5.5	5.8	10.65	2.58	5.68	10.0	5.7		5.5	11		5.5	
M6	6.4	6.6	7	12.85	3.13	6.82	11.0	6.8		6.6	13		6.6	
M8	8.4	9	10	17.55	4.28	9.22	15.0	9.0		9.0	18		9.0	
M10	10.5	11	12	20.3	4.65	11.27	18.0	11.0		11.0	22		11.0	
M12	13	13.5	14.5	—	—	—	20.0	13.0	16	13.5	26	16	13.5	
M14	15	15.5	16.5				24.0	15.0	18	15.5	30	18	15.5	
M16	17	17.5	18.5				26.0	17.5	20	17.5	33	20	17.5	
M18	19	20	21				—	—	—	—	36	22	20.0	
M20	21	22	24				33.0	21.5	24	22.0	40	24	22.0	
M22	23	24	26	—	—	—					43	26	24	
M24	25	26	28				40.0	25.5	28	26.0	48	28	26	
M27	28	30	32				—	—	—	—	53	33	30	
M30	31	33	35				48.0	32.0	36	33.0	61	36	33	
M33	34	36	38				—	—	—	—	66	39	36	
M36	37	39	42				57.0	38.0	42	39.0	71	42	39	

表 14-5 粗牙普通螺纹的余留长度、钻孔余留深度 （单位：mm）

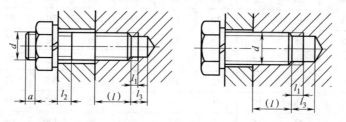

螺纹直径 d	l_1	l_2	l_3	a	l（参考）	
					用于钢	用于铸铁
4	1.5	2.5	5	2~3	4	6
5	1.5	2.5	6	2~3	5	8
6	2	3.5	7	2.5~4	6	10
8	2.5	4	9	2.5~4	8	12
10	3	4.5	10	3.5~5	10	15
12	3.5	5.5	13	3.5~5	12	18
14, 16	4	6	14	4.5~6.5	16	22
18, 20, 22	5	7	17	4.5~6.5	20	28
24, 27	6	8	20	5.5~8	24	35

注：表中内容摘自 JB/ZQ 4247—2006。

表 14-6 扳手空间 （单位：mm）

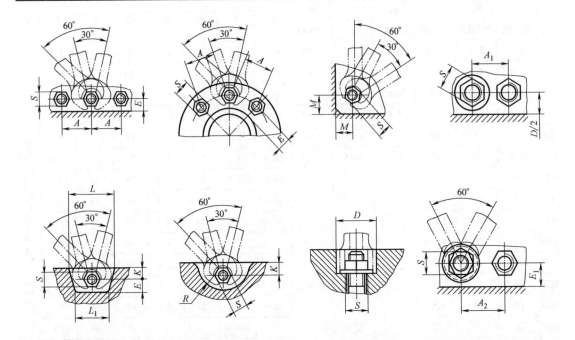

螺纹直径 d	S	A	A_1	A_2	E=K	E_1	M	L	L_1	R	D
6	10	26	18	18	8	12	15	46	38	20	24
8	13	32	24	22	11	14	18	55	44	25	28
10	16	38	28	26	13	16	22	62	50	30	30
12	18	42	—	30	14	18	24	70	55	32	—
14	21	48	36	34	15	20	26	80	65	36	40
16	24	55	38	38	16	24	30	85	70	42	45
18	27	62	45	42	19	25	32	95	75	46	52
20	30	68	48	46	20	28	35	105	85	50	56
22	34	76	55	52	24	32	40	120	95	58	60
24	36	80	58	55	24	34	42	125	100	60	70
27	41	90	65	62	26	36	46	135	110	65	76
30	46	100	72	70	30	40	50	155	125	75	82
33	50	108	76	75	32	44	55	165	130	80	88
36	55	118	85	82	36	48	60	180	145	88	95

注：表中内容摘自 JB/ZQ 4005—2006。

14.3 螺栓

表 14-7~表 14-9 为螺栓尺寸。

表 14-7　六角头螺栓—A 级和 B 级、六角头螺栓—全螺纹—A 级和 B 级

（单位：mm）

六角头螺栓—A 级和 B 级（GB/T 5782—2016）　　　　六角头螺栓—全螺纹—A 级和 B 级（GB/T 5783—2016）

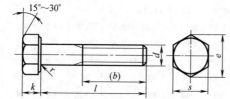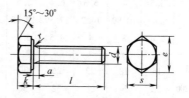

标记示例：

螺纹规格 d=M12，公称长度 l=80mm，性能等级为 8.8 级，不经表面处理的 A 级六角头螺栓：

螺栓　GB/T 5782　M12×80

螺纹规格 d		M3	M4	M5	M6	M8	M10	M12	(M14)	M16	(M18)	M20	(M22)	M24	(M27)	M30	M36
s_{max}		5.5	7	8	10	13	16	18	21	24	27	30	34	36	41	46	55
k		2	2.8	3.5	4	5.3	6.4	7.5	8.8	10	11.5	12.5	14	15	17	18.7	22.5
e		6.01	7.66	8.79	11.05	14.38	17.77	20.03	23.36	26.75	30.14	33.53	37.72	39.98	—	—	—
a		1.5	2.1	2.4	3	4	4.5	5.3	6	6	7.5	7.5	7.5	9	9	10.5	12
b 参考	$l_{公称}$≤125	12	14	16	18	22	26	30	34	38	42	46	50	54	60	66	—
	125<$l_{公称}$≤200	18	20	22	24	28	32	36	40	44	48	52	56	60	66	72	84
	$l_{公称}$>200	31	33	35	37	41	45	49	53	57	61	65	69	73	79	85	97
l		20~30	25~40	25~50	30~60	40~80	45~100	50~120	60~140	65~160	70~180	80~200	90~220	90~240	100~260	110~300	140~360
全螺纹长度 l		6~30	8~40	10~50	12~60	16~80	20~100	25~120	30~140	30~150	35~150	40~150	45~150	50~150	≥55	≥60	≥70
l 系列		6, 8, 10, 12, 16, 20~50（5 进位），(55)，60，(65)，70~160（10 进位），180~400（20 进位）															

技术条件	材料	力学性能等级		螺纹公差	产品等级
	钢	GB/T 5782	3mm≤d≤39mm 时，为 5.6、8.8、10.9；d>39mm 时，按协议；3mm≤d≤16mm 时，为 9.8	6g	A、B
		GB/T 5783	8.8		

注：1. 表中内容摘自 GB/T 5782—2016 和 GB/T 5783—2016。

　　2. 产品等级 A 级用于 d≤24mm 和 l≤10d 或 l≤150mm 的螺栓，B 级用于 d>24mm 和 l>10d 或 l>150mm 的螺栓。

　　3. M3~M36 为商品规格，M42~M64 为通用规格，带括号的规格尽量不用。

表 14-8　六角头螺栓—C 级、六角头螺栓—全螺纹—C 级　　　　（单位：mm）

六角头螺栓—C 级（GB/T 5780—2016）　　　　六角头螺栓—全螺纹—C 级（GB/T 5781—2016）

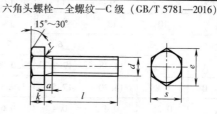

标记示例：

螺纹规格 d=M12，公称长度 l=80mm，性能等级为 4.8 级，不经表面处理的 C 级六角头螺栓：

螺栓　GB/T 5780　M12×80

（续）

螺纹规格 d		M5	M6	M8	M10	M12	(M14)	M16	(M18)	M20	(M22)	M24	(M27)	M30	M36
s_{max}		8	10	13	16	18	21	24	27	30	34	36	41	46	55
$k_{公称}$		3.5	4	5.3	6.4	7.5	8.8	10	11.5	12.5	14	15	17	18.7	22.5
e_{min}		8.63	10.89	14.2	17.59	19.85	22.78	26.17	29.56	32.95	37.29	39.55	45.2	50.85	60.79
a_{max}		2.4	3	4	4.5	5.3	6	6	7.5	7.5	7.5	9	9	10.5	12
b 参 考	$l_{公称}\leqslant125$	16	18	22	26	30	34	38	42	46	50	54	60	66	—
	$125<l_{公称}\leqslant200$	22	24	28	32	36	40	44	48	52	56	60	66	72	84
	$l_{公称}>200$	35	37	41	45	49	53	57	61	65	69	73	79	85	97
l	GB/T 5780	25~50	30~60	40~80	45~100	55~120	60~140	65~160	80~180	80~200	90~220	100~240	110~260	120~300	140~360
	GB/T 5781	10~50	12~60	16~80	20~100	25~120	30~140	30~160	35~180	40~200	45~220	50~240	55~280	60~300	70~360
l 系列		10, 12, 16, 20~70（5 进位），70~150（10 进位），180~500（20 进位）													

技术条件	材料	力学性能等级	螺纹公差	产品等级
	钢	$d\leqslant39mm$ 时，为 3.6、4.6、4.8；$d>39mm$ 时，按协议	8g	C

注：1. 表中内容摘自 GB/T 5780—2016 和 GB/T 5781—2016。
　　2. M5~M36 为商品规格，为销售储备的产品最通用的规格。
　　3. M42~M64 为通用规格，较商品规格低一档位，买不到时要现制造。
　　4. 带括号的规格尽量不用。除表列外还有（M33）、（M39）、（M45）、（M52）和（M60）。

表 14-9　六角头加强杆螺栓—A 级和 B 级　　　　　　　（单位：mm）

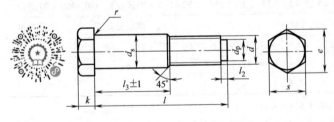

标记示例：

螺纹规格 $d=$ M12，d_s 公差为 h9，公称长度 $l=80mm$，性能等级为 8.8 级，表面氧化的 A 级六角头加强杆螺栓：

螺栓　GB/T 27　M12×80

若 d_s 按 m6 制造，其余条件同上时的标记：

螺栓　GB/T 27　M12m6×80

螺纹规格 d		M6	M8	M10	M12	M16	M20	M24	M30	M36
$d_{s\,max}$（h9）		7	9	11	13	17	21	25	32	38
s_{max}		10	13	16	18	24	30	36	46	55
k		4	5	6	7	9	11	13	17	20
e_{min}	A	11.05	14.38	17.77	20.03	26.75	33.53	39.98	—	—
	B	10.89	14.20	17.59	19.85	26.17	32.95	39.55	50.85	60.79
r_{min}		0.25	0.4	0.4	0.6	0.6	0.8	0.8	1	1
d_p		4	5.5	7	8.5	12	15	18	23	28
l_2		1.5	1.5	2	2	3	4	4	5	6

（续）

	各螺栓对应的 l、l_3 系列值								
	螺纹规格 d								
l	M6	M8	M10	M12	M16	M20	M24	M30	M36
	l_3								
25	13	10							
(28)	16	13							
30	18	15	12						
(32)	20	17	14						
35	23	20	17	13					
(38)	26	23	20	16					
40	28	25	22	18					
45	33	30	27	23	17				
50	38	35	32	28	22				
(55)	43	40	37	33	27	23			
60	48	45	42	38	32	28			
(65)	53	50	47	43	37	33	27		
70		55	52	48	42	38	32		
(75)		60	57	53	47	43	37		
80		65	62	58	52	48	42	30	
(85)			67	63	57	53	47	35	
90			72	68	62	58	52	40	35
(95)			77	73	67	63	57	45	40
100			82	78	72	68	62	50	45
110			92	88	82	78	72	60	55
120			102	98	92	88	82	70	65
130				108	102	98	92	80	75
140				118	112	108	102	90	85
150				128	122	118	112	100	95
160				138	132	128	122	110	105
170				148	142	138	132	120	I15
180				158	152	148	142	130	125
190					162	158	152	140	135
200					172	168	162	150	145
210								160	155
220								170	165
230								180	175
240									185
250									195
260									205
280									225
300									245

注：1. 表中内容摘自 GB/T 27—2013。

2. 产品等级：A 级用于 $d \leqslant 24$mm 和 $l \leqslant 10d$ 或 $l \leqslant 150$mm（按较小值）的螺栓；B 级用于 $d > 24$mm 和 $l > 10d$ 或 $l >$
150mm（按较小值）的螺栓。

3. 带括号的规格尽量不用。

14.4 螺钉

表 14-10~表 14-12 为螺钉尺寸。

表 14-10   内六角圆柱头螺钉 （单位：mm）

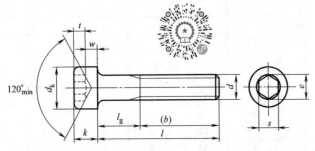

标记示例：

螺纹规格 d = M5，公称长度 l = 20mm，性能等级为 8.8 级，表面氧化的 A 级内六角圆柱头螺钉：

螺钉 GB/T 70.1 M5×20

螺纹规格 d		M5	M6	M8	M10	M12	M16	M20	M24	M30	M36
b（参考）		22	24	28	32	36	44	52	60	72	84
d_k（max）		8.5	10	13	16	18	24	30	36	45	54
e（min）		4.583	5.723	6.083	9.149	11.429	15.996	19.437	21.734	25.154	30.854
k（max）		5	6	8	10	12	16	20	24	30	36
s（公称）		4	5	6	8	10	14	17	19	22	27
t（min）		2.5	3	4	5	6	8	10	12	15.5	19
l 范围（公称）		8~50	10~60	12~80	16~100	20~120	25~160	30~200	40~200	45~200	55~200
制成全螺纹时 $l\leqslant$		25	30	35	40	50	60	70	80	100	110
l 系列（公称）		8, 10, 12, 16, 20~25（5 进位），55，60，65，70~160（10 进位），180，200									
技术条件	材料	力学性能等级		螺纹公差		产品等级		表面处理			
	钢	3mm≤d≤39mm 时，为 8.8、10.9、12.9；其他按协议		12.9 级为 5g 或 6g，其他等级为 6g		A		氧化或镀锌钝化			

注：1. 表中内容摘自 GB/T 70.1—2008。

2. l_g 和 w 的尺寸见 GB/T 70.1—2008。

表 14-11   开槽圆柱头螺钉、开槽盘头螺钉和开槽沉头螺钉 （单位：mm）

开槽圆柱头螺钉 GB/T 65—2016

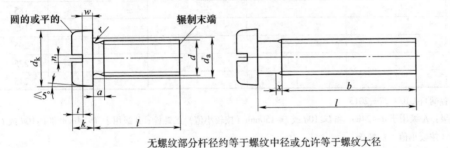

无螺纹部分杆径约等于螺纹中径或允许等于螺纹大径

（续）

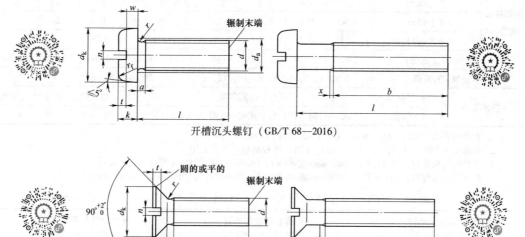

开槽盘头螺钉（GB/T 67—2016）

开槽沉头螺钉（GB/T 68—2016）

无螺纹部分杆径约等于螺纹中径或允许等于螺纹大径

标记示例：

螺纹规格 d=M5，公称长度 l=20mm，性能等级为4.8级，不经表面处理的 A 级开槽圆柱头螺钉：

螺钉 GB/T 65 M5×20

螺纹规格 d=M5，公称长度 l=20mm，性能等级为4.8级，不经表面处理的 A 级开槽盘头螺钉：

螺钉 GB/T 67 M5×20

螺纹规格 d=M5，公称长度 l=20mm，性能等级为4.8级，不经表面处理的 A 级开槽沉头螺钉：

螺钉 GB/T 68 M5×20

螺纹规格 d			M1.6	M2	M2.5	M3	M4	M5	M6	M8	M10
螺距 P			0.35	0.4	0.45	0.5	0.7	0.8	1	1.25	1.5
a		max	0.7	0.8	0.9	1	1.4	1.6	2	2.5	3
b		min	25	25	25	25	38	38	38	38	38
n		公称	0.4	0.5	0.6	0.8	1.2	1.2	1.6	2	2.5
x		max	0.9	1	1.1	1.25	1.75	2	2.5	3.2	3.8
开槽盘头螺钉	d_a	max	2	2.6	3.1	3.6	4.7	5.7	6.8	9.2	11.2
	d_k	max	3.2	4	5	5.6	8	9.5	12	16	20
	k	max	1	1.3	1.5	1.8	2.4	3	3.6	4.8	6
	r	min	0.1	0.1	0.1	0.1	0.2	0.2	0.25	0.4	0.4
	r_f	参考	0.5	0.6	0.8	0.9	1.2	1.5	1.8	2.4	3
	t	min	0.35	0.5	0.6	0.7	1	1.2	1.4	1.9	2.4
	w	min	0.3	0.4	0.5	0.7	1	1.2	1.4	1.9	2.4
	l 商品规格范围		2~16	2.5~20	3~25	4~30	5~40	6~50	8~60	10~80	12~80
开槽沉头螺钉	d_k	max	3	3.8	4.7	5.5	8.4	9.3	11.3	15.8	18.3
	k	max	1	1.2	1.5	1.65	2.7	2.7	3.3	4.65	5
	r	max	0.4	0.5	0.6	0.8	1	1.3	1.5	2	2.5
	t	min	0.32	0.4	0.5	0.6	1	1.1	1.2	1.8	2
	l 商品规格范围		2.5~16	3~20	4~25	5~30	6~40	8~50	8~60	10~80	12~80

（续）

开槽圆柱头螺钉	d_k（max）	3.0	3.8	4.5	5.5	7	8.5	10	13	16
	k（max）	1.1	1.4	1.8	2	2.6	3.3	3.9	5	6
	t（min）	0.45	0.6	0.7	0.85	1.1	1.3	1.6	2	2.4
	r（min）	0.1	0.1	0.1	0.1	0.2		0.25	0.4	
	l（范围）	2~16	3~20	3~25	4~30	5~40	6~50	8~60	10~80	12~80

公称长度 l 的系列		2.5、3、4、5、6、8、10、12、（14）、16、20~80（5进位）								

技术条件	材料	力学性能等级	螺纹公差	产品等级
	钢	$d<3$mm 时，按协议；$d\geq3$mm 时，按 4.8、5.8	6g	A

注：1. 表中内容摘自 GB/T 65—2016、GB/T 67—2016 和 GB/T 68—2016。
　　2. 公称长度 l 中的（14）、（55）、（65）、（75）等规格尽可能不采用。
　　3. 对开槽盘头螺钉，当 $d\leq$M3、$l\leq30$mm 或 $d>$M4、$l\leq40$mm 时，制出全螺纹（$b=l-a$）；
　　　　对开槽沉头螺钉，当 $d\leq$M3、$l\leq30$mm 或 $d>$M4、$l\leq45$mm 时，制出全螺纹 [$b=l-(k+a)$]。

表 14-12　开槽锥端紧定螺钉、开槽平端紧定螺钉和开槽长圆柱端紧定螺钉　（单位：mm）

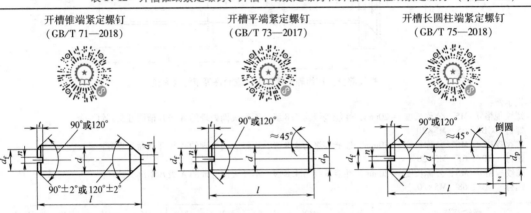

标记示例：
　　螺纹规格 $d=$M5，公称长度 $l=12$mm，性能等级为 14H 级，不经表面处理的开槽锥端紧定螺钉：
　　螺钉　GB/T 71　M5×12

螺纹规格 d	螺距 P	n（公称）	t（max）	d_1（max）	d_p（max）	z（max）	长度 l		l 系列（公称）
							GB/T 71、GB/T 75	GB/T 73	
M4	0.7	0.6	1.42	0.4	2.5	2.25	6~20	4~20	4、5、6、8、10、12、16、20、25、30、35、40、45、50、55、60
M5	0.8	0.8	1.63	0.5	3.5	2.75	8~25	5~25	
M6	1	1	2	1.5	4	3.25	8~30	6~30	
M8	1.25	1.2	2.5	2	5.5	4.3	10~40	8~40	4、5、6、8、10、12、16、20、25、30、35、40、45、50、55、60
M10	1.5	1.6	3	2.5	7	5.3	12~50	10~50	

技术条件	材料	力学性能等级	螺纹公差	产品等级	表面处理
	钢	14H、22H	6g	A	氧化或镀锌钝化

注：1. 表中内容摘自 GB/T 71—2018、GB/T 73—2017 和 GB/T 75—2018。
　　2. 图中 d_f 约等于螺纹小径。

14.5　螺柱

　　表 14-13 为螺柱尺寸。

表 14-13 双头螺柱 $b_{\mathrm{m}}=1d$、$b_{\mathrm{m}}=1.25d$、$b_{\mathrm{m}}=1.5d$ 和 $b_{\mathrm{m}}=2d$　　　　（单位：mm）

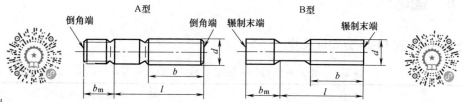

标记示例：

两端均为粗牙普通螺纹，$d=10\mathrm{mm}$，$l=50\mathrm{mm}$，性能等级为 4.8 级，不经表面处理的 B 型 $b_{\mathrm{m}}=1d$ 的双头螺柱：

螺柱　GB/T 897　M10×50

旋入机体一端为粗牙普通螺纹，旋螺母一端为螺距 $P=1\mathrm{mm}$ 的细牙普通螺纹，$d=10\mathrm{mm}$，$l=50\mathrm{mm}$，性能等级为 4.8 级，不经表面处理的 A 型 $b_{\mathrm{m}}=1d$ 的双头螺柱：

螺柱　GB/T 897　AM10-M10×1×50

旋入机体一端为过渡配合螺纹的第一种配合，旋螺母一端为粗牙普通螺纹，$d=10\mathrm{mm}$，$l=50\mathrm{mm}$，性能等级为 8.8 级，镀锌钝化的 B 型 $b_{\mathrm{m}}=1d$ 的双头螺柱：

螺柱　GB/T 897　GM10-M10×50-8.8-Zn·D

螺纹规格 d		M5	M6	M8	M10	M12	(M14)	M16	(M18)	M20
b_{m} (公称)	GB/T 897	5	6	8	10	12	14	16	18	20
	GB/T 898	6	8	10	12	15	18	20	22	25
	GB/T 899	8	10	12	15	18	21	24	27	30
	GB/T 900	10	12	16	20	24	28	32	36	40
$\dfrac{l}{b}$		$\dfrac{16\sim22}{10}$	$\dfrac{20\sim22}{10}$	$\dfrac{20\sim22}{12}$	$\dfrac{25\sim28}{14}$	$\dfrac{25\sim30}{16}$	$\dfrac{30\sim35}{18}$	$\dfrac{30\sim38}{20}$	$\dfrac{35\sim45}{22}$	$\dfrac{35\sim40}{25}$
		$\dfrac{25\sim50}{16}$	$\dfrac{25\sim30}{14}$	$\dfrac{25\sim30}{16}$	$\dfrac{30\sim38}{16}$	$\dfrac{32\sim40}{20}$	$\dfrac{38\sim45}{25}$	$\dfrac{40\sim50}{30}$	$\dfrac{45\sim60}{35}$	$\dfrac{45\sim60}{35}$
			$\dfrac{32\sim75}{18}$	$\dfrac{32\sim90}{22}$	$\dfrac{40\sim120}{26}$	$\dfrac{45\sim120}{30}$	$\dfrac{50\sim120}{34}$	$\dfrac{60\sim120}{38}$	$\dfrac{65\sim120}{42}$	$\dfrac{70\sim120}{46}$
					$\dfrac{130}{32}$	$\dfrac{130\sim180}{36}$	$\dfrac{130\sim180}{40}$	$\dfrac{130\sim200}{44}$	$\dfrac{130\sim200}{48}$	$\dfrac{130\sim200}{52}$

螺纹规格 d		(M22)	(M24)	(M27)	(M30)	(M33)	M36	(M39)	M42	M48
b_{m} (公称)	GB/T 897	22	24	27	30	33	36	39	42	48
	GB/T 898	28	30	35	38	41	45	49	52	60
	GB/T 899	33	36	40	45	49	54	58	63	72
	GB/T 900	44	48	54	60	66	72	78	84	96
$\dfrac{l}{b}$		$\dfrac{40\sim45}{30}$	$\dfrac{45\sim50}{30}$	$\dfrac{50\sim60}{35}$	$\dfrac{60\sim65}{40}$	$\dfrac{65\sim70}{45}$	$\dfrac{65\sim75}{45}$	$\dfrac{70\sim80}{50}$	$\dfrac{70\sim80}{50}$	$\dfrac{80\sim90}{60}$
		$\dfrac{50\sim70}{40}$	$\dfrac{55\sim75}{45}$	$\dfrac{65\sim85}{50}$	$\dfrac{70\sim90}{50}$	$\dfrac{75\sim95}{60}$	$\dfrac{80\sim110}{60}$	$\dfrac{85\sim110}{65}$	$\dfrac{85\sim110}{70}$	$\dfrac{95\sim110}{80}$
		$\dfrac{75\sim120}{50}$	$\dfrac{80\sim120}{54}$	$\dfrac{90\sim130}{60}$	$\dfrac{95\sim120}{66}$	$\dfrac{100\sim120}{72}$	$\dfrac{120}{78}$	$\dfrac{120}{84}$	$\dfrac{120}{90}$	$\dfrac{120}{102}$
		$\dfrac{130\sim200}{56}$	$\dfrac{130\sim200}{60}$	$\dfrac{130\sim200}{66}$	$\dfrac{130\sim200}{72}$	$\dfrac{130\sim200}{78}$	$\dfrac{130\sim200}{84}$	$\dfrac{130\sim200}{90}$	$\dfrac{130\sim200}{96}$	$\dfrac{130\sim200}{108}$
					$\dfrac{210\sim250}{85}$	$\dfrac{210\sim300}{91}$	$\dfrac{210\sim300}{97}$	$\dfrac{210\sim300}{103}$	$\dfrac{210\sim300}{109}$	$\dfrac{210\sim300}{121}$

l 系列	16, (18), 20, (22), 25, (28), 30, (32), 35, (38), 40, 45, 50, (55), 60, (65), 70, (75), 80, (85), 90, (95), 100, 110, 120, 130, 140, 150, 160, 170, 180, 190, 200

注：1. 表中内容摘自 GB/T 897—1988、GB/T 898—1988、GB/T 899—1988 和 GB/T 900—1988。

　　2. 括号内的规格尽量不用。GB/T 898—1988 中 $d=\mathrm{M5}\sim\mathrm{M20}$ 为商品规格，其余均为通用规格。

　　3. 技术条件：普通螺纹公差 6g，过渡配合螺纹 GM、$\mathrm{G_2M}$，性能等级：钢为 4.8、5.8、6.8、8.8、10.9、12.9；GB/T 900 还可用过盈配合螺纹 YM。

　　4. $b_{\mathrm{m}}=d$ 一般用于钢对钢，$b_{\mathrm{m}}=(1.25\sim1.5)d$ 一般用于钢对铸铁，$b_{\mathrm{m}}=2d$ 一般用于钢对铝合金。

14.6 螺母

表 14-14 和表 14-15 为螺母尺寸。

表 14-14　1 型六角螺母—A 级和 B 级、1 型六角螺母—C 级　　　　　（单位：mm）

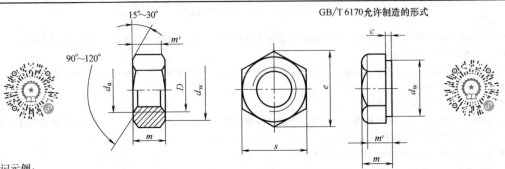

标记示例：

螺纹规格 D=M12，性能等级为 8 级，不经表面处理的 A 级 1 型六角螺母：

螺母　GB/T 6170　M12

螺纹规格 D		M5	M6	M8	M10	M12	(M14)	M16	(M18)	M20	(M22)	M24	(M27)	M30	(M33)	M36
$e_{(min)}$	GB/T 6170	8.79	11.05	14.38	17.77	20.03	23.36	26.75	29.56	32.95	37.29	39.55	45.2	50.85	55.37	60.79
	GB/T 41	8.63	10.89	14.20	17.59	19.85	22.78	26.17	29.56	32.95	37.29	39.55	45.2	50.85	55.37	60.79
$m_{(max)}$	GB/T 6170	4.7	5.2	6.8	8.4	10.8	12.8	14.8	15.8	18	19.4	21.5	23.8	25.6	28.7	31
	GB/T 41	5.6	6.4	7.9	9.5	12.2	13.9	15.9	16.9	19	20.2	22.3	24.7	26.4	29.50	31.90
$d_{w(min)}$	GB/T 6170	6.9	8.9	11.6	14.6	16.6	19.6	22.5	24.9	27.7	31.4	33.3	38	42.8	46.6	51.1
	GB/T 41	6.7	8.7	11.5	14.5	16.5	19.2	22	24.9	27.7	31.4	33.3	38	42.8	46.6	51.1
$s_{(max)}$		8	10	13	16	18	21	24	27	30	34	36	41	46	50	55

技术条件	材料	力学性能等级	螺纹公差	产品等级
GB/T 6170	钢	M5≤D≤M16 时，为 6、8、10（QT）； M16<D≤M39 时，为 6、8（QT）、10（QT）； D>M39 时，按协议	6H	A 级用于 D≤16mm； B 级用于 D>16mm
GB/T 41		M5<D<M39 时，为 5；D>M39 时，按协议	7H	C

注：1. 表中内容摘自 GB/T 6170—2015 和 GB/T 41—2016。

　　2. 括号内规格尽量不用。

　　3. QT—淬火并回火。

表 14-15　圆螺母和小圆螺母　　　　　（单位：mm）

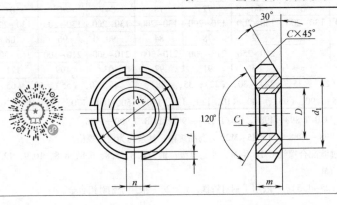

标记示例：

　　螺纹规格 D 为 M16×1.5，材料为 45
钢，槽或全部热处理后硬度为 35 ~
45HRC，表面氧化的圆螺母：

　　螺母　GB/T 812　M16×1.5

（续）

圆螺母（GB/T 812—1988）

螺纹规格 D×P	d_k	d_1	m	n max	n min	t max	t min	C	C_1
M10×1	22	16	8	4.3	4	2.6	2	0.5	0.5
M12×1.25	25	19	8	4.3	4	2.6	2	0.5	0.5
M14×1.5	28	20	8	4.3	4	2.6	2	0.5	0.5
M16×1.5	30	22	8	4.3	4	2.6	2	0.5	0.5
M18×1.5	32	24	8	4.3	4	2.6	2	0.5	0.5
M20×1.5	35	27	8	4.3	4	2.6	2	0.5	0.5
M22×1.5	38	30	8	5.3	5	3.1	2.5	0.5	0.5
M24×1.5	42	34	8	5.3	5	3.1	2.5	0.5	0.5
M25×1.5*	42	34	8	5.3	5	3.1	2.5	0.5	0.5
M27×1.5	45	37	10	5.3	5	3.1	2.5	0.5	0.5
M30×1.5	48	40	10	5.3	5	3.1	2.5	0.5	0.5
M33×1.5	52	43	10	5.3	5	3.1	2.5	1	0.5
M35×1.5*	52	43	10	5.3	5	3.1	2.5	1	0.5
M36×1.5	55	46	10	5.3	5	3.1	2.5	1	0.5
M39×1.5	58	49	10	6.3	6	3.6	3	1	0.5
M40×1.5*	58	49	10	6.3	6	3.6	3	1	0.5
M42×1.5	62	53	10	6.3	6	3.6	3	1	0.5
M45×1.5	68	59	10	6.3	6	3.6	3	1	0.5
M48×1.5	72	61	10	6.3	6	3.6	3	1	0.5
M50×1.5*	72	61	10	6.3	6	3.6	3	1	0.5
M52×1.5	78	67	10	6.3	6	3.6	3	1	0.5
M55×2*	78	67	10	6.3	6	3.6	3	1	0.5
M56×2	85	74	12	8.36	8	4.25	3.5	1.5	1
M60×2	90	79	12	8.36	8	4.25	3.5	1.5	1
M64×2	95	84	12	8.36	8	4.25	3.5	1.5	1
M65×2*	95	84	12	8.36	8	4.25	3.5	1.5	1
M68×2	100	88	12	8.36	8	4.25	3.5	1.5	1
M72×2	105	93	12	8.36	8	4.25	3.5	1.5	1
M75×2*	105	93	12	8.36	8	4.25	3.5	1.5	1
M76×2	110	98	15	10.36	10	4.75	4	1.5	1
M80×2	115	103	15	10.36	10	4.75	4	1.5	1
M85×2	120	108	15	10.36	10	4.75	4	1.5	1
M90×2	125	112	15	10.36	10	4.75	4	1.5	1
M95×2	130	117	15	10.36	10	4.75	4	1.5	1
M100×2	135	122	18	12.43	12	5.75	5	1.5	1
M105×2	140	127	18	12.43	12	5.75	5	1.5	1

小圆螺母（GB/T 810—1988）

螺纹规格 D×P	d_k	m	n max	n min	t max	t min	C	C_1
M10×1	20	6	4.3	4	2.6	2	0.5	0.5
M12×1.25	22	6	4.3	4	2.6	2	0.5	0.5
M14×1.5	25	6	4.3	4	2.6	2	0.5	0.5
M16×1.5	28	6	4.3	4	2.6	2	0.5	0.5
M18×1.5	30	6	4.3	4	2.6	2	0.5	0.5
M20×1.5	32	6	4.3	4	2.6	2	0.5	0.5
M22×1.5	35	6	4.3	4	2.6	2	0.5	0.5
M24×1.5	38	8	5.3	5	3.1	2.5	0.5	0.5
M27×1.5	42	8	5.3	5	3.1	2.5	0.5	0.5
M30×1.5	45	8	5.3	5	3.1	2.5	0.5	0.5
M33×1.5	48	8	5.3	5	3.1	2.5	0.5	0.5
M36×1.5	52	8	5.3	5	3.1	2.5	0.5	0.5
M39×1.5	55	8	5.3	5	3.1	2.5	0.5	0.5
M42×1.5	58	8	6.3	6	3.6	3	0.5	0.5
M45×1.5	62	8	6.3	6	3.6	3	0.5	0.5
M48×1.5	68	8	6.3	6	3.6	3	0.5	0.5
M52×1.5	72	8	6.3	6	3.6	3	0.5	0.5
M56×2	78	10	8.36	8	4.25	3.5	1	0.5
M60×2	80	10	8.36	8	4.25	3.5	1	0.5
M64×2	85	10	8.36	8	4.25	3.5	1	0.5
M68×2	90	10	8.36	8	4.25	3.5	1	0.5
M72×2	95	10	8.36	8	4.25	3.5	1	0.5
M76×2	100	10	8.36	8	4.25	3.5	1	0.5
M80×2	105	10	8.36	8	4.25	3.5	1	0.5
M85×2	110	12	10.36	10	4.75	4	1	1
M90×2	115	12	10.36	10	4.75	4	1	1
M95×2	120	12	10.36	10	4.75	4	1.5	1
M100×2	125	15	12.43	12	5.75	5	1.5	1
M105×2	130	15	12.43	12	5.75	5	1.5	1

注：1. 表中内容摘自 GB/T 812—1988 和 GB/T 810—1988。
2. 当 D×P≤M100×2 时，槽数为4；当 D×P≥M105×2 时，槽数为6。
3. *仅用于滚动轴承锁紧装置。

14.7 垫圈

表 14-16~表 14-19 为垫圈尺寸。

表 14-16　圆螺母用止动垫圈　　　　　　　（单位：mm）

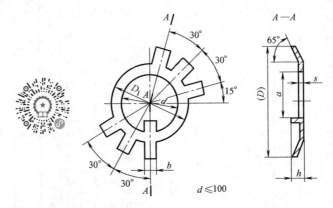

标记示例：

规格为16mm，材料为Q235A，经退火、表面氧化的圆螺母用止动垫圈：

垫圈　GB/T 858　16

规格（螺纹大径）	d	D（参考）	D_1	s	b	a	h	规格（螺纹大径）	d	D（参考）	D_1	s	b	a	h
18	18.5	35	24			15		52	52.5	82	67			49	
20	20.5	38	27			17		55 *	56					52	
22	22.5	42	30			19	4	56	57	90	74		7.7	53	
24	24.5	45	34	1	4.8	21		60	61	94	79			57	6
25 *	25.5					22		64	65	100	84	1.5		61	
27	27.5	48	37			24		65 *	66					62	
30	30.5	52	40			27		68	69	105	88			65	
33	33.5	56	43			30		72	73	110	93			69	
35 *	35.5					32		75 *	76				9.6	71	
36	36.5	60	46		5.7	33		76	77	115	98			72	
39	39.5	62	49			36	5	80	81	120	103			76	
40 *	40.5			1.5		37		85	86	125	108			81	7
42	42.5	66	53			39		90	91	130	112			86	
45	45.5	72	59			42		95	96	135	117	2	11.6	91	
48	48.5	76	61			45		100	101	140	122			96	
50 *	50.5					47		105	106	145	127			101	

注：1. 表中内容摘自 GB/T 858—1988。

2. * 仅用于滚动轴承锁紧装置。

表 14-17　小垫圈—A 级、平垫圈—A 级、平垫圈—倒角型—A 级　（单位：mm）

小垫圈 —A级(GB/T 848—2002)
平垫圈 —A级(GB/T 97.1—2002)

平垫圈 —倒角型—A级
(GB/T 97.2—2002)

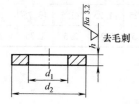
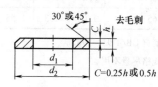

$C=0.25h$ 或 $0.5h$

标记示例：

　小系列（或标准系列），公称规格 $d=8$mm，性能等级为 200HV 级，不经表面处理的小垫圈（或平垫圈，或倒角型平垫圈）：

　垫圈　GB/T 848　8（或 GB/T 97.1　8 或 GB/T 97.2　8）

公称规格（螺纹大径 d）		1.6	2	2.5	3	4	5	6	8	10	12	(14)	16	20	24	30	36
d_1 (min)	GB/T 848—2002	1.7	2.2	2.7	3.2	4.3	5.3	6.4	8.4	10.5	13	15	17	21	25	31	37
	GB/T 97.1—2002	1.7	2.2	2.7	3.2	4.3	5.3	6.4	8.4	10.5	13	15	17	21	25	31	37
	GB/T 97.2—2002	—	—	—	—	—	5.3	6.4	8.4	10.5	13	15	17	21	25	31	37
d_2 (min)	GB/T 848—2002	3.5	4.5	5	6	8	9	11	15	18	20	24	28	34	39	50	60
	GB/T 97.1—2002	4	5	6	7	9	10	12	16	20	24	28	30	37	44	56	66
	GB/T 97.2—2002	—	—	—	—	—	10	12	16	20	24	28	30	37	44	56	66
h (公称)	GB/T 848—2002	0.3	0.3	0.5	0.5	0.5	1	1.6	1.6	1.6	2	2.5	2.5	3	4	4	5
	GB/T 97.1—2002	0.3	0.3	0.5	0.5	0.8	1	1.6	1.6	2	2.5	2.5	3	3	4	4	5
	GB/T 97.2—2002	—	—	—	—	—	1	1.6	1.6	2	2.5	2.5	3	3	4	4	5

表 14-18　标准型弹簧垫圈　　　　　　　　　（单位：mm）

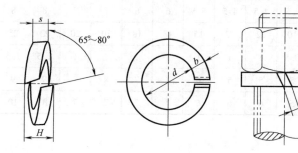

标记示例：

　规格为 16mm，材料为 65Mn，表面氧化的标准型弹簧垫圈：

　垫圈　GB/T 93　16

（续）

规格（螺纹大径）		5	6	8	10	12	(14)	16	(18)	20	(22)	24	(27)	30
d	min	5.1	6.1	8.1	10.2	12.2	14.2	16.2	18.2	20.2	22.5	24.5	27.5	30.5
s (b)	公称	1.3	1.6	2.1	2.6	3.1	3.6	4.1	4.5	5	5.5	6	6.8	7.5
H	max	3.25	4	5.25	6.5	7.75	9	10.25	11.25	12.5	13.75	15	17	18.75
$m \leqslant$		0.65	0.8	1.05	1.3	1.55	1.8	2.05	2.25	2.5	2.75	3	3.4	3.75

注：1. 表中内容摘自 GB/T 93—1987。

2. 括号内的规格尽量不用。

表 14-19　外舌止动垫圈　　　　　　　　　（单位：mm）

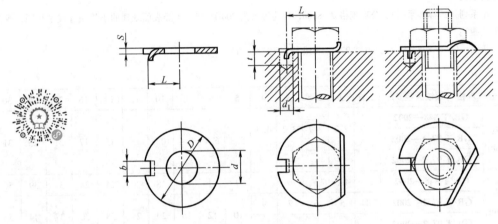

标记示例：

螺纹规格为 10mm，材料为 Q235A，经退火、不经表面处理的外舌止动垫圈：

垫圈　GB/T 856　10

规格（螺纹大径）	5	6	8	10	12	(14)	16	(18)	20	(22)	24	(27)	30	36
d(min)	5.3	6.4	8.4	10.5	13	15	17	19	21	23	25	28	31	37
D(max)	17	19	22	26	32	32	40	45	45	50	50	58	63	75
b(max)	3.5	3.5	3.5	4.5	4.5	4.5	5.5	6	6	7	7	8	8	11
L(公称)	7	7.5	8.5	10	12	12	15	18	18	20	20	23	25	31
S	0.5	0.5	0.5	0.5	1	1	1	1	1	1	1	1.5	1.5	15
d_1	4	4	4	5	5	5	6	7	7	8	8	9	9	12
t	4	4	4	5	6	6	6	7	7	7	7	10	10	10

注：1. 表中内容摘自 GB/T 856—1988。

2. 括号内的规格尽量不用。

14.8　挡圈

表 14-20～表 14-22 为挡圈尺寸。

表 14-20　螺钉紧固轴端挡圈和螺栓紧固轴端挡圈　　　　　　　　（单位：mm）

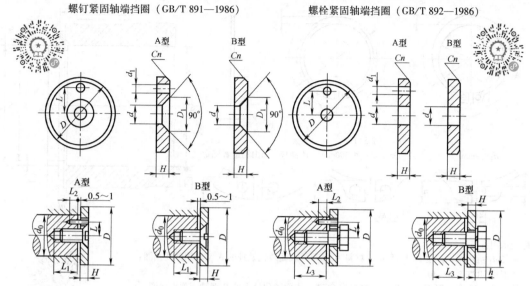

螺钉紧固轴端挡圈（GB/T 891—1986）　　　　　螺栓紧固轴端挡圈（GB/T 892—1986）

标记示例：

公称直径 $D=45$mm，材料为 Q235A，不经表面处理的 A 型螺钉紧固轴端挡圈：

挡圈　GB/T 891　45

按 B 型制造，应加标记 B：

挡圈　GB/T 891　B45

轴径 ≤	公称直径 D	H		L		d	d_1	n	GB/T 891—1986		GB/T 892—1986		
		公称尺寸	极限偏差	公称尺寸	极限偏差				D_1	螺钉 GB/T 819（推荐）	圆柱销 GB/T 119（推荐）	螺栓 GB/T 5783（推荐）	圆柱销 GB/T 119（推荐）	垫圈 GB/T 93（推荐）
14	20	4		—		5.5	2.1	0.5	11	M5×12	A2×10	M5×16	A2×10	5
16	22				±0.11									
18	25													
20	28													
22	30													
25	32	5	0 −0.30	10		6.6	3.2	1	13	M6×16	A3×12	M6×20	A3×12	6
28	35													
30	38													
32	40													
35	45			12										
40	50				±0.135									
45	55	6		16		9	4.2	1.5	17	M8×20	A4×14	M8×25	A4×14	8
50	60													
55	65													
60	70													
65	75			20										
70	80				±0.165									
75	90	8	0 −0.36	25		13	5.2	2	25	M12×25	A5×16	M12×30	A5×16	12
85	100													

注：1. 表中内容摘自 GB/T 891—1986 和 GB/T 892—1986。
　　2. 挡圈装在带螺纹中心孔的轴端时，紧固用螺钉允许加长。
　　3. 材料为 Q235A、35 钢和 45 钢。
　　4. 用于轴端上固定零（部）件。

表 14-21　轴用弹性挡圈　　　　　　　　　　　　　　（单位：mm）

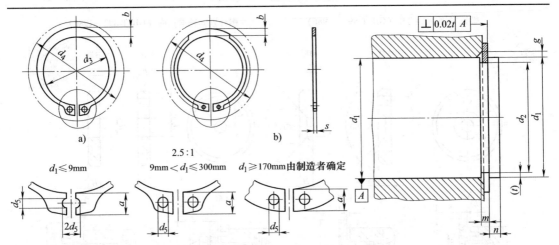

2.5:1

$d_1 \leqslant 9\text{mm}$　　$9\text{mm} < d_1 \leqslant 300\text{mm}$　$d_1 \geqslant 170\text{mm}$由制造者确定

标记示例：

轴径 $d_1 = 40\text{mm}$，厚度 $s = 1.75\text{mm}$，材料为 C67S，表面磷化处理的 A 型轴用弹性挡圈：

挡圈　GB/T 894　40

轴径 $d_1 = 40\text{mm}$，厚度 $s = 2.0\text{mm}$，材料为 C67S，表面磷化处理的 B 型轴用弹性挡圈：

挡圈　GB/T 894　40B

轴径	挡 圈				沟槽（推荐）			孔	轴径	挡 圈				沟槽（推荐）			孔
d_1	d_3	s	$b \approx$	d_5	d_2	m	$n \geqslant$	$d_4 \geqslant$	d_1	d_3	s	$b \approx$	d_5	d_2	m	$n \geqslant$	$d_4 \geqslant$
18	16.5		2.4		17			26.2	52	47.8		5.2		49			66.7
19	17.5		2.5		18			27.2	55	50.8		5.4		52			70.2
20	18.5		2.6		19		1.5	28.4	56	51.8		5.5		53			71.6
21	19.5		2.7		20	1.3		29.6	58	53.8	2	5.6	2.5	55	2.15		73.6
22	20.5	1.2	2.8		21			30.8	60	55.8		5.8		57			75.6
24	22.2		3.0	2	22.9			33.2	62	57.8		6.0		59		4.5	77.8
25	23.2		3.0		23.9		1.7	34.2	63	58.8		6.2		60			79
26	24.2		3.1		24.9			35.5	65	60.8		6.3		62			81.4
28	25.9		3.2		26.6			37.9	68	63.5		6.5		65			84.8
29	26.9		3.4		27.6		2.1	39.1	70	65.5		6.6		67			87
30	27.9		3.5		28.6	1.6		40.5	72	67.5	2.5	6.8	3	69	2.65		89.2
32	29.6	1.5	3.6		30.3		2.6	43	75	70.5		7.0		72			92.7
34	31.5		3.8		32.3			45.4	78	73.5		7.3		75			96.1
35	32.2		3.9		33			46.8	80	74.5		7.4		76.5			98.1
36	33.2		4.0		34	3		47.8	82	76.5		7.6		78.5			100.3
38	35.2		4.2	2.5	36			50.2	85	79.5		7.8		81.5			103.3
40	36.5		4.4		37	1.85		52.6	88	82.5		8.0		84.5		5.3	106.5
42	38.5	1.75	4.5		39.5		3.8	55.7	90	84.5	3.0	8.2	3.5	86.5	3.15		108.5
45	41.5		4.7		42.5			59.1	95	89.5		8.6		91.5			114.8
48	44.5		5.0		45.5			62.5	100	94.5		9.0		96.5			120.2
50	45.8	2	5.1		47	2.15	4.5	64.5									

注：1. 表中内容摘自 GB/T 894—2017，表中为标准型（A 型）轴用弹性挡圈的尺寸。

　　2. 挡圈形状由制造者确定。

表 14-22　孔用弹性挡圈　　　　　　　　　（单位：mm）

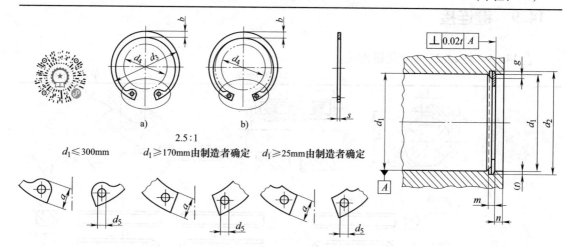

2.5 : 1

$d_1 \leqslant 300mm$　　　$d_1 \geqslant 170mm$ 由制造者确定　　$d_1 \geqslant 25mm$ 由制造者确定

标记示例：

孔径 $d_1 = 40mm$，厚度 $s = 1.75mm$，材料为 C67S，表面磷化处理的 A 型孔用弹性挡圈：

挡圈　GB/T 893　40

孔径 $d_1 = 40mm$，厚度 $s = 2.00mm$，材料为 C67S，表面磷化处理的 B 型孔用弹性挡圈：

挡圈　GB/T 893　40B

孔径	挡		圈		沟槽（推荐）				孔径	挡		圈		沟槽（推荐）			
d_1	d_3	s	$b \approx$	d_{5min}	d_2	m	$n \geqslant$	$d_4 \leqslant$	d_1	d_3	s	$b \approx$	d_{5min}	d_2	m	$n \geqslant$	$d_4 \leqslant$
30	32.1		3.0	2.0	31.4		2.1	19.9	65	69.2		5.8		68			49
31	33.4	1.2	3.0	2.0	32.7	1.3		20	68	72.5		6.1		71			51.6
32	34.4		3.2		33.7		2.6	20.6	70	74.5		6.2		73			53.6
34	36.5		3.3		35.7			22.6	72	76.5		6.4		75	2.65	4.5	55.6
35	37.8		3.4		37		23.6		75	79.5	2.5	6.6	3.0	78			58.6
36	38.8	1.5	3.5		38	1.6		24.6	78	82.5				81			60.1
37	39.8		3.6		39		3	25.4	80	85.5		6.8		83.5			62.1
38	40.8		3.7		40			26.4	82	87.5				85.5			64.1
40	43.5		3.9		42.5			27.8	85	90.5		7.0		88.5			66.9
42	45.5		4.1		44.5			29.6	88	93.5		7.2		91.5			69.9
45	48.5	1.75	4.3		47.5	1.85	3.8	32	90	95.5		7.6		93.5		5.3	71.9
47	50.5		4.4	2.5	49.5			33.5	92	97.5	3.0	7.8		95.5	3.15		73.7
48	51.5		4.5		50.5			34.5	95	100.5		8.1		98.5			76.5
50	54.2		4.6		53			36.3	98	103.5		8.3		101.5			79
52	56.2		4.7		55			37.9	100	105.5		8.4	3.5	103.5			80.6
55	59.2		5.0		58			40.7	102	108		8.5		106			82
56	60.2		5.1		59			41.7	105	112		8.7		109			85
58	62.2		5.2		61	2.15	4.5	43.5	108	115		8.9		112			88
60	64.2	2	5.4		63			44.7	110	117	4.0	9.0		114	4.15	6	88.2
62	66.2		5.5		65			46.7	112	119		9.1		116			90
63	67.2		5.6		66			47.7	115	122		9.3		119			93

注：1. 表中内容摘自 GB/T 893—2017，表中为标准型（A 型）孔用弹性挡圈的尺寸。

　　2. 挡圈形状由制造者确定。

14.9 键连接

表 14-23 ~ 表 14-25 为键及键连接。

表 14-23 平键及键槽　　　　　　　　（单位：mm）

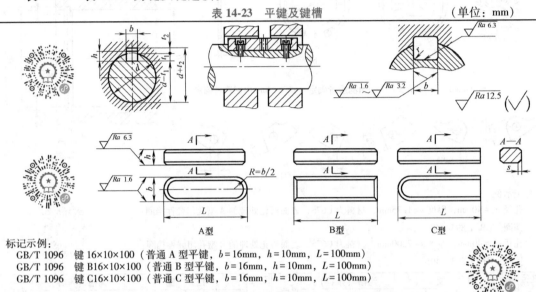

标记示例：

GB/T 1096　键 16×10×100（普通 A 型平键，$b=16mm$，$h=10mm$，$L=100mm$）

GB/T 1096　键 B16×10×100（普通 B 型平键，$b=16mm$，$h=10mm$，$L=100mm$）

GB/T 1096　键 C16×10×100（普通 C 型平键，$b=16mm$，$h=10mm$，$L=100mm$）

轴	键	键 槽											
		宽　度 b					深　度				半　径 r		倒角或倒圆 s
公称直径 d	键尺寸 $b×h$	基本尺寸 b	极限偏差				轴 t_1		毂 t_2				
			松连接		正常连接		紧密连接						
			轴 H9	毂 D10	轴 N9	毂 JS9	轴和毂 P9	基本尺寸	极限偏差	基本尺寸	极限偏差	最小	最大	
6~8	2×2	2	+0.025 0	+0.060 +0.020	-0.004 -0.029	±0.0125	-0.006 -0.031	1.2	+0.1 0	1.0	+0.1 0	0.08	0.16	0.16~0.25
>8~10	3×3	3						1.8		1.4				
>10~12	4×4	4	+0.030 0	+0.078 -0.030	0 -0.030	±0.015	-0.012 -0.042	2.5		1.8		0.16	0.25	0.25~0.40
>12~17	5×5	5						3.0		2.3				
>17~22	6×6	6						3.5		2.8				
>22~30	8×7	8	+0.036 0	+0.098 +0.040	0 -0.036	±0.018	-0.015 -0.051	4.0		3.3				
>30~38	10×8	10						5.0		3.3				
>38~44	12×8	12	+0.043 0	+0.120 +0.050	0 -0.043	±0.0215	-0.018 -0.061	5.0		3.3		0.25	0.40	0.40~0.60
>44~50	14×9	14						5.5		3.8				
>50~58	16×10	16						6.0	+0.2 0	4.3	+0.2 0			
>58~65	18×11	18						7.0		4.4				
>65~75	20×12	20	+0.052 0	+0.149 +0.065	0 -0.052	±0.026	-0.022 -0.074	7.5		4.9		0.40	0.60	0.60~0.80
>75~85	22×14	22						9.0		5.4				
>85~95	25×14	25						9.0		5.4				
>95~110	28×16	28						10.0		6.4				
键的长度系列	6，8，10，12，14，16，18，20，22，25，28，32，36，40，45，50，56，63，70，80，90，100，110，125，140，160，180，200，220，250，280，320，360													

注：1. 表中内容摘自 GB/T 1095—2003 和 GB/T 1096—2003。

　　2. 在工作图中，轴槽深用 t_1 或 $(d-t_1)$ 标注，轮毂槽深用 $(d+t_2)$ 标注。

　　3. $(d-t_1)$ 和 $(d+t_2)$ 两组合尺寸的极限偏差按相应的 t_1 和 t_2 极限偏差选取，但 $(d-t_1)$ 极限偏差值应取负号。

　　4. 键尺寸的极限偏差 b 为 h8，h 为 h11，L 为 h14。

　　5. GB/T 1095—2003 没有给出相应轴的直径，此处轴的直径摘自旧国标，供选键时参考。

表 14-24　楔键及其键槽的尺寸与公差　　　　　　　　　　（单位：mm）

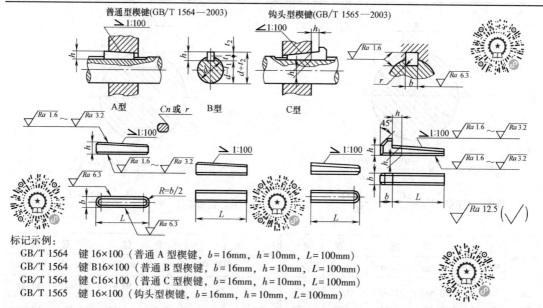

标记示例：
GB/T 1564　键 16×100（普通 A 型楔键，$b=16$mm，$h=10$mm，$L=100$mm）
GB/T 1564　键 B16×100（普通 B 型楔键，$b=16$mm，$h=10$mm，$L=100$mm）
GB/T 1564　键 C16×100（普通 C 型楔键，$b=16$mm，$h=10$mm，$L=100$mm）
GB/T 1565　键 16×100（钩头型楔键，$b=16$mm，$h=10$mm，$L=100$mm）

键尺寸 $b×h$	基本尺寸	宽 度 b 极限偏差 正常连接 轴 N9	正常连接 毂 JS9	紧密连接 轴和毂 P9	松连接 轴 H9	松连接 毂 D10	深 度 轴 t_1 基本尺寸	轴 t_1 极限偏差	毂 t_2 基本尺寸	毂 t_2 极限偏差	半径 r min	半径 r max
2×2	2	−0.004 −0.029	±0.012	−0.006 −0.031	+0.025 0	+0.060 +0.020	1.2	+0.10	1.0	+0.10	0.08	0.16
3×3	3						1.8		1.4		0.08	0.16
4×4	4	0 −0.030	±0.015	−0.012 −0.042	+0.030 0	+0.078 +0.030	2.5		1.8		0.16	0.25
5×5	5						3.0		2.3			
6×6	6						3.5		2.8		0.16	0.25
8×7	8	0 −0.036	±0.018	−0.015 −0.051	+0.036 0	+0.098 +0.040	4.0		3.3			
10×8	10						5.0		3.3			
12×8	12	0 −0.043	±0.021	−0.018 −0.061	+0.043 0	+0.120 +0.050	5.0		3.3		0.25	0.40
14×9	14						5.5		3.8			
16×10	16						6.0	+0.20	4.3	+0.20		
18×11	18						7.0		4.4			
20×12	20	0 −0.052	±0.026	−0.022 −0.074	+0.052 0	+0.149 +0.065	7.5		4.9		0.40	0.60
22×14	22						9.0		5.4			
25×14	25						9.0		5.4			
28×16	28						10.0		6.4			
键的长度 L 系列		14，16，18，20，22，25，28，32，36，40，45，50，56，63，70，80，90，100，110，125，140，160，180，200，220，250，280，320，360，400，450，500										

注：楔键键槽的尺寸及公差摘自 GB/T 1563—2017。普通型楔键、钩头型楔键的尺寸及公差请分别查阅 GB/T 1564—2003、GB/T 1565—2003。

表 14-25　带平键槽的轴的抗弯截面系数 W、抗扭截面系数 W_T

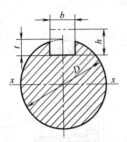

抗弯截面系数　$W = \dfrac{\pi D^3}{32} - \dfrac{bt\,(D-t)^2}{2D}$

抗扭截面系数　$W_T = \dfrac{\pi D^3}{16} - \dfrac{bt\,(D-t)^2}{2D}$

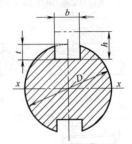

抗弯截面系数　$W = \dfrac{\pi D^3}{32} - \dfrac{bt\,(D-t)^2}{D}$

抗扭截面系数　$W_T = \dfrac{\pi D^3}{16} - \dfrac{bt\,(D-t)^2}{D}$

D/mm	$\dfrac{b}{\text{mm}} \times \dfrac{h}{\text{mm}}$	单 键		双 键		D/mm	$\dfrac{b}{\text{mm}} \times \dfrac{h}{\text{mm}}$	单 键		双 键	
		W/cm³	W_T/cm³	W/cm³	W_T/cm³			W/cm³	W_T/cm³	W/cm³	W_T/cm³
20	6×6	0.643	1.43	0.5	1.28	65	18×11	23.72	50.67	20.44	47.44
21		0.756	1.66	0.603	1.51	70	20×12	29.5	63.18	25.32	58.98
22		0.889	1.92	0.719	1.78	75		36.87	78.3	32.32	73.74
24	8×7	1.06	2.42	0.825	2.13	80	22×14	44.85	94.32	37.78	89.7
25		1.25	2.79	0.97	2.5	85		53.67	114.05	46.98	107.32
26		1.43	3.15	1.13	2.85	90	25×14	63.4	134.9	55.08	126.7
28		1.83	3.98	1.49	3.65	95		75.44	159.63	66.7	150.87
30		2.29	4.94	1.93	4.58	100	28×16	87.89	168.09	77.6	175.78
32	10×8	2.65	5.86	2.08	5.30	105		101.65	215.32	89.68	203.3
34		3.24	7.14	2.62	6.48	110		118	248.7	105.3	236
35		3.57	7.78	2.93	7.14	115	32×18	132.8	282	116	265.6
38		4.67	10.05	3.95	9.34	120		152.3	322	135	304.5
40	12×8	5.36	11.65	4.45	10.72	130		196.5	412	177	393
42		6.36	13.57	5.32	12.59	140	36×20	244	514	219	488
45	14×9	7.61	16.56	6.29	15.23	150		304	635	276.6	608
48		9.41	20.27	7.97	18.82	160	40×22	367	769	332	734
50		10.75	23.02	9.22	21.5	170		444.7	927	407	889
52	16×10	11.85	25.66	9.90	23.7	180	45×25	512	1094	470	1042
55		14.42	30.58	12.14	28.48	190		619	1293	565	1238
58		16.92	36.08	14.69	33.84	200		728	1513	670	1455
60	18×11	18.26	39.47	15.31	36.52						

注：表中键槽尺寸适用于 GB/T 1095—2003 的平键。

14.10　销

表 14-26~表 14-28 为圆锥销和开口销。

表 14-26　圆锥销　　　　　　　　　　（单位：mm）

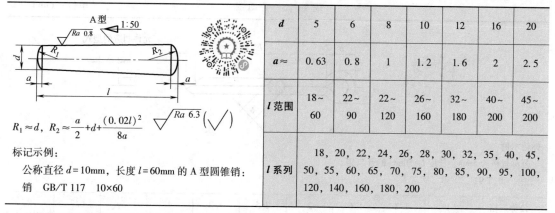

$$R_1 \approx d, \ R_2 \approx \frac{a}{2} + d + \frac{(0.02l)^2}{8a}$$

标记示例：

　　公称直径 $d=10$mm，长度 $l=60$mm 的 A 型圆锥销：

　　销　GB/T 117　10×60

d	5	6	8	10	12	16	20
$a\approx$	0.63	0.8	1	1.2	1.6	2	2.5
l 范围	18~60	22~90	22~120	26~160	32~180	40~200	45~200
l 系列	18, 20, 22, 24, 26, 28, 30, 32, 35, 40, 45, 50, 55, 60, 65, 70, 75, 80, 85, 90, 95, 100, 120, 140, 160, 180, 200						

注：表中内容摘自 GB/T 117—2000。

表 14-27　内螺纹圆锥销　　　　　　　　（单位：mm）

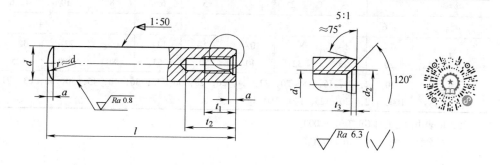

标记示例：

　　公称直径 $d=10$mm，长度 $l=60$mm 的 A 型内螺纹圆锥销：

　　销　GB/T 118　10×60

d	6	8	10	12	16	20	25
$a\approx$	0.8	1	1.2	1.6	2	2.5	3
d_1	M4	M5	M6	M8	M10	M12	M16
d_2	4.3	5.3	6.4	8.4	10.5	13	17
t_1	6	8	10	12	16	18	24
t_{2min}	10	12	16	20	25	28	35
t_3	1	1.2	1.2	1.2	1.5	1.5	2
l 范围	16~60	18~85	22~100	24~120	30~160	40~200	50~200
l 系列	16, 18, 20, 22, 24, 26, 28, 30, 32, 35, 40, 45, 50, 55, 60, 65, 70, 75, 80, 85, 90, 95, 100, 120, 140, 160, 180, 200						

注：表中内容摘自 GB/T 118—2000。

表 14-28　开口销　　　　　　　　　　　　　（单位：mm）

 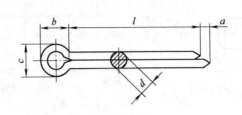

标记示例：

公称规格为 5mm，长度 $l=50$mm 的开口销：

销　GB/T 91　5×50

公称规格	1	1.2	1.6	2	2.5	3.2	4	5	6.3	8
d_{max}	0.9	1	1.4	1.8	2.3	2.9	3.7	4.6	5.9	7.5
c_{max}	1.8	2	2.8	3.6	4.6	5.8	7.4	9.2	11.8	15
$b \approx$	3	3	3.2	4	5	6.4	8	10	12.6	16
a_{max}	1.6	2.5				3.2	4			
l	6~20	8~25	8~32	10~40	12~50	14~63	18~80	22~100	32~125	40~160
l 系列	10，12，14，16，18，20，22，24，26，28，30，32，36，40，45，50，56，63，71，80，90，100，112，120，125，140，160									

注：1. 表中内容摘自 GB/T 91—2000。

　　2. 公称规格等于开口销孔的直径。

　　3. $a_{min}=\dfrac{1}{2}a_{max}$。

第15章　滚动轴承

15.1　常用滚动轴承

表 15-1~ 表 15-5 为常用滚动轴承。

表 15-1　深沟球轴承

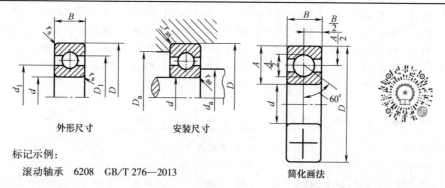

外形尺寸　　安装尺寸　　简化画法

标记示例:

滚动轴承　6208　GB/T 276—2013

轴承型号	基本尺寸/mm			其他尺寸/mm			安装尺寸/mm			基本额定载荷		极限转速/(r/min)	
	d	D	B	$d_1 \approx$	$D_1 \approx$	r_s (min)	d_a (min)	D_a (max)	r_{as} (max)	C_r/kN	C_{0r}/kN	脂润滑	油润滑
(1) 0 系列													
6004	20	42	12	26.9	35.1	0.6	25	37	0.6	9.38	5.02	15000	19000
6005	25	47	12	31.8	40.2	0.6	30	42	0.6	10.0	5.85	13000	17000
6006	30	55	13	38.4	47.7	1	36	49	1	13.2	8.3	10000	14000
6007	35	62	14	43.4	53.7	1	41	56	1	16.2	10.5	9000	12000
6008	40	68	15	48.8	59.2	1	46	62	1	17.0	11.8	8500	11000
6009	45	75	16	54.2	65.9	1	51	69	1	21.0	14.8	8000	10000
6010	50	80	16	59.2	70.9	1	56	74	1	22.0	16.2	7000	9000
6011	55	90	18	66.5	79	1.1	62	83	1	30.2	21.8	6300	8000
6012	60	95	18	71.9	85.7	1.1	67	88	1	31.5	24.2	6000	7500
6013	65	100	18	75.3	89.1	1.1	72	93	1	32.0	24.8	5600	7000
6014	70	110	20	82	98	1.1	77	103	1	38.5	30.5	5300	6700
6015	75	115	20	88.6	104	1.1	82	108	1	40.2	33.2	5000	6300
6016	80	125	22	95.9	112.8	1.1	87	118	1	47.5	39.8	4800	6000
6017	85	130	22	100.1	117.6	1.1	92	123	1	50.8	42.8	4500	5600
6018	90	140	24	107.2	126.8	1.5	99	131	1.5	53	49.8	4300	5300
6019	95	145	24	110.2	129.8	1.5	104	136	1.5	57.8	50	4000	5000
6020	100	150	24	114.6	135.4	1.5	109	141	1.5	64.5	56.2	3800	4800

（续）

轴承型号	基本尺寸/mm			其他尺寸/mm			安装尺寸/mm			基本额定载荷		极限转速/（r/min）	
	d	D	B	$d_1 \approx$	$D_1 \approx$	r_s（min）	d_a（min）	D_a（max）	r_{as}（max）	C_r/kN	C_{0r}/kN	脂润滑	油润滑
(0) 2 系列													
6204	20	47	14	29.3	39.7	1	26	41	1	12.8	6.65	14000	18000
6205	25	52	15	33.8	44.2	1	31	46	1	14.0	7.88	12000	16000
6206	30	62	16	40.8	52.2	1	36	56	1	19.5	11.5	9500	13000
6207	35	72	17	46.8	60.2	1.1	42	65	1	25.5	15.2	8500	11000
6208	40	80	18	52.8	67.2	1.1	47	73	1	29.5	18.0	8000	10000
6209	45	85	19	58.8	73.2	1.1	52	78	1	31.5	20.5	7000	9000
6210	50	90	20	62.4	77.6	1.1	57	83	1	35.0	23.2	6700	8500
6211	55	100	21	68.9	86.1	1.5	64	91	1.5	43.2	29.2	6000	7500
6212	60	110	22	76	94.1	1.5	69	101	1.5	47.8	32.8	5600	7000
6213	65	120	23	82.5	102.5	1.5	74	111	1.5	57.2	40.0	5000	6300
6214	70	125	24	89	109	1.5	79	116	1.5	60.8	45.0	4800	6000
6215	75	130	25	94	115	1.5	84	121	1.5	66.0	49.5	4500	5600
6216	80	140	26	100	122	2	90	130	2	71.5	54.2	4300	5300
6217	85	150	28	107.1	130.9	2	95	140	2	83.2	63.8	4000	5000
6218	90	160	30	111.7	138.4	2	100	150	2	95.8	71.5	3800	4800
6219	95	170	32	118.1	146.9	2.1	107	158	2.1	110	82.8	3600	4500
6220	100	180	34	124.8	155.3	2.1	112	168	2.1	122	92.8	3400	4300
(0) 3 系列													
6304	20	52	15	29.8	42.2	1.1	27	45	1	15.8	7.88	13000	17000
6305	25	62	17	36	51	1.1	32	55	1	22.2	11.5	10000	14000
6306	30	72	19	44.8	59.2	1.1	37	65	1	27.0	15.2	9000	12000
6307	35	80	21	50.4	66.6	1.5	44	71	1.5	33.2	19.2	8000	10000
6308	40	90	23	56.5	74.6	1.5	48	81	1.5	40.8	24.0	7000	9000
6309	45	100	25	63	84	1.5	54	91	1.5	52.8	31.8	6300	8000
6310	50	110	27	69.1	91.9	2	60	100	2	61.8	38.0	6000	7500
6311	55	120	29	76.1	100.9	2	65	110	2	71.5	44.8	5800	6700
6312	60	130	31	81.7	108.4	2.1	72	118	2.1	81.8	51.8	5600	6300
6313	65	140	33	88.1	116.9	2.1	77	128	2.1	93.8	60.5	4500	5600
6314	70	150	35	94.8	125.3	2.1	82	138	2.1	105	68.0	4300	5300
6315	75	160	37	101.3	133.7	2.1	87	148	2.1	112	76.8	4000	5000
6316	80	170	39	107.9	142.2	2.1	92	158	2.1	122	86.5	3800	4800
6317	85	180	41	114.4	150.6	3	99	166	2.5	132	96.5	3600	4500
6318	90	190	43	120.8	159.2	3	104	176	2.5	145	108	3400	4300
6319	95	200	45	127.1	167.9	3	109	186	2.5	155	122	3200	4000
6320	100	215	47	135.6	179.4	3	114	201	2.5	172	140	2800	3600

注：表中轴承型号及基本尺寸摘自 GB/T 276—2013。

表 15-2 角接触球轴承

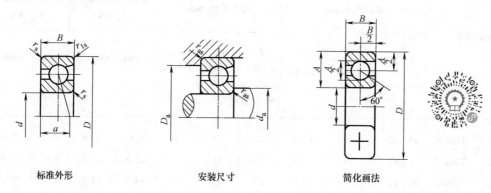

标准外形   安装尺寸   简化画法

标记示例：

滚动轴承 7208C GB/T 292—2007

轴承型号		基本尺寸/mm					安装尺寸/mm			基本额定动载荷 C_r/kN		基本额定静载荷 C_{0r}/kN	
		d	D	B	a		d_a (min)	D_a (max)	r_{as} (max)	70000C	70000AC	70000C	70000AC
					7000C	7000AC							
(0) 2 系列													
7204C	7204AC	20	47	14	11.5	14.9	26	41	1	14.5	14.0	8.22	7.82
7205C	7205AC	25	52	15	12.7	16.4	31	46	1	16.5	15.8	10.5	9.88
7206C	7206AC	30	62	16	14.2	18.7	36	56	1	23.0	22.0	15.0	14.2
7207C	7207AC	35	72	17	15.7	21	42	65	1	30.5	29.0	20.0	19.2
7208C	7208AC	40	80	18	17	23	47	73	1	36.8	35.2	25.8	24.5
7209C	7209AC	45	85	19	18.2	24.7	52	78	1	38.5	36.8	28.5	27.2
7210C	7210AC	50	90	20	19.4	26.3	57	83	1	42.8	40.8	32.0	30.5
7211C	7211AC	55	100	21	20.9	28.6	64	91	1.5	52.8	50.5	40.5	38.5
7212C	7212AC	60	110	22	22.4	30.8	69	101	1.5	61.0	58.2	48.5	46.2
7213C	7213AC	65	120	23	24.2	33.5	74.4	111	1.5	69.8	66.5	55.2	52.5
7214C	7214AC	70	125	24	25.3	35.1	79	116	1.5	70.2	69.2	60.0	57.5
7215C	7215AC	75	130	25	26.4	36.6	84	121	1.5	79.2	75.2	65.8	63.0
7216C	7216AC	80	140	26	27.7	38.9	90	130	2	89.5	85.0	78.2	74.5
7217C	7217AC	85	150	28	29.9	41.6	95	140	2	99.8	94.8	85.0	81.5
7218C	7218AC	90	160	30	31.7	44.2	100	150	2	122	118	105	100
7219C	7219AC	95	170	32	33.8	46.9	107	158	2.1	135	128	115	108
7220C	7220AC	100	180	34	35.8	49.7	112	168	2.1	148	142	128	122

（续）

轴承型号		基本尺寸/mm					安装尺寸/mm			基本额定动载荷 C_r/kN		基本额定静载荷 C_{0r}/kN	
		d	D	B	a		d_a (min)	D_a (max)	r_{as} (max)	70000C	70000AC	70000C	70000AC
					7000C	7000AC							
(0) 3 系列													
7302C	7302AC	15	42	13	9.6	13.5	21	36	1	9.38	9.08	5.95	5.58
7303C	7303AC	17	47	14	10.4	14.8	23	41	1	12.8	11.5	8.62	7.08
7304C	7304AC	20	52	15	11.3	16.3	27	45	1	14.2	13.8	9.68	9.10
7305C	7305AC	25	62	17	13.1	19.1	32	55	1	21.5	20.8	15.8	14.8
7306C	7306AC	30	72	19	15	22.2	37	65	1	26.2	25.2	19.8	18.5
7307C	7307AC	35	80	21	16.6	24.5	44	71	1.5	34.2	32.8	26.8	24.8
7308C	7308AC	40	90	23	18.5	27.5	49	81	1.5	40.2	38.5	32.3	30.5
7309C	7309AC	45	100	25	20.2	30.2	54	91	1.5	49.2	47.5	39.8	37.2
7310C	7310AC	50	110	27	22	33	60	100	2	53.5	55.5	47.2	44.5
7311C	7311AC	55	120	29	23.8	35.8	65	110	2	70.5	67.2	60.5	56.8
7312C	7312AC	60	130	31	25.6	38.9	72	118	2.1	80.5	77.8	70.2	65.8
7313C	7313AC	65	140	33	27.4	41.5	77	128	2.1	91.5	89.8	80.5	75.5
7314C	7314AC	70	150	35	29.2	44.3	82	138	2.1	102	98.5	91.5	86.0
7315C	7315AC	75	160	37	31	47.2	87	148	2.1	112	108	105	97.0
7316C	7316AC	80	170	39	32.8	50	92	158	2.1	122	118	118	108
7318C	7318AC	90	190	43	36.4	55.6	104	176	2.5	142	135	142	135
7320C	7320AC	100	215	47	40.2	61.9	114	201	2.5	162	165	175	178
(0) 4 系列													
	7406AC	30	90	23		26.1	39	81	1		42.5		32.2
	7407AC	35	100	25		29	44	91	1.5		53.8		42.5
	7408AC	40	110	27		34.6	50	100	2		62.0		49.5
	7409AC	45	120	29		38.7	55	110	2		66.8		52.8
	7410AC	50	130	31		37.4	62	118	2.1		76.5		64.2
	7412AC	60	150	35		43.1	72	138	2.1		102		90.8
	7414AC	70	180	42		51.5	84	166	2.5		125		125
	7416AC	80	200	48		58.1	94	186	2.5		152		162
	7418AC	90	215	54		64.8	108	197	3		178		205

注：表中轴承型号及基本尺寸摘自 GB/T 292—2007。

表 15-3　圆锥滚子轴承

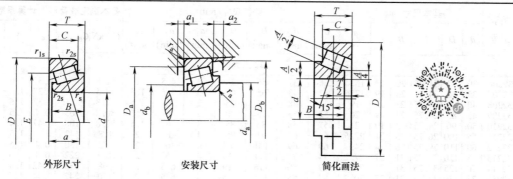

外形尺寸　　　　　安装尺寸　　　　　简化画法

标记示例:

滚动轴承　30308　GB/T 297—2015

轴承型号	基本尺寸/mm						安装尺寸/mm							基本额定载荷		计算系数		
	d	D	T	B	C	a $\approx$	d_a (min)	d_b (max)	D_a (max)	D_b (min)	a_1 (min)	a_2 (min)	r_a (max)	C_r/kN	C_{0r}/kN	e	Y	Y_0
02 系列																		
30204	20	47	15.25	14	12	11.2	26	27	41	43	2	3.5	1	28.2	30.5	0.35	1.7	1
30205	25	52	16.25	15	13	12.6	31	31	46	48	2	3.5	1	32.2	37	0.37	1.6	0.9
30206	30	62	17.25	16	14	13.8	36	37	56	57	2	3.5	1	43.2	50.5	0.37	1.6	0.9
30207	35	72	18.25	17	15	15.3	42	44	65	67	3	3.5	1.5	54.2	63.5	0.37	1.6	0.9
30208	40	80	19.75	18	16	16.9	47	49	73	74	3	4	1.5	63.0	74.0	0.37	1.6	0.9
30209	45	85	20.75	19	16	18.6	52	54	78	80	3	5	1.5	67.8	83.5	0.4	1.5	0.8
30210	50	90	21.75	20	17	20	57	58	83	85	3	5	1.5	73.2	92.0	0.42	1.4	0.8
30211	55	100	22.75	21	18	21	64	64	91	94	4	5	2	90.8	115	0.4	1.5	0.8
30212	60	110	23.75	22	19	22.4	69	70	101	103	4	5	2	102	130	0.4	1.5	0.8
30213	65	120	24.75	23	20	24	74	77	111	113	4	5	2	120	152	0.4	1.5	0.8
30214	70	125	26.25	24	21	25.9	79	81	116	118	4	5.5	2	132	175	0.42	1.4	0.8
30215	75	130	27.25	25	22	27.4	84	86	121	124	4	5.5	2	138	185	0.44	1.4	0.8
30216	80	140	28.25	26	22	28	90	91	130	133	4	6	2.1	160	212	0.42	1.4	0.8
30217	85	150	30.5	28	24	29.9	95	97	140	141	5	6.5	2.1	178	238	0.42	1.4	0.8
30218	90	160	32.5	30	26	32.4	100	103	150	151	5	6.5	2.1	200	270	0.42	1.4	0.8
30219	95	170	34.5	32	27	35.1	107	109	158	160	5	7.5	2.5	228	308	0.42	1.4	0.8
30220	100	180	37	34	29	36.5	112	115	168	169	5	8	2.5	255	350	0.42	1.4	0.8
03 系列																		
30304	20	52	16.25	15	13	11	27	28	45	47	3	3.5	1.5	33.0	33.2	0.3	2	1.1
30305	25	62	18.25	17	15	13	32	35	55	57	3	3.5	1.5	46.8	48.0	0.3	2	1.1
30306	30	72	20.75	19	16	15	37	41	65	66	3	5	1.5	59.0	63.0	0.31	1.9	1
30307	35	80	22.75	21	18	17	44	45	71	74	3	5	2	75.2	82.5	0.31	1.9	1
30308	40	90	25.25	23	20	19.5	49	52	81	82	3	5.5	2	90.8	108	0.35	1.7	1
30309	45	100	27.75	25	22	21.5	54	59	91	92	3	5.5	2	108	130	0.35	1.7	1
30310	50	110	29.25	27	23	23	60	65	100	102	4	6.5	2.1	130	158	0.35	1.7	1
30311	55	120	31.5	29	25	25	65	71	110	112	4	6.5	2.1	152	188	0.35	1.7	1
30312	60	130	33.5	31	26	26.5	72	77	118	121	5	7.5	2.5	170	210	0.35	1.7	1
30313	65	140	36	33	28	29	77	83	128	131	5	8	2.5	195	242	0.35	1.7	1
30314	70	150	38	35	30	30.6	82	89	138	140	5	8	2.5	218	272	0.35	1.7	1
30315	75	160	40	37	31	32	87	95	148	149	5	9	2.5	252	318	0.35	1.7	1
30316	80	170	42.5	39	33	34	92	102	158	159	5	9.5	2.5	278	352	0.35	1.7	1
30317	85	180	44.5	41	34	36	99	107	166	168	6	10.5	3	305	388	0.35	1.7	1
30318	90	190	46.5	43	36	37.5	104	113	176	177	6	10.5	3	342	440	0.35	1.7	0.8
30319	95	200	49.5	45	38	40	109	118	186	185	6	11.5	3	370	478	0.35	1.7	1
30320	100	215	51.5	47	39	42	114	127	201	198	6	12.5	3	405	525	0.35	1.7	1

（续）

轴承型号	基本尺寸/mm						安装尺寸/mm							基本额定载荷		计算系数		
	d	D	T	B	C	a ≈	d_a (min)	d_b (max)	D_a (max)	D_b (min)	a_1 (min)	a_2 (min)	r_a (max)	C_r/kN	C_{0r}/kN	e	Y	Y_0
22 系列																		
32206	30	62	21.25	20	17	15.4	36	37	56	58	3	4.5	1	51.8	63.8	0.37	1.6	0.9
32207	35	72	24.25	23	19	17.6	42	43	65	67	3	5.5	1.5	70.5	89.5	0.37	1.6	0.9
32208	40	80	24.75	23	19	19	47	48	73	75	3	6	1.5	77.8	97.2	0.37	1.6	0.9
32209	45	85	24.75	23	19	20	52	53	78	80	3	6	1.5	80.8	105	0.4	1.5	0.8
32210	50	90	24.75	23	19	21	57	58	83	85	3	6	1.5	82.8	108	0.42	1.4	0.8
32211	55	100	26.75	25	21	22.5	64	63	91	95	4	6	2	108	142		1.5	0.8
32212	60	110	29.75	28	24	24.9	69	69	101	104	4	6	2	132	180	0.4	1.5	0.8
32213	65	120	32.75	31	27	27.2	74	75	111	115	4	6	2	160	222	0.4	1.5	0.8
32214	70	125	33.25	31	27	28.6	79	80	116	119	4	6.5	2	168	238	0.42	1.4	0.8
32215	75	130	33.25	31	27	30.2	84	85	121	125	4	6.5	2	170	242	0.44	1.4	0.8
32216	80	140	35.25	33	28	31.3	90	90	130	134	5	7.5	2.1	198	278	0.42	1.4	0.8
32217	85	150	38.5	36	30	31.3	95	96	140	143	5	8.5	2.1	215	355	0.42	1.4	0.8
32218	90	160	42.5	40	34	36.7	100	101	150	153	5	8.5	2.1	270	395	0.42	1.4	0.8
32219	95	170	45.5	43	37	39	107	107	158	162	5	8.5	2.5	302	448	0.42	1.4	0.8
32220	100	180	49	46	39	41.8	112	113	168	171	5	10	2.5	340	512	0.42	1.4	0.8
23 系列																		
32304	20	52	22.25	21	18	13.4	27	27	45	47	3	4.5	1.5	42.8	46.2	0.3	2	1.1
32305	25	62	25.25	24	20	14.0	32	33	55	57	3	5.5	1.5	61.5	68.8	0.3	2	1.1
32306	30	72	28.75	27	23	18.8	37	39	65	66	4	6	1.5	81.5	96.5	0.31	1.9	1
32307	35	80	32.75	31	25	20.5	44	44	71	74	4	8	2	99.0	118	0.31	1.9	1
32308	40	90	35.25	33	27	23.4	49	50	81	82	4	8.5	2	115	148	0.35	1.7	1
32309	45	100	38.25	36	30	25.6	54	56	91	93	4	8.5	2	145	188	0.35	1.7	1
32310	50	110	42.25	40	33	28	60	62	100	102	5	9.5	2	178	235	0.35	1.7	1
32311	55	120	45.5	43	35	30.6	65	68	110	111	5	10.5	2.5	202	270	0.35	1.7	1
32312	60	130	48.5	46	37	32	72	73	118	121	6	11.5	2.5	228	302	0.35	1.7	1
32313	65	140	51	48	39	34	77	80	128	131	6	12	2.5	260	350	0.35	1.7	1
32314	70	150	54	51	42	36.5	82	86	138	140	6	12	2.5	298	408	0.35	1.7	1
32315	75	160	58	55	45	39	87	91	148	150	7	13	2.5	348	482	0.35	1.7	1
32316	80	170	61.5	58	48	42	92	98	158	160	7	13.5	2.5	388	542	0.35	1.7	1
32317	85	180	63.5	60	49	43.6	99	103	166	168	8	14.5	3	422	592	0.35	1.7	1
32318	90	190	67.5	64	53	46	104	108	176	178	8	14.5	3	478	682	0.35	1.7	1
32319	95	200	71.5	67	55	49	109	114	186	187	8	16.5	3	515	738	0.35	1.7	1
32320	100	215	77.5	73	60	53	114	123	201	201	8	17.5	3	600	872	0.35	1.7	1

注：GB/T 297—2015 仅给出轴承型号和基本尺寸，安装尺寸摘自 GB/T 5868—2003。

表 15-4　推力球轴承

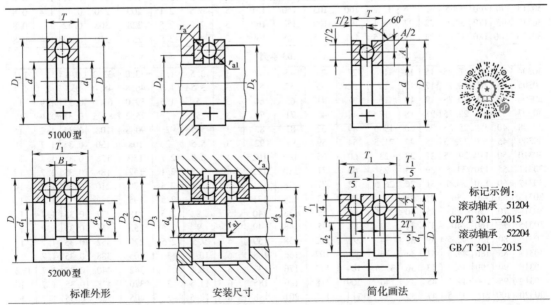

51000型

52000型

标准外形　　　　安装尺寸　　　　简化画法

标记示例：
滚动轴承 51204
GB/T 301—2015
滚动轴承 52204
GB/T 301—2015

（续）

轴承型号		基本尺寸/mm								安装尺寸/mm					基本额定动载荷 C_a/kN	基本额定静载荷 C_{0a}/kN
		d	d_2	D	T	T_1	d_1	D_1 D_2	B	D_4 (max)	D_5 (min)	d_3	r_a	r_{a1}		
12 系列																
51204	52204	20	15	40	14	26	22	40	6	28	32	20	0.6	0.3	22.2	37.5
51205	52205	25	20	47	15	28	27	47	7	34	38	25	0.6	0.3	27.8	50.5
51206	52206	30	25	52	16	29	32	52	7	39	43	30	0.6	0.3	28.0	54.2
51207	52207	35	30	62	18	34	37	62	8	46	51	35	0.9	0.3	39.2	78.2
51208	52208	40	30	68	19	36	42	68	9	51	57	40	0.9	0.6	47.0	98.2
51209	52209	45	35	73	20	37	47	73	9	56	62	45	1	0.6	47.8	105
51210	52210	50	40	78	22	39	52	78	9	61	67	50	1	0.6	48.5	112
51211	52211	55	45	90	25	45	57	90	10	69	76	55	1	0.6	67.5	158
51212	52212	60	50	95	26	46	62	95	10	74	81	60	1	0.6	73.5	178
51213	52213	65	55	100	27	47	67	100	10	79	86	65	1	0.6	74.8	188
51214	52214	70	55	105	27	47	72	105	10	84	91	70	1	0.9	73.5	188
51215	52215	75	60	110	27	47	77	110	10	89	96	75	1	1	74.8	198
51216	52216	80	65	115	28	48	82	115	10	94	101	80	1	1	83.8	222
13 系列																
51305	52305	25	20	52	18	34	27	52	8	36	41	25	1	0.3	35.5	61.5
51306	52306	30	25	60	21	38	32	60	9	42	48	30	1	0.3	42.8	78.5
51307	52307	35	30	68	24	44	37	68	10	48	55	35	1	0.3	55.2	105
51308	52308	40	30	78	26	49	42	78	12	55	63	40	1	0.6	69.2	135
51309	52309	45	35	85	28	52	47	85	12	61	69	45	1	0.6	75.8	150
51310	52310	50	40	95	31	58	52	95	14	68	77	50	1	0.6	96.5	202
51311	52311	55	45	105	35	64	57	105	15	75	85	55	1	0.6	115	242
51312	52312	60	50	110	35	64	62	110	15	80	90	60	1	0.6	118	262
51313	52313	65	55	115	36	65	67	115	15	85	95	65	1	0.6	115	262
51314	52314	70	55	125	40	72	72	125	16	92	103	70	1	1	148	340
51315	52315	75	60	135	44	79	77	135	18	99	111	75	1.5	1	162	380
51316	52316	80	65	140	44	79	82	140	18	104	116	80	1.5	1	160	380
14 系列																
51405	52405	25	15	60	24	45	27	60	11	39	46	25	1	0.6	55.2	89.2
51406	52406	30	20	70	28	52	32	70	12	46	54	30	1	0.6	72.5	125
51407	52407	35	25	80	32	59	37	80	14	53	62	35	1	0.6	86.8	155
51408	52408	40	30	90	36	65	42	90	15	60	70	40	1	0.6	112	205
51409	52409	45	35	100	39	72	47	100	17	67	78	45	1	0.6	140	262
51410	52410	50	40	110	43	78	52	110	18	74	86	50	1.5	0.6	160	302
51411	52411	55	45	120	48	87	57	120	20	81	94	55	1.5	0.6	182	355
51412	52412	60	50	130	51	93	62	130	21	88	102	60	1.5	0.6	200	395
51413	52413	65	50	140	56	101	68	140	23	95	110	65	2	1	215	448
51414	52414	70	55	150	60	107	73	150	24	102	118	70	2	1	255	560
51415	52415	75	60	160	65	115	78	160	26	110	125	75	2	1	268	615

注：表中轴承型号及基本尺寸摘自 GB/T 301—2015，除 d_3 之外的安装尺寸摘自 GB/T 5868—2003。

表 15-5　圆柱滚子轴承

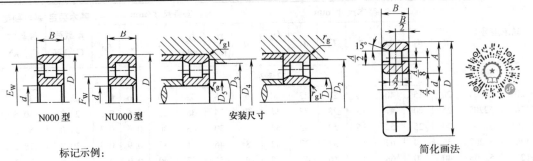

N000 型　　　NU000 型　　　安装尺寸　　　简化画法

标记示例:

滚动轴承　N208　GB/T 283—2007

轴承型号		基本尺寸/mm					安装尺寸/mm							基本额定动载荷	基本额定静载荷	极限转速/(kr/min)	
		d	D	B	F_W	E_W	D_1	D_2	D_3	D_4	D_5	r_g	r_{g1}	C_r/kN	C_{0r}/kN	脂润滑	油润滑
轻（2）窄系列																	
N204	NU204	20	47	14	27	40	25	41	42	43.2	26.3	1	0.6	11.8	6.5	12	16
N205	NU205	25	52	15	32	45	30	46	47	48	30	1	0.6	13.5	7.8	10	14
N206	NU206	30	62	16	38.5	53.5	37	54	55	57	37	1	0.6	18.5	11.2	8.5	11
N207	NU207	35	72	17	43.8	61.8	42	64	64	67	42	1	0.6	27.2	17.2	7.5	9.5
N208	NU208	40	80	18	50	70	48	73	72	74	46	1	1	35.8	23.5	7.0	9.0
N209	NU209	45	85	19	55	75	53	79	77	79	53	1	1	37.8	25.2	6.3	8.0
N210	NU210	50	90	20	60.4	80.4	58	83	82	84	58	1	1	41.2	28.5	6.0	7.5
N211	NU211	55	100	21	66.5	88.5	64	91	90	93	64	1.5	1	50.2	35.5	5.3	6.7
N212	NU212	60	110	22	73.5	97.5	71	99	99	110	71	1.5	1.5	59.8	43.2	5.0	6.3
N213	NU213	65	120	23	79.6	105.6	77	110	107.6	111	77	1.5	1.5	69.8	51.5	4.5	5.6
N214	NU214	70	125	24	84.5	110.5	82	114	112	117	82	1.5	1.5	69.8	51.5	4.3	5.3
N215	NU215	75	130	25	88.5	116.3	86	122	118	122	86	1.5	1.5	84.8	64.2	4.0	5.0
N216	NU216	80	140	26	95.3	125.3	93	127	127	131	93	1.8	1.8	97.5	74.5	3.8	4.8
N217	NU217	85	150	28	101.8	135.8	99	140	135	140	95	1.8	1.8	110	85.8	3.6	4.5
N218	NU218	90	160	30	107	143	105	150	145	150	105	1.8	1.8	135	105	3.4	4.3
N219	NU219	95	170	32	113.5	151.5	111	150	153	159	106	2	2	145	112	3.2	4.0
N220	NU220	100	180	34	120	160	117	168	162	168	112	2	2	160	125	3.0	3.8
中（3）窄系列																	
N304	NU304	20	52	15	28.5	44.5	26	46	46	47.6	26.7	1	0.5	17.2	10.0	11.0	15
N305	NU305	25	62	17	35	53	33	54	55	57	32	1	1	24.2	14.5	9.0	12
N306	NU306	30	72	19	42	62	40	64	64	66	37	1	1	32.0	20.2	8.0	10
N307	NU307	35	80	21	46.2	68.2	44	73	70	73	45	1.5	1	39.0	25.2	7.0	9.0
N308	NU308	40	90	23	53.5	77.5	51	82	80	82	51	1.5	1.5	46.5	30.5	6.3	8.0
N309	NU309	45	100	25	58.5	86.5	56	92	89	92	53	1.5	1.5	63.5	42.8	5.6	7.0
N310	NU310	50	110	27	65	95	63	101	97	101	63	2	2	72.5	49.8	5.3	6.7
N311	NU311	55	120	29	70.5	104.5	68	107	106	111	68	2	2	93.2	65.2	4.8	6.0
N312	NU312	60	130	31	77	113	74	120	115	120	70	2	2	112	79.8	4.5	5.6
N313	NU313	65	140	33	83.5	121.5	81	129	123	129	77	2	2	118	85.2	4.0	5.0
N314	NU314	70	150	35	90	130	87	139	132	139	81	2	2	138	102	3.8	4.8
N315	NU315	75	160	37	95.5	139.5	92	148	142	148	87	2	2	158	118	3.6	4.5
N316	NU316	80	170	39	103	147	100	157	149	157	93	2	2	168	125	3.4	4.3
N317	NU317	85	180	41	108	156	105	166	158	166	98.5	2.5	2.5	202	152	3.2	4.0
N318	NU318	90	190	43	115	165	112	176	167	175	110	2.5	2.5	218	165	3.0	3.8
N319	NU319	95	200	45	121.5	173.5	118	185	176	186	112	2.5	2.5	232	180	2.8	3.6
N320	NU320	100	215	47	129.5	185.5	126	198	187	198	117	2.5	2.5	270	212	2.4	3.2

（续）

轴承代号		基本尺寸/mm					安装尺寸/mm							基本额定动载荷 C_r/kN	基本额定静载荷 C_{0r}/kN	极限转速/(kr/min)	
		d	D	B	F_W	E_W	D_1	D_2	D_3	D_4	D_5	r_g	r_{g1}			脂润滑	油润滑
重（4）窄系列																	
N407	NU407	35	100	25	53	83	51	86	85	91	45	1.5	1.5	67.5	45.5	6.0	7.5
N408	NU408	40	110	27	58	92	56	95	94	99	51	2	2	86.2	79.8	5.6	7.0
N409	NU409	45	120	29	64.5	100.5	63	109	102	109	61	2	2	97.0	64.8	5.0	6.3
N410	NU410	50	130	31	70.8	110.8	68	120	113	119	62	2.1	2.1	115	80.8	4.8	6.0
N411	NU411	55	140	33	77.2	117.2	75	128	119	128	67	2.1	2.1	123	88.0	4.3	5.3
N412	NU412	60	150	35	83	127	80	138	129	138	72	2.1	2.1	148	108	4.0	5.0
N413	NU413	65	160	37	89.5	135.3	87	147	137	147	79	2.1	2.1	162	118	3.8	4.8
N414	NU414	70	180	42	100	152	97	164	154	164	88	3	3	205	155	3.4	4.3
N415	NU415	75	190	45	104.5	160.5	101	173	163	173	92	3	3	238	182	3.2	4.0
N416	NU416	80	200	48	110	170	107	183	172	183	97	3	3	272	210	3.0	3.8
N417	NU417	85	210	52	113	177	112	192	182	192	100	4	4	298	230	2.8	3.6
N418	NU418	90	225	54	123.5	191.5	120	206	194	206	109	4	4	335	262	2.4	3.2

注：表中内容摘自 GB/T 283—2007。

15.2　滚动轴承的配合和游隙

表 15-6~表 15-10 为滚动轴承的公差带代号、几何公差、表面粗糙度和游隙。

表 15-6　安装向心轴承的轴公差带代号

运转状态		载荷状态	深沟球轴承角接触球轴承	圆柱滚子轴承圆锥滚子轴承	调心滚子轴承	公差带
说明	举例		轴承公称内径 d/mm			
内圈相对于载荷方向旋转或摆动	传送带、机床（主轴）、泵、通风机	轻③	≤18	—	—	h5
			>18~100	≤40	≤40	j6①
			>100~200	>40~140	>40~140	k6①
	变速器、一般通用机械、内燃机、木工机械	正常③	≤18	—	—	j5，js5
			>18~100	≤40	≤40	k5②
			>100~140	>40~100	>40~100	m5②
			>140~200	>100~140	>100~140	m6
	破碎机、铁路车辆、轧机	重③		>50~140	>50~100	n6
				>140~200	>100~140	p6
内圈相对于载荷方向静止	静止轴上的各种轮子	所有载荷	所有尺寸			f6，g6①
	张紧滑轮、绳索轮					h6，j6
	仅受轴向载荷		所有尺寸			j6，js6

① 凡是对精度有较高要求的场合，应用 j5、k5…代替 j6、k6…。

② 单列圆锥滚子轴承、角接触球轴承配合对游隙影响不大，可用 k6、m6 代替 k5、m5。

③ 轻载荷：球轴承 $P_r≤0.07C_r$，圆锥滚子轴承 $P_r≤0.13C_r$，其他滚子轴承 $P_r≤0.08C_r$；

　　正常载荷：球轴承 $0.07C_r<P_r≤0.15C_r$，圆锥滚子轴承 $0.13C_r<P_r≤0.26C_r$，其他滚子轴承 $0.08C_r<P_r≤0.18C_r$；

　　重载荷：球轴承 $P_r>0.15C_r$，圆锥滚子轴承 $P_r>0.26C_r$，其他滚子轴承 $P_r>0.18C_r$。

表 15-7 安装向心轴承的外壳孔公差带代号

运转状态		载荷状态	其 他 状 况	公差带[1]	
说 明	举 例			球轴承	滚子轴承
外圈相对于载荷方向静止	一般机械、电动机、铁路机车车辆轴箱	轻、正常、重	轴向易移动，可采用剖分式外壳	H7, G7[2]	
		冲击	轴向能移动，可采用整体或剖分式外壳	J7, Js7	
外圈相对于载荷方向摆动	曲轴主轴承、泵、电动机	轻、正常			
		正常、重		K7	
		冲击		M7	
外圈相对于载荷方向旋转	张紧滑轮、轴毂、轴承	轻	轴向不移动，采用整体式外壳	J7	K7
		正常		K7, M7	M7, N7
		重		—	N7, P7

① 并列公差带随尺寸的增大从左至右选择，对旋转精度有较高要求时，可相应提高一个公差等级。

② 不适用于剖分式外壳。

表 15-8 轴和外壳孔的几何公差

基本尺寸/mm		圆柱度				轴向圆跳动			
		轴 颈		外壳孔		轴 肩		外壳孔肩	
		轴承公差等级							
		/P0	/P6	/P0	/P6	/P0	/P6	/P0	/P6
大于	至	公差值/μm							
18	30	4	2.5	6	4	10	6	15	10
30	50	4	2.5	7	4	12	8	20	12
50	80	5	3	8	5	15	10	25	15
80	120	6	4	10	6	15	10	25	15
120	180	8	5	12	8	20	12	30	20
180	250	10	7	14	10	20	12	30	20

表 15-9 配合表面的表面粗糙度

配合表面	轴承公差等级	配合表面的尺寸公差等级	轴承公称内径或外径/mm	
			至 80	大于 80~500
			表面粗糙度值 Ra/μm	（GB/T 1031—2009）
轴颈	/P0	IT6	1	1.6
	/P6	IT5	0.63	1
外壳孔	/P0	IT7	1.6	2.5
	/P6	IT6	1	1.6
轴和外壳孔肩端面	/P0		2	2.5
	/P6		1.25	2

注：轴承装在紧定套或退卸套上时，轴颈表面粗糙度值 Ra 不大于 2.5μm。

表 15-10 角接触轴承的轴向游隙

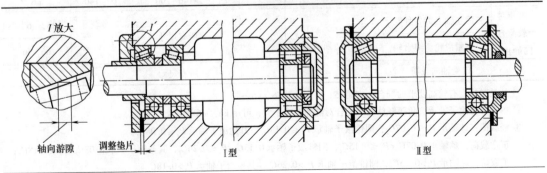

（续）

轴承类型	轴承内径 d/mm		允许轴向游隙的范围/μm						II 型轴承间允许的距离（大概值）
			I 型		II 型		I 型		
			最小	最大	最小	最大	最小	最大	
	超过	到	接触角 α						
角接触球轴承			α = 15°				α = 25° 及 40°		
	—	30	20	40	30	50	10	20	8d
	30	50	30	50	40	70	15	30	7d
	50	80	40	70	50	100	20	40	6d
	80	120	50	100	60	150	30	50	5d
圆锥滚子轴承			α = 10° ~ 16°				α = 25° ~ 29°		
	—	30	20	40	40	70			14d
	30	50	40	70	50	100	20	40	12d
	50	80	50	100	80	150	30	50	11d
	80	120	80	150	120	200	40	70	10d

第16章 润滑与密封装置

16.1 润滑油及润滑脂

表 16-1 和表 16-2 为润滑油及润滑脂。

表 16-1 常用润滑油的主要性质和用途

名　称	代号	40℃的运动黏度/(mm²/s)	倾点/℃≤	闪点（开口）/℃≥	主要用途
全损耗系统用油（GB 443—1989）	L-AN5	4.14~5.06		80	用于各种高速轻载机械轴承的润滑和冷却（循环式或油箱式），如转速在 10000r/min 以上的精密机械、机床及纺织纱锭的润滑和冷却
	L-AN7	6.12~7.48		110	
	L-AN10	9.00~11.0		130	
	L-AN15	13.5~16.5	-5	150	用于小型机床的齿轮箱、传动装置的轴承，中小型电动机，风动工具等
	L-AN22	19.8~24.2			
	L-AN32	28.8~35.2			用于一般机床齿轮变速箱、中小型机床导轨及 100kW 以上电动机的轴承
	L-AN46	41.4~50.6		160	主要用在大型机床、大型刨床上
	L-AN68	61.2~74.8			主要用在低速重载的纺织机械及重型机床、锻压、铸造设备上
	L-AN100	90.0~110		180	
	L-AN150	135~165			
工业闭式齿轮油（GB 5903—2011）（包括 L-CKB、L-CKC 和 L-CKD 三个品种）	L-CKC32	28.8~35.2	-12	180	适用于煤炭、水泥、冶金工业部门大型封闭式齿轮传动装置的润滑
	L-CKC46	41.4~50.6			
	L-CKC68	61.2~74.8			
	L-CKC100	90.0~110			
	L-CKC150	135~165		200	
	L-CKC220	198~242	-9		
	L-CKC320	288~352			
	L-CKC460	414~506			
	L-CKC680	612~748	-5		
液压油（GB 11118.1—2011）（包括 L-HL、L-HM、L-HV、L-HS、L-HG 五个品种）	L-HL15	13.5~16.5	-12	140	适用于机床和其他设备的低压齿轮泵，也可以用于使用其他抗氧防锈型润滑油的机械设备（如轴承和齿轮等）
	L-HL22	19.8~24.2	-9	165	
	L-HL32	28.8~35.2		175	
	L-HL46	41.4~50.6	-6	185	
	L-HL68	61.2~74.8		195	
	L-HL100	90.0~110		205	
L-CKE/P 蜗轮蜗杆油（SH/T 0094—1991）	220	198~242	-12	200	用于铜-钢配对的圆柱形、承受重载荷、传动中有振动和冲击的蜗杆副
	320	288~352			
	460	414~506		220	
	680	612~748			
	1000	900~1100			

表 16-2　常用润滑脂的主要性质和用途

名　　称	代号	滴点/℃ （不低于）	工作锥入度 （25℃，150g）/ （1/10mm）	主　要　用　途
钙基润滑脂 GB/T 491—2008	L-XAAMHA1	80	310~340	有耐水性。用于工作温度低于 55~60℃的各种工农业、交通运输机械设备的轴承润滑
	L-XAAMHA2	85	265~295	
	L-XAAMHA3	90	220~250	
	L-XAAMHA4	95	175~205	
钠基润滑脂 GB 492—1989	L-XACMGA2	160	265~295	不耐水或不耐潮湿。用于工作温度在 -10~110℃的一般中等载荷机械设备轴承润滑
	L-XACMGA3		220~250	
通用锂基润滑脂 GB/T 7324—2010	ZL-1	170	310~340	有良好的耐水性和耐热性。适用于温度在 -20~120℃的各种机械的滚动轴承、滑动轴承及其他摩擦部位的润滑
	ZL-2	175	265~295	
	ZL-3	180	220~250	
钙钠基润滑脂 SH/T 0368—1992	ZGN-2	120	250~290	用于工作温度在 80~100℃、有水分或较潮湿环境中工作的机械润滑；多用于铁路机车、列车、小电动机、发电机滚动轴承（温度较高者）的润滑。不适于低温工作
	ZGN-3	135	200~240	
石墨钙基润滑脂 SH/T 0369—1992	ZG-S	80		人字齿轮，起重机、挖掘机的底盘齿轮，矿山机械、绞车钢丝绳等载荷、高压力、低速度的粗糙机械的润滑及一般开式齿轮的润滑。能耐潮湿
滚珠轴承脂 SH/T 0386—1992[①]	ZGN69-2	120	250~290 （-40℃时为 30）	用于机车、汽车、电动机及其他机械的滚动轴承的润滑
7407 号齿轮润滑脂 SH/T 0469—1994	—	160	75~90 （1/4 工作锥入度）	适用于各种低速，中、重载荷齿轮、链和联轴器等的润滑，使用温度≤120℃，可承受冲击载荷
高温润滑脂 SH/T 0376—1992	4 号	200	170~225	适用于高温下各种滚动轴承的润滑，也可用于一般滑动轴承和齿轮的润滑。使用温度为 -40~200℃

① 该标准已作废，但还没有新的替代标准。

16.2　油杯

表 16-3~表 16-6 为油杯。

表 16-3　直通式压注油杯

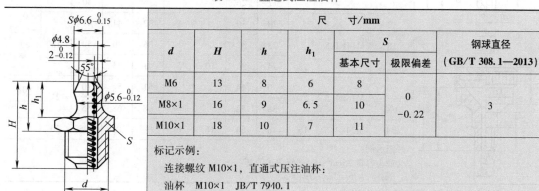

尺　　寸/mm						钢球直径 （GB/T 308.1—2013）
d	H	h	h_1	S		
				基本尺寸	极限偏差	
M6	13	8	6	8	0 -0.22	3
M8×1	16	9	6.5	10		
M10×1	18	10	7	11		

标记示例：

连接螺纹 M10×1，直通式压注油杯：

油杯　M10×1　JB/T 7940.1

表 16-4　接头式压注油杯

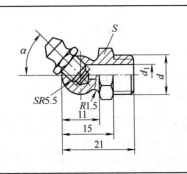

尺　　寸/mm					直通式压注油杯
d	d_1	α	S		（JB/T 7940.1）
			基本尺寸	极限偏差	
M6	3	45°，90°	11	$\begin{matrix}0\\-0.22\end{matrix}$	M6
M8×1	4				
M10×1	5				

标记示例：

连接螺纹 M10×1，45°接头式压注油杯：

油杯　45°M10×1　JB/T 7940.2

注：表中内容摘自 JB/T 7940.2—1995。

表 16-5　压配式压注油杯　　　　　　　　　　　　（单位：mm）

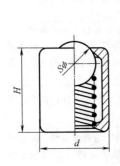

d		H	钢球直径
基本尺寸	极限偏差		（GB/T 308.1—2013）
6	+0.040 +0.028	6	4
8	+0.049 +0.034	10	5
10	+0.058 +0.040	12	6
16	+0.063 +0.045	20	11
25	+0.085 +0.064	30	13

标记示例：

$d=6$mm 压配式压注油杯：

油杯　6　JB/T 7940.4

注：表中内容摘自 JB/T 7940.4—1995。

表 16-6　旋盖式油杯　　　　　　　　　　　　　（单位：mm）

最小容量 cm³	d	l	H	h	h_1	d_1	D		L_{max}	S	
							A 型	B 型		基本尺寸	极限偏差
1.5	M8×1	8	14	22	7	3	16	18	33	10	0 -0.22
3	M10×1		15	23	8	4	20	22	35	13	
6			17	26			26	28	40		
12	M14×1.5		20	30			32	34	47		0 -0.27
18			22	32			36	40	50	18	
25		12	24	34	10	5	41	44	55		
50	M16×1.5		30	44			51	54	70	21	0 -0.33
100			38	52			68	68	85		
200	M24×1.5	16	48	64	16	6	—	86	105	30	

标记示例：

最小容量 25cm³，A 型旋盖式油杯：

油杯　A25　JB/T 7940.3

注：表中内容摘自 JB/T 7940.3—1995。

16.3　密封装置

表 16-7~表 16-10 为密封件及其结构尺寸。

表 16-7　油封毡圈和沟槽尺寸　　　　　　　　　　　　　（单位：mm）

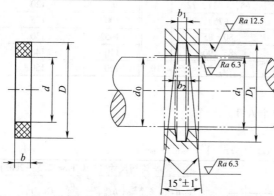

标记示例：
　轴径 d_0 = 50mm 用油封毡圈：
　　毡圈　50　FZ/T 92010—1991

轴径 d_0	油封毡圈					沟槽		轴径 d_0	油封毡圈					沟槽	
	d	D	b	D_1	d_1	b_1	b_2		d	D	b	D_1	d_1	b_1	b_2
15	14	23	2.5	24	16	2	3	48	47	60	5	61	49	4	5.5
16	15	26		27	17			50	49	66		67	51		
18	17	28	3.5	29	19			55	54	71		72	56	5	7.1
20	19	30		31	21	3	4.3	60	59	76		77	61		
22	21	32		33	23			65	64	81	7	82	66		
25	24	37		38	26			70	69	88		89	71		
28	27	40		41	29			75	74	93		94	76	6	8.3
30	29	42		43	31			80	79	98		99	81		
32	31	44		45	33			85	84	103		104	86		
35	34	47	5	48	36	4	5.5	90	89	110	8.5	111	91	7	9.6
38	37	50		51	39			95	94	115		116	96		
40	39	52		53	41			100	99	124		125	101		
42	41	54		55	43			105	104	129	9.5	130	106	8	11.1
45	44	57		58	46			110	109	134		135	111		

注：1. 表中内容摘自 FZ/T 92010—1991。
　　2. 本标准适用于线速度 v<5m/s 的场合。

表 16-8　内包骨架旋转轴唇形密封圈　　　　　　　　　　（单位：mm）

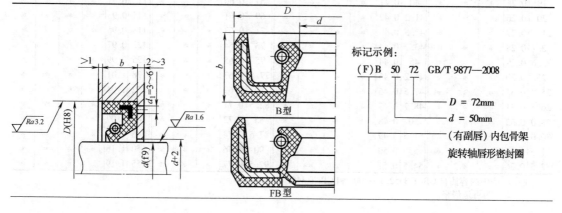

标记示例：
　(F)B　50　72　GB/T 9877—2008

　　　　　　　D = 72mm
　　　　　　　d = 50mm
　　　　　　　(有副唇) 内包骨架
　　　　　　　旋转轴唇形密封圈

（续）

基本内径 d	外径 D	宽度 b	基本内径 d	外径 D	宽度 b	基本内径 d	外径 D	宽度 b
16	30，(35)		38	55，58，62		75	95，100	10
18	30，35		40	55，(60)，62		80	100，110	
20	35，40，(45)		42	55，62		85	110，120	
22	35，40，47	7	45	62，65		90	(115)，120	
25	40，47，52		50	68，(70)，72	8	95	120	12
28	40，47，52		55	72，(75)，80		100	125	
30	40，47，(50)，52		60	80，85		(105)	(130)	
32	45，47，52		65	85，90		110	140	
35	50，52，55	8	70	90，95	10	120	150	

注：1. 表中内容摘自 GB/T 9877—2008。
　　2. 括号内的尺寸尽量不用。
　　3. 为便于拆卸密封圈，在壳体上应有 3~4 个 d_1 孔。
　　4. B 型为单唇，FB 型为双唇。

表 16-9　液压气动用 O 形橡胶密封圈　　　　　　　　　　（单位：mm）

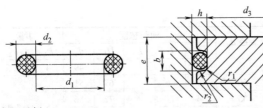

标记示例：
O 形圈 32.5×2.65-A-N-GB/T 3452.1—2005
（内径 $d_1 = 32.5\text{mm}$，截面直径 $d_2 = 2.65\text{mm}$，A 系列 N 级 O 形橡胶密封圈）

d_2	$b^{+0.25}_{0}$	$h^{+0.10}_{0}$	d_3 偏差值	r_1	r_2
1.8	2.4	1.312	0 −0.04	0.2~0.4	0.1~0.3
2.65	3.6	2.0	0 −0.05	0.2~0.4	0.1~0.3
3.55	4.8	2.19	0 −0.06	0.4~0.8	0.1~0.3
5.3	7.1	4.31	0 −0.07	0.4~0.8	0.1~0.3
7.0	9.5	5.85	0 −0.09	0.8~1.2	0.1~0.3

沟槽尺寸 （GB/T 3452.3—2005）

d_1 尺寸	公差 ±	d_2 1.8 ±0.08	2.65 ±0.09	3.55 ±0.10	d_1 尺寸	公差 ±	d_2 1.8 ±0.08	2.65 ±0.09	3.55 ±0.10	5.3 ±0.13	d_1 尺寸	公差 ±	d_2 2.65 ±0.09	3.55 ±0.10	5.3 ±0.13	d_1 尺寸	公差 ±	d_2 2.65 ±0.09	3.55 ±0.10	5.3 ±0.13	7.0 ±0.15
13.2	0.21	*	*		33.5	0.36	*	*	*		56	0.52	*	*	*	95	0.79	*	*	*	
14	0.22	*	*		34.5	0.37	*	*	*		58	0.54	*	*	*	97.5	0.81	*	*	*	
15	0.22	*	*		35.5	0.38	*	*	*		60	0.55	*	*	*	100	0.82	*	*	*	
16	0.23	*	*	*	36.5	0.38	*	*	*		61.5	0.56	*	*	*	103	0.85	*	*	*	
17	0.24	*	*	*	37.5	0.39	*	*	*		63	0.57	*	*	*	106	0.87	*	*	*	
18	0.25	*	*	*	38.7	0.40	*	*	*		65	0.58	*	*	*	109	0.89	*	*	*	
19	0.25	*	*	*	40	0.41	*	*	*		67	0.60	*	*	*	112	0.91	*	*	*	
20	0.26	*	*	*	41.2	0.42	*	*	*		69	0.61	*	*	*	115	0.93	*	*	*	*
21.2	0.27	*	*	*	42.5	0.43	*	*	*		71	0.63	*	*	*	118	0.95	*	*	*	*
22.4	0.28	*	*	*	43.7	0.44	*	*	*		73	0.64	*	*	*	122	0.97	*	*	*	*
23.6	0.29	*	*	*	45	0.44	*	*	*	*	75	0.65	*	*	*	125	0.99	*	*	*	*
25	0.30		*	*	46.2	0.45	*	*	*	*	77.5	0.67	*	*	*	128	1.01	*	*	*	*
25.8	0.31	*	*	*	47.5	0.46	*	*	*	*	80	0.69	*	*	*	132	1.04	*	*	*	*
26.5	0.31	*	*	*	48.7	0.47	*	*	*	*	82.5	0.71	*	*	*	136	1.07	*	*	*	*
28.0	0.32		*	*	50	0.48	*	*	*	*	85	0.72	*	*	*	140	1.09	*	*	*	*
30.0	0.34		*	*	51.5	0.49	*	*	*	*	87.5	0.74	*	*	*	145	1.13	*	*	*	*
31.5	0.35		*	*	53	0.50	*	*	*	*	90	0.76	*	*	*	150	1.16	*	*	*	*
32.5	0.36	*	*	*	54.5	0.51	*	*	*	*	92.5	0.77	*	*	*	155	1.19	*	*	*	*

注：1. 表中内容摘自 GB/T 3452.1—2005 和 GB/T 3452.3—2005。
　　2. * 为可选规格。

表 16-10 油沟式密封槽参考尺寸（单位：mm）

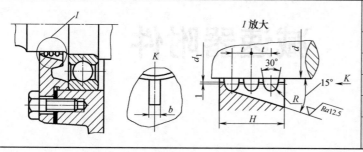

轴径 d	25~80	>80~120	>120~180
R	1.5	2	2.5
t	4.5	6	7.5
b	4	5	6
d_1	$d_1 = d+1$		
H_{min}	$H_{min} = nt+R$		

注：1. 表中内容摘自 JB/ZQ 4245—2006。

2. 表中尺寸 R、t、b，在个别情况下可用于与表中不相对应的轴径上。

3. 一般油沟数 n=2~4 个，使用 3 个的较多。

第17章 减速器附件

17.1 视孔及视孔盖

表 17-1 为视孔及视孔盖的尺寸。

表 17-1 视孔及视孔盖 （单位：mm）

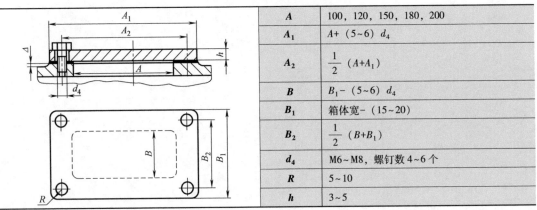

A	100, 120, 150, 180, 200
A_1	$A+$ （5~6） d_4
A_2	$\frac{1}{2}$ （$A+A_1$）
B	B_1- （5~6） d_4
B_1	箱体宽$-$ （15~20）
B_2	$\frac{1}{2}$ （$B+B_1$）
d_4	M6~M8，螺钉数 4~6 个
R	5~10
h	3~5

注：材料为 Q235A 钢板或 HT150。

17.2 通气器

表 17-2~表 17-4 为通气器的尺寸。

表 17-2 简易式通气器 （单位：mm）

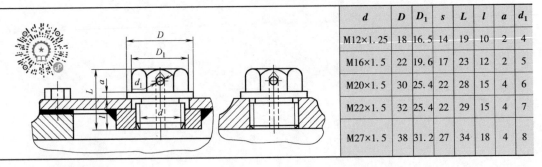

d	D	D_1	s	L	l	a	d_1
M12×1.25	18	16.5	14	19	10	2	4
M16×1.5	22	19.6	17	23	12	2	5
M20×1.5	30	25.4	22	28	15	4	6
M22×1.5	32	25.4	22	29	15	4	7
M27×1.5	38	31.2	27	34	18	4	8

注：1. 材料为 Q235A。

2. s 为通气器头部六方螺母的尺寸，见表 17-8 中图。

表 17-3　平顶有过滤网通气器　　　　　　　　（单位：mm）

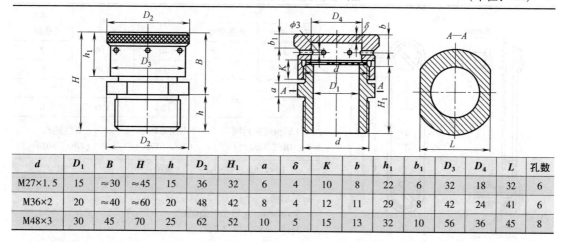

d	D_1	B	H	h	D_2	H_1	a	δ	K	b	h_1	b_1	D_3	D_4	L	孔数
M27×1.5	15	≈30	≈45	15	36	32	6	4	10	8	22	6	32	18	32	6
M36×2	20	≈40	≈60	20	48	42	8	4	12	11	29	8	42	24	41	6
M48×3	30	45	70	25	62	52	10	5	15	13	32	10	56	36	45	8

表 17-4　圆顶有过滤网通气器　　　　　　　　（单位：mm）

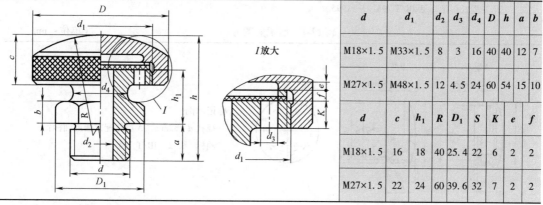

d	d_1	d_2	d_3	d_4	D	h	a	b
M18×1.5	M33×1.5	8	3	16	40	40	12	7
M27×1.5	M48×1.5	12	4.5	24	60	54	15	10

d	c	h_1	R	D_1	S	K	e	f
M18×1.5	16	18	40	25.4	22	6	2	2
M27×1.5	22	24	60	39.6	32	7	2	2

注：S 表示扳手开口宽。

17.3　油尺和油标

表 17-5~表 17-7 为油尺和油标的尺寸。

表 17-5　油尺　　　　　　　　（单位：mm）

d	M12	M16	M20
d_1	4	4	6
d_2	12	16	20
d_3	6	6	8
h	28	35	42
a	10	12	15
b	6	8	10
c	4	5	6
D	20	26	32
D_1	16	22	26

表 17-6　长形油标　　　　　　　　　　　　　（单位：mm）

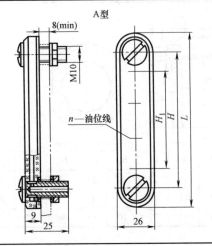

H		H_1	L	n
基本尺寸	极限偏差			（条数）
80	±0.17	40	110	2
100		60	130	3
125	±0.20	80	155	4
160		120	190	6

O 形橡胶密封圈 （GB/T 3452.1）	六角薄螺母 （GB/T 6172.1）	弹性垫圈 （GB/T 861）
10×2.65	M10	10

标记示例：

$H=80$mm，A 型长形油标：

油标　A80　JB/T 7941.3

注：1. 表中内容摘自 JB/T 7941.3—1995。
　　2. B 型长形油标见 JB/T 7941.3—1995。

表 17-7　压配式圆形油标　　　　　　　　　　（单位：mm）

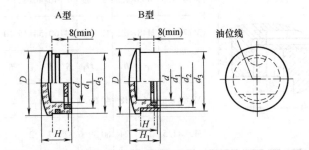

标记示例：

视孔 $d=32$mm，A 型压配式圆形油标：

油标　A32　JB/T 7941.1

d	D	d_1		d_2		d_3		H	H_1	O 形橡胶密封圈 （GB/T 3452.1）
		基本尺寸	极限偏差	基本尺寸	极限偏差	基本尺寸	极限偏差			
12	22	12	-0.050 -0.160	17	-0.050 -0.160	20	-0.065 -0.195	14	16	15×2.65
16	27	18		22	-0.065	25				20×2.65
20	34	22	-0.065 -0.195	28	-0.195	32	-0.080 -0.240	16	18	25×3.55
25	40	28		34	-0.080 -0.240	38				31.5×3.55
32	48	35	-0.080 -0.240	41		45		18	20	38.7×3.55
40	58	45		51		55				48.7×3.55
50	70	55	-0.100 -0.290	61	-0.100 -0.290	65	-0.100 -0.290	22	24	—
63	85	70		76		80				

注：表中内容摘自 JB/T 7941.1—1995。

17.4　放油螺塞

表 17-8 为放油螺塞及封油垫圈的尺寸。

表 17-8　放油螺塞及封油垫圈　　　　　　　　　（单位：mm）

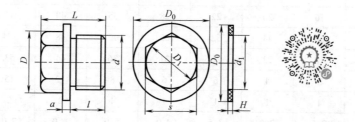

d	D_0	L	l	a	D	s	d_1	H
M14×1.5	22	22	12	3	19.6	17	15	2
M16×1.5	26	23	12	3	19.6	17	17	2
M20×1.5	30	28	15	4	25.4	22	22	2
M24×2	34	31	16	4	25.4	22	26	2.5
M27×2	38	34	18	4	31.2	27	29	2.5

17.5　吊环螺钉

表 17-9 为吊环螺钉的尺寸。

表 17-9　吊环螺钉　　　　　　　　　　　　（单位：mm）

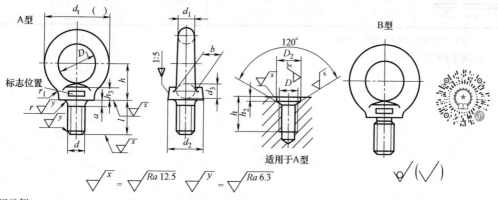

标记示例：

　　规格为 M20，材料为 20 钢，经正火处理，不经表面处理的 A 型吊环螺钉：

　　螺钉　GB/T 825　M20

　　末端倒角或倒圆按 GB/T 2 的规定，A 型无螺纹部分杆径≈螺纹中径或=螺纹大径

规格 d	M8	M10	M12	M16	M20	M24	M30	M36
d_1	9.1	11.1	13.1	15.2	17.4	21.4	25.7	30.0
D_1（公称）	20	24	28	34	40	48	56	67
d_2（max）	21.1	25.1	29.1	35.2	41.4	49.4	57.7	69.0

（续）

h_3（max）	7.0	9.0	11.0	13.0	15.1	19.1	23.2	27.4
l（公称）	16	20	22	28	35	40	45	55
d_t（参考）	36	44	52	62	72	88	104	123
h	18	22	26	31	36	44	53	63
r_1	4	4	6	6	8	12	15	18
r（min）	1	1	1	1	1	2	2	3
a（max）	2.5	3.0	3.5	4.0	5.0	6.0	7.0	8.0
b	10	12	14	16	19	24	28	32
D（max）	M8	M10	M12	M16	M20	M24	M30	M36
D_2（公称）	13	15	17	22	28	32	38	45
h_2（公称）	2.50	3.00	3.50	4.50	5.00	7.00	8.00	9.50
单螺钉最大起吊质量/t	0.16	0.25	0.4	0.63	1	1.6	2.5	4
双螺钉最大起吊质量/t	0.08	0.125	0.2	0.32	0.5	0.8	1.25	2

注：1. 表中内容摘自 GB/T 825—1988。

2. 减速器质量参考表 5-1。

第18章　联　轴　器

常用联轴器有刚性联轴器和挠性联轴器两大类，其中挠性联轴器分为有弹性元件（包括金属元件和非金属元件）和无弹性元件两种。常用联轴器的结构、型号及结构尺寸等见表 18-1~表 18-6。当轴孔为 Y 型、键槽为 A 型时，联轴器标记代号中可以将 Y、A 省略。

表 18-1　轴孔和键槽的形式、代号及系列尺寸

轴孔和键槽尺寸　　　　　　（单位：mm）

轴孔直径 d, d_2	长度			沉孔		键槽							
	Y 型	J、Z、Z_1 型				A、B、B_1 型					C 型		
	L	L_1	L	d_1	R	b	t		t_1		b	t_2	
							公称尺寸	极限偏差	公称尺寸	极限偏差		公称尺寸	极限偏差
16						5	18.3		20.6		3	8.7	
18	42	30	42	38			20.8	+0.1 0	23.6	+0.2 0		10.1	
19					6	21.8		24.6		4	10.6	
20							22.8		25.6			10.9	
22	52	38	52		1.5		24.8		27.6			11.9	
24							27.3		30.6			13.4	+0.1 0
25	62	44	62	48		8	28.3		31.6		5	13.7	
28							31.3		34.6			15.2	
30							33.3		36.6			15.8	
32	82	60	82	55			35.3		38.6			17.3	
35					10	38.3		41.6		6	18.8	
38							41.3	+0.2 0	44.6	+0.4 0		20.3	
40				65	2	12	43.3		46.6		10	21.2	
42							45.3		48.6			22.2	
45							48.8		52.6			23.7	+0.2 0
48	112	84	112	80	14	51.8		55.6		12	25.2	
50							53.8		57.6			26.2	
55				95	2.5	16	59.3		63.6		14	29.2	
56							60.3		64.6			29.7	

注：表中内容摘自 GB/T 3852—2017。

表 18-2 LT 型弹性套柱销联轴器

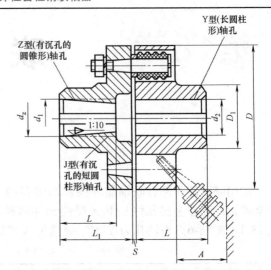

标记示例:

LT3 联轴器 $\dfrac{ZC16\times30}{18\times30}$ GB/T 4323—2017

该联轴器为 LT3 型弹性套柱销联轴器,其
主动端:Z 型轴孔,C 型键槽,$d_z = 16\,\text{mm}$,$L = 30\,\text{mm}$
从动端:Y 型轴孔,A 型键槽,$d_2 = 18\,\text{mm}$,$L = 30\,\text{mm}$

型号	公称转矩 /N·m	许用转速 /(r/min)	轴孔直径 d_1、d_2、d_z /mm	轴孔长度/mm			D /mm	D_1 /mm	A /mm	S /mm	转动惯量 /kg·m²
				Y 型	J、Z 型						
				L	L	L_1					
LT1	16	8800	10, 11	22	22	25	71	22	18	3	0.0004
			12, 14	27	27	32					
LT2	25	7600	12, 14	27	27	32	80	30			0.001
			16, 18, 19	30	30	42					
LT3	63	6300	16, 18, 19	30	30	42	95	35	35	4	0.002
			20, 22	38	38	52					
LT4	100	5700	20, 22, 24	38	38	52	106	42			0.004
			25, 28	44	44	62					
LT5	224	4600	25, 28	44	44	62	130	56	45	5	0.011
			30, 32, 35	60	60	82					
LT6	355	3800	32, 35, 38	60	60	82	160	71			0.026
			40, 42	84	84	112					
LT7	560	3600	40, 42, 45, 48	84	84	112	190	80			0.06
LT8	1120	3000	40, 42, 45, 48, 50, 55	84	84	112	224	95	65	6	0.13
			60, 63, 65	107	107	142					
LT9	1600	2850	50, 55	84	84	112	250	110			0.20
			60, 63, 65, 70	107	107	142					
LT10	3150	2300	63, 65, 70, 75	107	107	142	315	150	80	8	0.64
			80, 85, 90, 95	132	132	172					
LT11	6300	1800	80, 85, 90, 95	132	132	172	400	190	100	10	2.06
			100, 110	167	167	212					
LT12	12500	1450	100, 110, 120, 125	167	167	212	475	220	130	12	5.00
			130	202	202	252					
LT13	22400	1150	120, 125	167	167	212	600	280	180	14	16.0
			130, 140, 150	202	202	252					
			160, 170	242	242	302					

注:1. 表中内容摘自 GB/T 4323—2017。
　　2. 弹性套柱销联轴器安装锥度孔螺栓的一端是主动端,安装弹性套的一端为从动端。
　　3. 表中许用转速、轴孔直径、转动惯量适应于铸钢材质的联轴器。
　　4. 轴孔型式组合为:Y/Y、J/Y、Z/Y。

表 18-3 LX 型弹性柱销联轴器

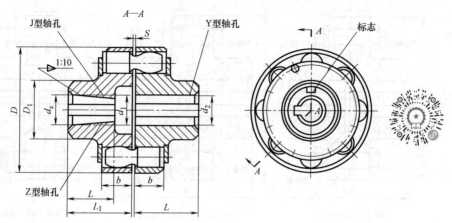

标记示例：

LX5 联轴器 $\dfrac{ZC55\times84}{JB50\times84}$ GB/T 5014—2017

该联轴器为 LXS 型弹性柱销联轴器，其
主动端：Z 型轴孔，C 型键槽，$d_z = 55\text{mm}$，$L = 84\text{mm}$
从动端：J 型轴孔，B 型键槽，$d_1 = 50\text{mm}$，$L = 84\text{mm}$

型号	公称转矩/N·m	许用转速/(r/min)	轴孔直径 d_1、d_2、d_z/mm	轴孔长度/mm			D/mm	D_1/mm	b/mm	S/mm	转动惯量/kg·m²
				Y 型	J、Z 型						
				L	L	L_1					
LX1	250	8500	12, 14	32	27	—	90	40	20	2.5	0.002
			16, 18, 19	42	30	42					
			20, 22, 24	52	38	52					
LX2	560	6300	20, 22, 24	52	38	52	120	55	28	2.5	0.009
			25, 28	62	44	62					
			30, 32, 35	82	60	82					
LX3	1250	4750	30, 32, 35, 38	82	60	82	160	75	36	2.5	0.026
			40, 42, 45, 48	112	84	112					
LX4	2500	3850	40, 42, 45, 50, 55, 56	112	84	112	195	100	45	3	0.109
			60, 63	142	107	142					
LX5	3150	3450	50, 55, 56	112	84	112	220	120	45	3	0.191
			60, 63, 65, 70, 71, 75	142	107	142					
LX6	6300	2720	60, 63, 65, 70, 71, 75	142	107	142	280	140	56	4	0.543
			80, 85	172	132	172					
LX7	11200	2360	70, 71, 75	142	107	142	320	170	56	4	1.314
			80, 85, 90, 95	172	132	172					
			100, 110	212	167	212					
LX8	16000	2120	80, 85, 90, 95	172	132	172	360	200	56	5	2.023
			100, 110, 120, 125	212	167	212					
LX9	22400	1850	100, 110, 120, 125	212	167	212	410	230	63	5	4.386
			130, 140	252	202	252					
LX10	35500	1600	110, 120, 125	212	167	212	480	280	75	6	9.760
			130, 140, 150	252	202	252					
			160, 170, 180	302	242	302					

注：表中内容摘自 GB/T 5014—2017。

表 18-4 凸缘联轴器

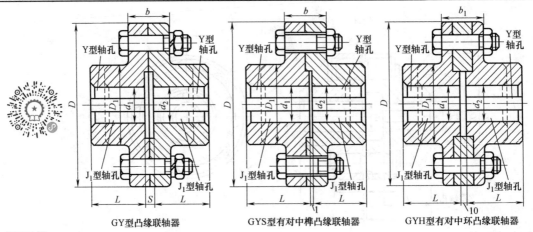

GY型凸缘联轴器　　　　GYS型有对中榫凸缘联轴器　　　　GYH型有对中环凸缘联轴器

标记示例：

GY5 联轴器 $\dfrac{30\times82}{\text{J}_1 30\times60}$ GB/T 5843—2003

该联轴器为 GY5 型凸缘联轴器，其

主动端：Y 型轴孔，A 型键槽，$d_1=30\text{mm}$，$L=82\text{mm}$

从动端：J_1 型轴孔，A 型键槽，$d_2=30\text{mm}$，$L=60\text{mm}$

型号	公称转矩 /N·m	许用转速 /(r/min)	轴孔直径 d_1，d_2/mm	轴孔长度 L/mm		D/mm	D_1/mm	b/mm	b_1/mm	S/mm	转动惯量 /kg·m²
				Y 型	J_1 型						
GY1 GYS1 GYH1	25	12000	12，14	32	27	80	30	26	42	6	0.0008
			16，18，19	42	30						
GY2 GYS2 GYH2	63	10000	16，18，19	42	30	90	40	28	44	6	0.0015
			20，22，24	52	38						
			25	62	44						
GY3 GYS3 GYH3	112	9500	20，22，24	52	38	100	45	30	46	6	0.0025
			25，28	62	64						
GY4 GYS4 GYH4	224	9000	25，28	62	64	105	55	32	48	6	0.003
			30，32，35	82	60						
GY5 GYS5 GYH5	400	8000	30，32，35，38	82	60	120	68	36	52	8	0.007
			40，42	112	84						
GY6 GYS6 GYH6	900	6800	38	82	60	140	80	40	56	8	0.015
			40，42，45，48，50	112	84						
GY7 GYS7 GYH7	1600	6000	48，50，55，56	112	84	160	100	40	56	8	0.031
			60，63	142	107						
GY8 GYS8 GYH8	3150	4800	60，63，65，70，71，75	142	107	200	130	50	68	10	0.103
			80	172	132						
GY9 GYS9 GYH9	6300	3600	75	142	107	260	160	66	84	10	0.319
			80，85，90，95	172	132						
			100	212	167						

注：表中内容摘自 GB/T 5843—2003。

表 18-5　LM 型梅花形弹性联轴器

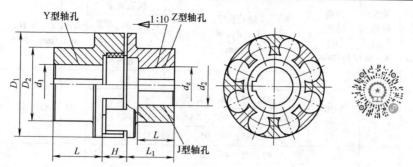

标记示例:

LM145 联轴器 45×112　GB/T 5272—2017

该联轴器为 LM145 型梅花形联轴器, 其

主动端: Y 型轴孔, A 型键槽, $d_1 = 45$mm, $L = 112$mm

从动端: Y 型轴孔, A 型键槽, $d_2 = 45$mm, $L = 112$mm

型号	公称转矩 T_n /N·m	最大转矩 T_{max} /N·m	许用转速 $[n]$ /(r/min)	轴孔直径 d_1、d_2、d_z /mm	轴孔长度			D_1 /mm	D_2 /mm	H /mm	转动惯量 /kg·m²	质量 /kg
					Y 型	J、Z 型						
					L	L_1	L					
					mm							
LM50	28	50	15000	10、11	22	—	—	50	42	16	0.0002	1.00
				12、14	27	—	—					
				16、18、19	30	—	—					
				20、22、24	38	—	—					
LM70	112	200	11000	12、14	27	—	—	70	55	23	0.0011	2.50
				16、18、19	30	—	—					
				20、22、24	38	—	—					
				25、28	44	—	—					
				30、32、35、38	60	—	—					
LM85	160	288	9000	16、18、19	30	—	—	85	60	24	0.0022	3.42
				20、22、24	38	—	—					
				25、28	44	—	—					
				30、32、35、38	60	—	—					
LM105	355	640	7250	18、19	30	—	—	105	65	27	0.0051	5.15
				20、22、24	38	—	—					
				25、28	44	—	—					
				30、32、35、38	60	—	—					
				40、42	84	—	—					
LM125	450	810	6000	20、22、24	38	52	38	125	85	33	0.014	10.1
				25、28	44	62	44					
				30、32、35、38*	60	82	60					
				40、42、45、48、50、55	84	—	—					
LM145	710	1280	5250	25、28	44	62	44	145	95	39	0.025	13.1
				30、32、35、38	60	82	60					
				40、42、45*、48*、50*、55*	84	112	84					
				60、63、65	107	—	—					
LM170	1250	2250	4500	30、32、35、38	60	82	60	170	120	41	0.055	21.2
				40、42、45、48、50、55	84	112	84					
				60、63、65、70、75	107	—	—					
				80、85	132	—	—					

（续）

型号	公称 转矩 T_n /N·m	最大 转矩 T_{max} /N·m	许用 转速 $[n]$ /(r/min)	轴孔直径 d_1、d_2、d_z /mm	轴孔长度			D_1 /mm	D_2 /mm	H /mm	转动 惯量 /kg·m²	质量 /kg
					Y 型	J、Z 型						
					L	L_1	L					
					mm							
LM200	2000	3600	3750	35, 38	60	82	60	200	135	48	0.119	33.0
				40, 42, 45, 48, 50, 55	84	112	84					
				60, 63, 65, 70*, 75*	107	142	107					
				80, 85, 90, 95	132	—	—					
LM230	3150	5670	3250	40, 42, 45, 48, 50, 55	84	112	84	230	150	50	0.217	45.5
				60, 63, 65, 70, 75	107	142	107					
				80, 85, 90, 95	132	—	—					

注：1. *无 J、Z 型轴孔型式。

2. 转动惯量和质量是按 Y 型最大轴孔长度、最小轴孔直径计算的数值。

表 18-6 WH 型滑块联轴器

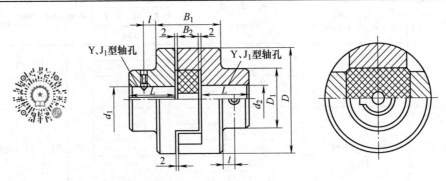

标记示例：

WH6 联轴器 $\dfrac{45 \times 112}{J_1 42 \times 84}$ JB/ZQ 4384—2006

该联轴器为 WH6 型滑块联轴器，其

主动端：Y 型轴孔，A 型键槽，$d_1 = 45$mm，$L = 112$mm

从动端：J_1 型轴孔，A 型键槽，$d_2 = 42$mm，$L = 84$mm

型号	公称转矩 T_n /N·m	许用转速 $[n]$ /(r/min)	轴孔直径 d_1、d_2	轴孔长度		D	D_1	B_1	B_2	l	转动惯量 /kg·m²	质量 /kg
				Y 型	J_1 型							
				L								
				mm								
WH1	16	10000	10, 11	25	22	40	30	52	13	5	0.0007	0.6
			12, 14	32	27							
WH2	31.5	8200	12, 14	32	27	50	32	56	18	5	0.0038	1.5
			16, (17), 18	42	30							
WH3	63	7000	(17), 18, 19	42	30	70	40	60	18	5	0.0063	1.8
			20, 22	52	38							
WH4	160	5700	20, 22, 24	52	38	80	50	64	18	8	0.013	2.5
			25, 28	62	44							

（续）

型号	公称转矩 T_n /N·m	许用转速 [n] /(r/min)	轴孔直径 d_1、d_2	轴孔长度 Y 型 L	轴孔长度 J_1 型 L	D	D_1	B_1	B_2	l	转动惯量 /kg·m²	质量 /kg
				mm								
WH5	280	4700	25，28 30，32，35	62 82	44 60	100	70	75	23	10	0.045	5.8
WH6	500	3800	30，32，35，38 40，42，45	82 112	60 84	120	80	90	33	15	0.12	9.5
WH7	900	3200	40，42，45，48 50，55	112	84	150	100	120	38	25	0.43	25
WH8	1800	2400	50，55，60 60，63，65，70	112 142	84 107	190	120	150	48	25	1.98	55
WH9	3550	1800	65，70，75 80，85	142 172	107 132	250	150	180	58	25	4.9	85
WH10	5000	1500	80，85，90，95 100	172 212	132 167	330	190	180	58	40	7.5	120

注：1. 表中联轴器质量和转动惯量是按最小轴孔直径和最大长度计算的近似值。

2. 括号内的尺寸尽量不用。

3. 工作环境温度为-20~+70℃。

第19章　极限与配合、几何公差及表面粗糙度

19.1　极限与配合

本节内容选自 GB/T 1800.1~2—2009，适用于圆柱面以及其他表面或结构的极限尺寸、公差，以及由它们组成的配合。极限与配合的部分术语及相应关系如图 19-1 所示。

1. 标准公差等级代号

标准公差等级代号用符号 IT 和数字组成。当其与代表基本偏差的字母一起组成公差带时，省略 IT 字母，如 h7。公称尺寸至 500mm 的标准公差等级 IT1~IT18 的公差数值见表 19-1。

2. 基本偏差

基本偏差是指用以确定公差带相对于零线位置的上极限偏差或下极限偏差。

基本偏差代号规定用拉丁字母（一个或两个）表示，孔的基本偏差代号用大写字母 A、B、…、ZC 表示，轴的基本偏差代号用小写字母 a、…、zc 表示。其中，基本偏差 H 代表基准孔，h 代表基准轴。基本偏差系列如图 19-2 所示。

国家标准把≤500mm 的公称尺寸分为若干尺寸段，按不同的公差等级对应各个尺寸分

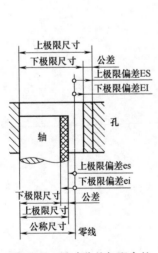

图 19-1　尺寸公差与配合的
　　　　　部分术语及相应关系

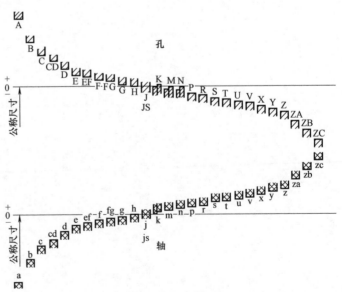

图 19-2　基本偏差系列

段规定出极限偏差值。标准公差等级与加工方法的关系见表 19-2。轴的极限偏差见表 19-3。孔的极限偏差见表 19-4。

线性尺寸、倒圆和倒角的公差等级及极限偏差数值见表 19-5 和表 19-6。减速器主要零件的荐用配合见表 19-7。

表 19-1　标准公差数值　　　　　　　　　　（单位：μm）

公称尺寸 /mm	标准公差等级																	
	IT1	IT2	IT3	IT4	IT5	IT6	IT7	IT8	IT9	IT10	IT11	IT12	IT13	IT14	IT15	IT16	IT17	IT18
≤3	0.8	1.2	2	3	4	6	10	14	25	40	60	100	140	250	400	600	1000	1400
>3~6	1	1.5	2.5	4	5	8	12	18	30	48	75	120	180	300	480	750	1200	1800
>6~10	1	1.5	2.5	4	6	9	15	22	36	58	90	150	220	360	580	900	1500	2200
>10~18	1.2	2	3	5	8	11	18	27	43	70	110	180	270	430	700	1100	1800	2700
>18~30	1.5	2.5	4	6	9	13	21	33	52	84	130	210	330	520	840	1300	2100	3300
>30~50	1.5	2.5	4	7	11	16	25	39	62	100	160	250	390	620	1000	1600	2500	3900
>50~80	2	3	5	8	13	19	30	46	74	120	190	300	460	740	1200	1900	3000	4600
>80~120	2.5	4	6	10	15	22	35	54	87	140	220	350	540	870	1400	2200	3500	5400
>120~180	3.5	5	8	12	18	25	40	63	100	160	250	400	630	1000	1600	2500	4000	6300
>180~250	4.5	7	10	14	20	29	46	72	115	185	290	460	720	1150	1850	2900	4600	7200
>250~315	6	8	12	16	23	32	52	81	130	210	320	520	810	1300	2100	3200	5200	8100
>315~400	7	9	13	18	25	36	57	89	140	230	360	570	890	1400	2300	3600	5700	8900
>400~500	8	10	15	20	27	40	63	97	155	250	400	630	970	1550	2500	4000	6300	9700

注：1. 表中内容摘自 GB/T 1800.1—2009。

　　2. IT 表示标准公差，公差等级为 IT01、IT0、IT1~IT18 共 20 级。

　　3. 公称尺寸小于或等于 1mm 时，无 IT14~IT18。

表 19-2　标准公差等级与加工方法的关系

加工方法	标准公差等级（IT）												
	4	5	6	7	8	9	10	11	12	13	14	15	16
珩													
圆磨、平磨													
拉削													
铰孔													
车、镗													
铣													
刨、插													
钻孔													
冲压													
砂型铸造、气割													
锻造													

表 19-3　轴的

公　差

公称尺寸/mm大于	至	a 9	10	11*	b 9	10	11*	12*	c 8	9	10*	11	12	d 7	8	9
—	3	−270 / −295	−270 / −310	−270 / −330	−140 / −165	−140 / −180	−140 / −200	−140 / −240	−60 / −74	−60 / −85	−60 / −100	−60 / −120	−60 / −160	−20 / −30	−20 / −34	−20 / −45
3	6	−270 / −300	−270 / −318	−270 / −345	−140 / −170	−140 / −188	−140 / −215	−140 / −260	−70 / −88	−70 / −88	−70 / −118	−70 / −145	−70 / −190	−30 / −42	−30 / −48	−30 / −60
6	10	−280 / −316	−280 / −338	−280 / −370	−150 / −186	−150 / −208	−150 / −240	150 / −300	−80 / −102	−80 / −116	−80 / −138	−80 / −170	−80 / −230	−40 / −55	−40 / −62	−40 / −76
10	14	−290 / −333	−290 / −360	−290 / −400	−150 / −193	−150 / −220	−150 / −260	−150 / −330	−95 / −122	−95 / −138	−95 / −165	−95 / −205	−95 / −275	−50 / −68	−50 / −77	−50 / −93
14	18	−290 / −333	−290 / −360	−290 / −400	−150 / −193	−150 / −220	−150 / −260	−150 / −330	−95 / −122	−95 / −138	−95 / −165	−95 / −205	−95 / −275	−50 / −68	−50 / −77	−50 / −93
18	24	−300 / −352	−300 / −384	−300 / −430	−160 / −212	−160 / −244	−160 / −290	−160 / −370	−110 / −143	−110 / −162	−110 / −194	−110 / −240	−110 / −320	−65 / −86	−65 / −98	−65 / −117
24	30	−300 / −352	−300 / −384	−300 / −430	−160 / −212	−160 / −244	−160 / −290	−160 / −370	−110 / −143	−110 / −162	−110 / −194	−110 / −240	−110 / −320	−65 / −86	−65 / −98	−65 / −117
30	40	−310 / −372	−310 / −410	−310 / −470	−170 / −232	−170 / −270	−170 / −330	−170 / −420	−120 / −159	−120 / −182	−120 / −220	−120 / −280	−120 / −370	−80 / −105	−80 / −119	−80 / −142
40	50	−320 / −382	−320 / −420	−320 / −480	−180 / −242	−180 / −280	−180 / −340	−180 / −430	−130 / −169	−130 / −192	−130 / −230	−130 / −290	−130 / −380	−80 / −105	−80 / −119	−80 / −142
50	65	−340 / −414	−340 / −460	−340 / −530	−190 / −264	−190 / −310	−190 / −380	−190 / −490	−140 / −186	−140 / −214	−140 / −260	−140 / −330	−140 / −440	−100 / −130	−100 / −146	−100 / −174
65	80	−360 / −434	−360 / −480	−360 / −550	−200 / −272	−200 / −320	−200 / −390	−200 / −500	−150 / −196	−150 / −224	−150 / −270	−150 / −340	−150 / −450	−100 / −130	−100 / −146	−100 / −174
80	100	−380 / −467	−380 / −520	−380 / −600	−220 / −307	−220 / −360	−220 / −440	−220 / −570	−170 / −224	−170 / −257	−170 / −310	−170 / −390	−170 / −520	−120 / −155	−120 / −174	−120 / −207
100	120	−410 / −497	−410 / −550	−410 / −630	−240 / −327	−240 / −380	−240 / −460	−240 / −590	−180 / −234	−180 / −267	−180 / −320	−180 / −400	−180 / −530	−120 / −155	−120 / −174	−120 / −207
120	140	−460 / −560	−460 / −620	−460 / −710	−260 / −360	−260 / −420	−260 / −510	−260 / −660	−200 / −263	−200 / −300	−200 / −360	−200 / −450	−200 / −600	−145 / −185	−145 / −208	−145 / −245
140	160	−520 / −620	−520 / −680	−520 / −770	−280 / −380	−280 / −440	−280 / −530	−280 / −680	−210 / −273	−210 / −310	−210 / −370	−210 / −460	−210 / −610	−145 / −185	−145 / −208	−145 / −245
160	180	−580 / −680	−580 / −740	−580 / −830	−310 / −410	−310 / −470	−310 / −560	−310 / −710	−230 / −293	−210 / −330	−230 / −390	−230 / −480	−230 / −630	−145 / −185	−145 / −208	−145 / −245
180	200	−660 / −775	−660 / −845	−660 / −950	−340 / −455	−340 / −525	−340 / −630	−340 / −800	−240 / −312	−240 / −355	−240 / −425	−240 / −530	−240 / −700	−170 / −216	−170 / −242	−170 / −285
200	225	−740 / −855	−740 / −925	−740 / −1030	−380 / −495	−380 / −565	−380 / −670	−380 / −840	−260 / −332	−260 / −375	−260 / −445	−260 / −550	−260 / −720	−170 / −216	−170 / −242	−170 / −285
225	250	−820 / −935	−820 / −1005	−820 / −1110	−420 / −535	−420 / −605	−420 / −710	−280 / −880	−280 / −352	−280 / −295	−280 / −465	−280 / −570	−280 / −740	−170 / −216	−170 / −242	−170 / −285
250	280	−920 / −1050	−920 / −1130	−920 / −1240	−480 / −610	−480 / −690	−480 / −800	−480 / −1000	−300 / −381	−300 / −430	−300 / −510	−300 / −620	−300 / −820	−190 / −242	−190 / −271	−190 / −320
280	315	−1050 / −1180	−1050 / −1260	−1050 / −1370	−540 / −670	−540 / −750	−540 / −860	−540 / −1060	−330 / −411	−330 / −460	−330 / −540	−330 / −650	−330 / −850	−190 / −242	−190 / −271	−190 / −320
315	355	−1200 / −1340	−1200 / −1430	−1200 / −1560	−600 / −740	−600 / −830	−600 / −960	−600 / −1170	−360 / −449	−360 / −500	−360 / −590	−360 / −720	−360 / −930	−210 / −267	−210 / −299	−210 / −350
355	400	−1350 / −1490	−1350 / −1580	−1350 / −1710	−680 / −820	−680 / −910	−680 / −1040	−680 / −1250	−400 / −489	−400 / −540	−400 / −630	−400 / −760	−400 / −970	−210 / −267	−210 / −299	−210 / −350
400	450	−1500 / −1655	−1500 / −1750	−1500 / −1900	−760 / −915	−760 / −1010	−760 / −1160	−760 / −1390	−440 / −537	−440 / −595	−440 / −690	−440 / −840	−440 / −1070	−230 / −293	−230 / −327	−230 / −385
450	500	−1650 / −1805	−1650 / −1900	−6500 / −2050	−840 / −995	−840 / −1090	−840 / −1240	−840 / −1470	−480 / −577	−480 / −635	−480 / −730	−480 / −880	−480 / −1100	−230 / −293	−230 / −327	−230 / −385

极限偏差　　　　　　　　　　　　　　　　　　　　　　　　　　（单位：μm）

带

e						f					g		
10*	11*	6	7*	8*	9*	5*	6*	7◄	8*	9*	5*	6◄	7*
-20	-20	-14	-14	-14	-14	-6	-6	-6	-6	-6	-2	-2	-2
-60	-80	-20	-24	-28	-39	-10	-12	-16	-20	-31	-6	-8	-12
-30	-30	-20	-20	-20	-20	-10	-10	-10	-10	-10	-4	-4	-4
-78	-105	-28	-32	-38	-50	-15	-18	-22	-28	-40	-9	-12	-16
-40	-40	-25	-25	-25	-25	-13	-13	-13	-13	-15	-5	-5	-5
-98	-130	-34	-40	-47	-61	-19	-22	-28	-35	-49	-11	-14	-20
-50	-50	-32	-32	-32	-32	-16	-16	-16	-16	-16	-6	-6	-6
-120	-160	-43	-50	-59	-75	-24	-27	-34	-43	-59	-14	-17	-24
-65	-65	-40	-40	-40	-40	-20	-20	-20	-20	-20	-7	-7	-7
-149	-195	-53	-61	-73	-92	-29	-33	-41	-53	-72	-16	-20	-28
-80	-80	-50	-50	-50	-50	-25	-25	-25	-25	-25	-9	-9	-9
-180	-240	-66	-75	-89	-112	-36	-41	-50	-64	-87	-20	-25	-34
-100	-100	-60	-60	-60	-60	-30	-30	-30	-30	-30	-10	-10	-10
-220	-290	-79	-90	-106	-134	-43	-49	-60	-76	-104	-23	-29	-40
-120	-120	-72	-72	-72	-72	-36	-36	-36	-36	-36	-12	-12	-12
-260	-340	-94	-107	-126	-159	-51	-58	-71	-90	-123	-27	-34	-47
-145	-145	-85	-85	-85	-85	-43	-43	-43	-43	-43	-14	-14	-14
-305	-395	-110	-125	-148	-185	-61	-68	-83	-106	-143	-32	-39	-54
-170	-170	-100	-100	-100	-100	-50	-50	-50	-50	-50	-15	-15	-15
-355	-460	-129	-146	-172	-215	-70	-79	-96	-122	-165	-35	-44	-61
-190	-190	-110	-110	-110	-110	-56	-56	-56	-56	-56	-17	-17	-17
-400	-510	-142	-162	-191	-240	-79	-88	-108	-137	-186	-40	-49	-69
-210	-210	-125	-125	-125	-125	-62	-62	-62	-62	-62	-18	-18	-18
-440	-570	-161	-182	-214	-265	-87	-98	-119	-151	-202	-43	-54	-75
-230	-230	-135	-135	-135	-135	-68	-68	-68	-68	-68	-20	-20	-20
-480	-630	-175	-198	-232	-290	-95	-108	-131	-165	-223	-47	-60	-83

公 差

公称尺寸/mm 大于	至	h 4	5	6	7	8	9	10	11	12	13	j 5	6	7	4
—	3	0/−3	0/−4	0/−6	0/−10	0/−14	0/−25	0/−40	0/−60	0/−100	0/−140	—	+4/−2	+6/−4	±1.5
3	6	0/−4	0/−5	0/−8	0/−12	0/−18	0/−30	0/−48	0/−75	0/−120	0/−180	+3/−2	+6/−2	+8/−4	±2
6	10	0/−4	0/−6	0/−9	0/−15	0/−22	0/−36	0/−58	0/−90	0/−150	0/−220	+4/−2	+7/−2	−10/−5	±2
10	14	0/−5	0/−8	0/−11	0/−18	−27	−43	−70	0/−110	0/−180	0/−270	+5/−3	+8/−3	+12/−6	±2.5
14	18	0/−5	0/−8	0/−11	0/−18	−27	−43	−70	0/−110	0/−180	0/−270	+5/−3	+8/−3	+12/−6	±2.5
18	24	0/−6	0/−9	0/−13	0/−21	0/−33	0/−52	0/−84	0/−130	0/−210	0/−330	+5/−4	+9/−4	+13/−8	±3
24	30	0/−6	0/−9	0/−13	0/−21	0/−33	0/−52	0/−84	0/−130	0/−210	0/−330	+5/−4	+9/−4	+13/−8	±3
30	40	0/−7	0/−11	0/−16	0/−25	0/−39	0/−62	0/−100	0/−160	0/−250	0/−390	+6/−5	+11/−5	+15/−10	±3.5
40	50	0/−7	0/−11	0/−16	0/−25	0/−39	0/−62	0/−100	0/−160	0/−250	0/−390	+6/−5	+11/−5	+15/−10	±3.5
50	65	0/−8	0/−13	0/−19	0/−30	0/−46	0/−74	0/−120	0/−190	0/−300	0/−460	+6/−7	+12/−7	+18/−12	±4
65	80	0/−8	0/−13	0/−19	0/−30	0/−46	0/−74	0/−120	0/−190	0/−300	0/−460	+6/−7	+12/−7	+18/−12	±4
80	100	0/−10	0/−15	0/−22	0/−35	0/−54	0/−87	0/−140	0/−220	0/−350	0/−540	+6/−9	+13/−9	+20/−15	±5
120	140	0/−12	0/−18	0/−25	0/−40	0/−63	0/−100	0/−160	0/−250	0/−400	0/−630	+7/−11	+14/−11	+22/−18	±6
140	160	0/−12	0/−18	0/−25	0/−40	0/−63	0/−100	0/−160	0/−250	0/−400	0/−630	+7/−11	+14/−11	+22/−18	±6
160	180	0/−12	0/−18	0/−25	0/−40	0/−63	0/−100	0/−160	0/−250	0/−400	0/−630	+7/−11	+14/−11	+22/−18	±6
180	200	0/−14	0/−20	0/−29	0/−46	0/−72	0/−115	0/−185	0/−290	0/−460	0/−720	+7/−13	+16/−13	+25/−21	±7
200	225	0/−14	0/−20	0/−29	0/−46	0/−72	0/−115	0/−185	0/−290	0/−460	0/−720	+7/−13	+16/−13	+25/−21	±7
225	250	0/−14	0/−20	0/−29	0/−46	0/−72	0/−115	0/−185	0/−290	0/−460	0/−720	+7/−13	+16/−13	+25/−21	±7
250	280	0/−16	0/−23	0/−32	0/−52	0/−81	0/−130	0/−210	0/−320	0/−520	0/−810	+7/−16	—	—	±8
280	315	0/−16	0/−23	0/−32	0/−52	0/−81	0/−130	0/−210	0/−320	0/−520	0/−810	+7/−16	—	—	±8
315	355	0/−18	0/−25	0/−36	0/−57	0/−89	0/−140	0/−230	0/−360	0/−570	0/−890	+7/−18	—	+29/−28	±9
355	400	0/−18	0/−25	0/−36	0/−57	0/−89	0/−140	0/−230	0/−360	0/−570	0/−890	+7/−18	—	+29/−28	±9
400	450	0/−20	0/−27	0/−40	0/−63	0/−97	0/−155	0/−250	0/−400	0/−630	0/−970	+7/−20	—	+31/−32	±10
450	500	0/−20	0/−27	0/−40	0/−63	0/−97	0/−155	0/−250	0/−400	0/−630	0/−970	+7/−20	—	+31/−32	±10

（续）

带													
js								**k**			**m**		
*5	*6	*7	8	*9	10	11	12	*5	◂6	*7	*5	*6	*7
±2	±3	±5	±7	±12	±20	±30	±50	+4 0	+6 0	+10 0	+6 +2	+8 +2	+12 +2
±2.5	±4	±6	±9	±15	±24	±37	±60	+6 +1	+9 +1	+13 +1	+9 +4	+12 +4	+16 +4
±3	±4.5	±7	±11	±18	±29	±45	±75	+7 +1	+10 +1	+16 +1	+12 +6	+15 +6	+21 +6
±4	±5.5	±9	±13	±21	±35	±55	±90	+9 +1	+12 +1	+19 +1	+15 +7	+18 +7	+25 +7
±4.5	±6.5	±10	±16	±26	±42	±65	±105	+11 +2	+15 +2	+23 +2	+17 +8	+21 +8	+29 +8
±5.5	±8	±12	±19	±31	±50	±80	±125	+13 +2	+18 +2	+27 +2	+20 +9	+25 +9	+34 +9
±6.5	±9.5	±15	±23	±37	±60	±95	±150	+15 +2	+21 +2	+32 +2	+24 +11	+30 +11	+41 +11
±7.5	±11	±17	±27	±43	±70	±110	±175	+18 +3	+25 +3	+38 +3	+28 +13	+35 +13	+48 +13
±9	±12.5	±20	±31	±50	±80	±125	±200	+21 +3	+28 +3	+43 0	+33 +15	+40 +15	+55 +15
±10	±14.5	±23	±36	±57	±92	±145	±230	+24 +4	+33 +4	+50 +4	+37 +17	+46 +17	+63 +17
±11.5	±16	±26	±40	±65	±105	±160	±260	+27 +4	+36 +4	+56 +4	+43 +20	+52 +20	+72 +20
±12.5	±18	±28	±44	±70	±115	±180	±285	+29 +4	+40 +4	+61 +4	+46 +21	+57 +21	+78 +21
±13.5	±20	±31	±48	±77	±125	±200	±315	+32 +5	+45 +5	+68 +5	+50 +23	+63 +23	+86 +23

公　差

公称尺寸/mm		n			p			r			s			t	
大于	至	*5	◀6	*7	*5	◀6	*7	*5	*6	*7	*5	◀6	*7	*5	*6
—	3	+8 +4	+10 +4	+14 +4	+10 +6	+12 +6	+16 +6	+14 +10	+16 +10	+20 +10	+18 +14	+20 +14	+24 +14	—	—
3	6	+13 +8	+16 +8	+20 +8	+17 +12	+20 +12	+24 +12	+20 +15	+23 +15	+27 +15	+24 +19	+27 +19	+31 +19	—	—
6	10	+18 +10	+19 +10	+25 +10	+21 +15	+24 +15	+30 +15	+25 +19	+28 +19	+34 +19	+29 +23	+32 +23	+38 +23	—	—
10	14	+20 +12	+23 +12	+30 +12	+26 +18	+29 +18	+36 +18	+31 +23	+34 +23	+41 +23	+36 +28	+39 +28	+46 +28	—	—
14	18	+20 +12	+23 +12	+30 +12	+26 +18	+29 +18	+36 +18	+31 +23	+34 +23	+41 +23	+36 +28	+39 +28	+46 +28	—	—
18	24	+24 +15	+28 +15	+36 +15	+31 +22	+35 +22	+43 +22	+37 +28	+41 +28	+49 +28	+44 +35	+48 +35	+56 +43	—	—
24	30	+24 +15	+28 +15	+36 +15	+31 +22	+35 +22	+43 +22	+37 +28	+41 +28	+49 +28	+44 +35	+48 +35	+56 +43	+50 +41	+54 +41
30	40	+28 +17	+33 +17	+42 +17	+37 +26	+42 +26	+51 +26	+45 +34	+50 +34	+59 +34	+54 +43	+59 +43	+68 +35	+59 +43	+64 +48
40	50	+28 +17	+33 +17	+42 +17	+37 +26	+42 +26	+51 +26	+45 +34	+50 +34	+59 +34	+54 +43	+59 +43	+68 +35	+65 +54	+70 +54
50	65	+33 +20	+39 +20	+50 +20	+45 +32	+51 +32	+62 +32	+54 +41	+60 +41	+71 +41	+66 +53	+72 +53	+83 +53	+79 +66	+85 +66
65	80	+33 +20	+39 +20	+50 +20	+45 +32	+51 +32	+62 +32	+56 +43	+62 +43	+73 +43	+72 +59	+78 +59	+89 +59	+88 +75	+94 +75
80	100	+38 +23	+45 +23	+58 +23	+52 +37	+59 +37	+72 +37	+66 +51	+73 +51	+86 +51	+86 +71	+93 +71	+106 +71	+106 +91	+113 +91
100	120	+38 +23	+45 +23	+58 +23	+52 +37	+59 +37	+72 +37	+69 +54	+76 +54	+89 +54	+94 +79	+101 +79	+114 +79	+119 +104	+126 +104
120	140	+45 +27	+52 +27	+67 +27	+61 +43	+68 +43	+83 +43	+81 +63	+88 +63	+103 +63	+110 +92	+117 +92	+132 +92	+140 +122	+147 +122
140	160	+45 +27	+52 +27	+67 +27	+61 +43	+68 +43	+83 +43	+83 +65	+90 +65	+105 +65	+118 +100	+125 +100	+140 +100	+152 +134	+159 +134
160	180	+45 +27	+52 +27	+67 +27	+61 +43	+68 +43	+83 +43	+86 +68	+93 +68	+108 +68	+126 +108	+138 +108	+148 +108	+164 +146	+171 +146
180	200	+51 +31	+60 +31	+77 +31	+70 +50	+79 +50	+96 +50	+97 +77	+106 +77	+123 +77	+142 +122	+151 +122	+168 +122	+186 +166	+195 +166
200	225	+51 +31	+60 +31	+77 +31	+70 +50	+79 +50	+96 +50	+100 +80	+109 +80	+126 +80	+150 +130	+159 +130	+176 +130	+200 +180	+209 +180
225	250	+51 +31	+60 +31	+77 +31	+70 +50	+79 +50	+96 +50	+104 +84	+113 +84	+130 +84	+160 +140	+169 +140	+186 +140	+216 +196	+225 +196
250	280	+57 +34	+66 +34	+86 +34	+79 +56	+88 +56	+108 +56	+117 +94	+126 +94	+146 +94	+181 +158	+190 +158	+210 +158	+241 +218	+250 +218
280	315	+57 +34	+66 +34	+86 +34	+79 +56	+88 +56	+108 +56	+121 +98	+130 +98	+150 +98	+193 +170	+202 +170	+222 +170	+263 +240	+272 +240
315	355	+62 +37	+73 +37	+94 +37	+87 +62	+98 +62	+119 +62	+133 +108	+144 +108	+165 +108	+215 +190	+226 +190	+247 +190	+293 +268	+304 +268
355	400	+62 +37	+73 +37	+94 +37	+87 +62	+98 +62	+119 +62	+139 +114	+150 +114	+171 +114	+233 +208	+244 +208	+265 +208	+319 +294	+330 +294
400	450	+67 +40	+80 +40	+103 +40	+95 +68	+108 +68	+131 +68	+153 +126	+166 +126	+189 +126	+259 +232	+272 +232	+295 +232	+357 +330	+370 +330
450	500	+67 +40	+80 +40	+103 +40	+95 +68	+108 +68	+131 +68	+159 +132	+172 +132	+195 +132	+279 +252	+292 +252	+315 +252	+387 +360	+400 +360

注：1. 表中内容摘自 GB/T 1800.2—2009。

2. 公称尺寸小于 1mm 时，各级的 a 和 b 均不采用。

3. "◀"为优先公差带，"＊"为常用公差带，其余为一般用途公差带。

（续）

带	u					v		x			y		z	
	*7	5	◄6	*7	*8	*6	7	*6	7	8	*6	7	*6	7
	—	+22/+18	+24/+18	+28/+18	+32/+18	—	—	+26/+20	+30/+20	+34/+20	—	—	+32/+26	+36/+26
	—	+28/+23	+31/+23	+35/+23	+41/+23	—	—	+36/+28	+40/+28	+46/+23	—	—	+43/+35	+47/+35
	—	+34/+28	+37/+28	+43/+28	+50/+28	—	—	+43/+34	+49/+34	+56/+34	—	—	+51/+42	+57/+42
	—	+41/+33	+44/+33	+51/+33	+60/+33	—	—	+51/+40	+58/+40	+67/+40	—	—	+61/+50	+68/+50
	—					+50/+39	+57/+39	+56/+45	+63/+45	+72/+45	—	—	+71/+60	+78/+60
	—	+50/+41	+54/+41	+62/+41	+74/+41	+60/+47	+68/+47	+67/+54	+75/+54	+87/+54	+76/+63	+84/+63	+86/+73	+94/+73
	+62/+41	+57/+48	+61/+48	+69/+48	+81/+48	+68/+55	+76/+55	+77/+64	+85/+64	+97/+64	+88/+75	+96/+75	+101/+88	+109/+88
	+73/+48	+71/+60	+76/+60	+85/+60	+99/+60	+84/+68	+93/+68	+96/+80	+105/+80	+119/+80	+110/+94	+119/+94	+128/+112	+137/+112
	+79/+54	+81/+70	+86/+70	+95/+70	+109/+70	+97/+81	+106/+81	+113/+97	+122/+97	+136/+97	+130/+114	+139/+114	+152/+136	+161/+136
	+96/+66	+100/+87	+106/+87	+117/+87	+133/+87	+121/+102	+132/+102	+141/+122	+152/+122	+168/+122	+163/+144	+174/+144	+191/+172	+202/+172
	+105/+75	+115/+102	+121/+102	+132/+102	+148/+102	+139/+120	+150/+120	+165/+146	+176/+146	+192/+146	+193/+174	+204/+174	+229/+210	+240/+210
	+126/+91	+139/+124	+146/+124	+159/+124	+178/+124	+168/+146	+181/+146	+200/+178	+213/+178	+232/+178	+236/+214	+249/+214	+280/+258	+293/+258
	+139/+104	+159/+144	+166/+144	+179/+144	+198/+144	+194/+172	+207/+172	+232/+210	+245/+210	+264/+210	+276/+254	+289/+254	+332/+310	+345/+310
	+162/+122	+188/+170	+195/+170	+210/+170	+233/+170	+227/+202	+242/+202	+273/+248	+288/+248	+311/+248	+325/+300	+340/+300	+390/+365	+405/+365
	+174/+134	+208/+190	+215/+190	+230/+190	+253/+190	+253/+228	+268/+228	+305/+280	+320/+280	+343/+280	+365/+340	+380/+340	+440/+415	+455/+415
	+186/+146	+228/+210	+235/+210	+250/+210	+273/+210	+277/+252	+292/+252	+335/+310	+350/+310	+373/+310	+405/+380	+420/+380	+490/+465	+505/+465
	+212/+166	+256/+236	+265/+236	+282/+236	+308/+236	+313/+284	+330/+284	+379/+350	+396/+350	+422/+350	+454/+425	+471/+425	+549/+520	+566/+520
	+226/+180	+278/+258	+287/+258	+304/+258	+330/+258	+339/+310	+356/+310	+414/+385	+431/+385	+457/+385	+499/+470	+516/+470	+604/+575	+621/+575
	+242/+196	+304/+284	+313/+284	+330/+284	+356/+284	+369/+340	+386/+340	+454/+425	+471/+425	+497/+425	+549/+520	+566/+520	+669/+640	+686/+640
	+270/+218	+338/+315	+347/+315	+367/+315	+396/+315	+417/+385	+437/+385	+507/+475	+527/+475	+556/+475	+612/+580	+632/+580	+742/+710	+762/+710
	+292/+240	+373/+350	+382/+350	+402/+350	+431/+350	+457/+425	+477/+425	+557/+525	+577/+525	+606/+525	+682/+650	+702/+650	+822/+790	+842/+790
	+325/+268	+415/+390	+426/+390	+447/+390	+479/+390	+511/+475	+532/+475	+626/+590	+647/+590	+679/+590	+766/+730	+787/+730	+936/+900	+957/+900
	+351/+294	+460/+435	+471/+435	+492/+435	+524/+435	+566/+530	+587/+530	+696/+660	+717/+660	+749/+660	+856/+820	+877/+820	+1036/+1000	+1057/+1000
	+393/+330	+517/+490	+530/+490	+553/+490	+587/+490	+635/+595	+658/+595	+780/+740	+803/+740	+837/+740	+960/+920	+983/+920	+1140/+1100	+1163/+1100
	+423/+360	+567/+540	+580/+540	+603/+540	+637/+540	+700/+660	+723/+660	+860/+820	+883/+820	+917/+820	+1040/+1000	+1063/+1000	+1290/+1250	+1313/+1250

表 19-4　孔的

公称尺寸/mm		公　差													
		A			B				C						
大于	至	9	10	11*	9	10	11*	12*	8	9	10	11◄	12	7	8*
—	3	+295 +270	+310 +270	+330 +270	+165 +140	+180 +140	+200 +140	+240 +140	+74 +60	+85 +60	+100 +60	+120 +60	+160 +60	+30 +20	+34 +20
3	6	+300 +270	+318 +270	+345 +270	+170 +140	+188 +140	+215 +140	+260 +140	+88 +70	+100 +70	+118 +70	+145 +70	+190 +70	+42 +30	+48 +30
6	10	+316 +280	+338 +280	+370 +280	+186 +150	+208 +150	+240 +150	+300 +150	+102 +80	+116 +80	+138 +80	+170 +80	+230 +80	+55 +40	+62 +40
10 14	14 18	+333 +290	+360 +290	+400 +290	+193 +150	+220 +150	+260 +150	+330 +150	+122 +95	+138 +95	+165 +95	+205 +95	+275 +95	+68 +50	+77 +50
18 24	24 30	+352 +300	+384 +300	+430 +300	+212 +160	+244 +160	+290 +160	+370 +160	+143 +110	+162 +110	+194 +110	+204 +110	+320 +110	+86 +65	+98 +65
30	40	+372 +310	+410 +310	+470 +310	+232 +170	+270 +170	+330 +170	+420 +170	+159 +120	+182 +120	+220 +120	+280 +120	+370 +120	+105 +80	+119 +80
40	50	+382 +320	+420 +320	+480 +320	+242 +180	+280 +180	+340 +180	+430 +180	+169 +130	+192 +130	+230 +130	+290 +130	+380 +120		
50	65	+414 +340	+460 +340	+530 +340	+264 +190	+310 +190	+380 +190	+490 +190	+186 +140	+214 +140	+260 +140	+330 +140	+440 +140	+130 +100	+146 +100
65	80	+434 +360	+480 +360	+550 +360	+274 +200	+320 +200	+390 +200	+500 +200	+196 +150	+224 +150	+270 +150	+340 +150	+450 +150		
80	100	+467 +380	+520 +380	+600 +380	+307 +220	+360 +220	+440 +220	+570 +220	+224 +170	+257 +170	+310 +170	+390 +170	+530 +170	+155 +120	+174 +120
100	120	+497 +410	+550 +410	+630 +410	+327 +240	+380 +240	+460 +240	+590 +240	+234 +180	+267 +180	+320 +180	+400 +180	+530 +180		
120	140	+560 +460	+620 +460	+710 +460	+360 +260	+420 +260	+510 +260	+660 +260	+263 +200	+300 +200	+360 +200	+450 +200	+600 +200	+185 +145	+208 +145
140	160	+620 +520	+680 +520	+770 +520	+380 +280	+440 +280	+530 +280	+680 +280	+273 +210	+310 +210	+370 +210	+460 +210	+610 +210		
160	180	+680 +580	+740 +580	+830 +580	+410 +310	+470 +310	+560 +310	+710 +310	+293 +230	+330 +230	+390 +230	+480 +230	+630 +230		
180	200	+775 +660	+845 +660	+950 +660	+455 +340	+525 +340	+630 +340	+800 +340	+312 +240	+355 +240	+425 +240	+530 +240	+700 +240	+216 +170	+242 +170
200	225	+855 +740	+925 +740	+1030 +740	+495 +380	+565 +380	+670 +380	+840 +380	+332 +260	+375 +260	+445 +260	+550 +260	+720 +260		
225	250	+935 +820	+1005 +820	+1110 +820	+535 +420	+605 +420	+710 +420	+880 +420	+352 +280	+395 +280	+465 +280	+570 +280	+740 +280		
250	280	+1050 +920	+1130 +920	+1240 +920	+610 +480	+690 +480	+800 +480	+1000 +480	+381 +300	+430 +300	+510 +300	+620 +300	+820 +300	+242 +190	+271 +190
280	315	+1180 +1050	+1260 +1050	+1370 +1050	+670 +540	+750 +540	+860 +540	+1060 +540	+411 +330	+460 +330	+540 +330	+650 +330	+850 +330		
315	355	+1340 +1200	+1430 +1200	+1560 +1200	+740 +600	+830 +600	+960 +600	+1170 +600	+449 +360	+500 +360	+590 +360	+720 +360	+930 +360	+267 +210	+299 +210
355	400	+1490 +1350	+1580 +1350	+1710 +1350	+820 +680	+910 +680	+1040 +680	+1250 +680	+489 +400	+540 +400	+630 +400	+760 +400	+970 +400		
400	450	+1650 +1500	+1750 +1500	+1900 +1500	+915 +760	+1010 +760	+1160 +760	+1390 +760	+537 +440	+595 +440	+690 +440	+840 +440	+1070 +440	+293 +230	+327 +230
450	500	+1805 +1650	+1900 +1650	+2050 +1650	+995 +840	+1090 +840	+1240 +840	+1470 +840	+577 +480	+635 +480	+730 +480	+880 +480	+1110 +480		

极限偏差　　　　　　　　　　　　　　　　　　　　　　　　（单位：μm）

带	D			E				F				G		
	◄9	10*	11*	7	8*	9*	10	6*	7	◄8	9*	5	6*	◄7
	+45 +20	+60 +20	+80 +20	+24 +14	+28 +14	+39 +14	+54 +14	+12 +6	+16 +6	+20 +6	+31 +6	+6 +2	+8 +2	+12 +2
	+60 +30	+78 +30	+105 +30	+32 +20	+38 +20	+50 +20	+68 +20	+18 +10	+22 +10	+28 +10	+40 +10	+9 +4	+12 +4	+16 +4
	+76 +40	+98 +40	+130 +40	+40 +25	+47 +25	+61 +25	+83 +25	+22 +13	+28 +13	+35 +13	+49 +13	+11 +5	−14 +5	+20 +5
	+93 +50	+120 +50	+160 +50	+50 +32	+59 +32	+75 +32	+102 +32	+27 +16	+34 +16	+43 +16	+59 +16	+14 +6	+17 +5	+24 +6
	+117 +65	+149 +65	+195 +65	+61 +40	+73 +40	+92 +40	+124 +40	+33 +20	+41 +20	+53 +20	+72 +20	+16 +7	+20 +7	+28 +7
	+142 +80	+180 +80	+240 +80	+75 +50	+89 +50	+112 +50	+150 +50	+41 +25	+50 +25	+64 +25	+87 +25	+20 +9	+25 +9	+34 +9
	+174 +100	+220 +100	+290 +100	+90 +60	+106 +60	+134 +60	+180 +60	+49 +30	+60 +30	+76 +30	+104 +30	+23 +10	+29 +10	+40 +10
	+207 +120	+260 +120	+340 +120	+107 +72	+126 +72	+159 +72	+212 +72	+58 +36	+71 +36	+90 +36	+123 +36	+27 +12	+34 +12	+47 +12
	+245 +145	+305 +145	+395 +145	+125 +85	+148 +85	+185 +85	+245 +85	+68 +43	+83 +43	+106 +43	+143 +43	+32 +14	+39 +14	+54 +14
	+285 +170	+355 +170	+460 +170	+146 +100	+172 +100	+215 +100	+285 +100	+79 +50	+96 +50	+122 +50	+165 +50	+35 +15	+14 +15	+61 +15
	+320 +190	+400 +190	+510 +190	+162 +110	+191 +110	+240 +110	+320 +110	+88 +56	+108 +56	+137 +56	+186 +56	+40 +17	+49 +17	+69 +17
	+350 +210	+440 +210	+570 +210	+182 +125	+214 +125	+265 +125	+355 +125	+98 +62	+119 +62	+151 +62	+202 +62	+43 +18	+54 +18	+75 +18
	+385 +230	+480 +230	+630 +230	+198 +135	+232 +135	+290 +135	+385 +135	+108 +68	+131 +68	+165 +68	+223 +68	+47 +20	+60 +20	+83 +20

公差

公称尺寸/mm		H										J			公差
大于	至	4	5	*6	◄7	◄8	◄9	*10	◄11	*12	13	6	7	8	4
—	3	+3 0	+4 0	+6 0	+10 0	+14 0	+25 0	+40 0	+60 0	+100 0	+140 0	+2 −4	+4 −6	+6 −8	±1.5
3	6	+4 0	+5 0	+8 0	+12 0	+18 0	+30 0	+48 0	+75 0	+120 0	+180 0	+5 −3	±6	+10 −8	±2
6	10	+4 0	+6 0	+9 0	+15 0	+22 0	+36 0	+58 0	+90 0	+150 0	+220 0	+5 −4	+8 −7	+12 +10	±2
10	14	+5 0	+8 0	+11 0	+18 0	+27 0	+43 0	+70 0	+110 0	+180 0	+270 0	+6 −5	+10 −8	+15 −12	±2.5
14	18														
18	24	+6 0	+9 0	+13 0	+21 0	+33 0	+52 0	+84 0	+130 0	+210 0	+330 0	+8 −5	+12 −9	+20 −13	±3
24	30														
30	40	+7 0	+11 0	+16 0	+25 0	+39 0	+62 0	+100 0	+160 0	+250 0	+390 0	+10 −6	+14 −11	+24 −15	±3.5
40	50														
50	65	+8 0	+13 0	+19 0	+30 0	+46 0	+74 0	+120 0	+190 0	+300 0	+460 0	+13 −6	+18 −12	+28 −18	±4
65	80														
80	100	+10 0	+15 0	+22 0	+35 0	+54 0	+87 0	+140 0	+220 0	+350 0	+540 0	+16 −6	+22 −13	+34 −20	±5
100	120														
120	140	+12 0	+18 0	+25 0	+40 0	+63 0	+100 0	+160 0	+250 0	+400 0	+630 0	+18 −7	+26 −14	+41 −22	±6
140	160														
160	180														
180	200	+14 0	+20 0	+29 0	+46 0	+72 0	+115 0	+185 0	+290 0	+460 0	+720 0	+22 −7	+30 −16	+47 −25	±7
200	225														
225	250														
250	280	+16 0	+23 0	+32 0	+52 0	+81 0	+130 0	+210 0	+320 0	+520 0	+810 0	+25 −7	+36 −16	+55 −26	±8
280	315														
315	355	+18 0	+25 0	+36 0	+57 0	+89 0	+140 0	+230 0	+360 0	+570 0	+890 0	+29 −7	+39 −18	+60 −29	±9
355	400														
400	450	+20 0	+27 0	+40 0	+63 0	+97 0	+155 0	+250 0	+400 0	+630 0	+970 0	+33 −7	+43 −20	+66 −31	±10
450	500														

（续）

带														
JS								K				M	
5	*6	*7	*8	9	10	11	12	5	*6	◂7	*8	5	*6
±2	±3	±5	±7	±12	±20	±30	±50	0 -4	0 -6	0 -10	0 -14	-2 -6	-2 -8
±2.5	±4	±6	±9	±15	±24	±37	±60	0 -5	+2 -6	+3 -9	+5 -13	-3 -8	-1 -9
±3	±4.5	±7	±11	±18	±29	±45	±75	+1 -5	+2 -7	+5 -10	+6 -16	-4 -10	-3 -12
±4	±5.5	±9	±13	±21	±35	±55	±90	+2 -6	+2 -9	+6 -12	+8 -19	-4 -12	-4 -15
±4.5	±6.5	±10	±16	±26	±42	±65	±105	+1 -8	+2 -11	+6 -15	+10 -23	-5 -14	-4 -17
±5.5	±8	±12	±19	±31	±50	±80	±125	+2 -9	+3 -13	+7 -18	+12 -27	-5 -16	-4 -20
±6.5	±9.5	±15	±23	±37	±60	±95	±150	+3 -10	+4 -15	+9 -21	+4 -32	-6 -19	-5 -24
±7.5	±11	±17	±27	±43	±70	±110	±175	+2 -13	+4 -18	+10 -25	+16 -38	-8 -23	-6 -28
±9	±12.5	±20	±31	±50	±80	±125	±200	+3 -15	+4 -21	+12 -28	+20 -43	-9 -27	-8 -33
±10	±14.5	±23	±36	±57	±92	±145	±230	+2 -18	+5 -24	+13 -33	+22 -50	-11 -31	-8 -37
±11.5	±16	±26	±40	±65	±105	±160	±260	+3 -20	+5 -27	+16 -36	+25 -56	-13 -36	-9 -41
±12.5	±18	±28	±44	±70	±115	±180	±285	+3 -22	+7 -29	+17 -40	+28 -61	-14 -39	-10 -46
±13.5	±20	±31	±48	±77	±125	±200	±315	+2 -25	+8 -32	+18 -45	+29 -68	-16 -43	-10 -50

公　差

公称尺寸/mm		M		N					P				R		
大于	至	*7	*8	5	*6	◄7	*8	9	*6	◄7	8	9	*6	*7	8
—	3	−2 / −12	−2 / −16	−4 / −8	−4 / −10	−4 / −14	−4 / −18	−4 / −29	−6 / −12	−6 / −16	−6 / −20	−6 / −31	−10 / −16	−10 / −20	−10 / −24
3	6	0 / −12	+2 / −16	−7 / −12	−5 / −13	−4 / −16	−2 / −20	0 / −30	−9 / −17	−8 / −20	−12 / −30	−12 / −42	−12 / −20	−11 / −23	−15 / −33
6	10	0 / −15	+1 / −21	−8 / −14	−7 / −16	−4 / −19	−3 / −25	0 / −36	−12 / −21	−9 / −24	−15 / −37	−15 / −51	−16 / −25	−13 / −28	−19 / −41
10	14	0 / −18	+2 / −25	−9 / −17	−9 / −20	−5 / −23	−3 / −30	0 / −43	−15 / −26	−11 / −29	−18 / −45	−18 / −61	−20 / −31	−16 / −34	−23 / −50
14	18	0 / −18	+2 / −25	−9 / −17	−9 / −20	−5 / −23	−3 / −30	0 / −43	−15 / −26	−11 / −29	−18 / −45	−18 / −61	−20 / −31	−16 / −34	−23 / −50
18	24	0 / −21	+4 / −29	−12 / −21	−11 / −24	−7 / −28	−3 / −36	0 / −52	−18 / −31	−14 / −35	−22 / −55	−22 / −74	−24 / −37	−20 / −41	−28 / −61
24	30	0 / −21	+4 / −29	−12 / −21	−11 / −24	−7 / −28	−3 / −36	0 / −52	−18 / −31	−14 / −35	−22 / −55	−22 / −74	−24 / −37	−20 / −41	−28 / −61
30	40	0 / −25	+5 / −34	−13 / −24	−12 / −28	−8 / −33	−3 / −42	0 / −62	−21 / −37	−17 / −42	−26 / −65	−26 / −88	−29 / −45	−25 / −50	−34 / −73
40	50	0 / −25	+5 / −34	−13 / −24	−12 / −28	−8 / −33	−3 / −42	0 / −62	−21 / −37	−17 / −42	−26 / −65	−26 / −88	−29 / −45	−25 / −50	−34 / −73
50	65	0 / −30	+5 / −41	−15 / −28	−14 / −33	−9 / −39	−4 / −50	0 / −74	−26 / −45	−21 / −51	−32 / −78	−32 / −106	−35 / −54	−30 / −60	−41 / −87
65	80	0 / −30	+5 / −41	−15 / −28	−14 / −33	−9 / −39	−4 / −50	0 / −74	−26 / −45	−21 / −51	−32 / −78	−32 / −106	−37 / −56	−32 / −62	−43 / −89
80	100	0 / −35	+6 / −48	−18 / −33	−16 / −38	−10 / −45	−4 / −58	0 / −87	−30 / −52	−24 / −59	−37 / −91	−37 / −124	−44 / −66	−38 / −73	−51 / −105
100	120	0 / −35	+6 / −48	−18 / −33	−16 / −38	−10 / −45	−4 / −58	0 / −87	−30 / −52	−24 / −59	−37 / −91	−37 / −124	−47 / −69	−41 / −76	−54 / −108
120	140	0 / −40	+8 / −55	−21 / −39	−20 / −45	−12 / −52	−4 / −67	0 / −100	−36 / −61	−28 / −68	−43 / −106	−43 / −143	−56 / −81	−48 / −88	−63 / −126
140	160	0 / −40	+8 / −55	−21 / −39	−20 / −45	−12 / −52	−4 / −67	0 / −100	−36 / −61	−28 / −68	−43 / −106	−43 / −143	−58 / −83	−50 / −90	−65 / −128
160	180	0 / −40	+8 / −55	−21 / −39	−20 / −45	−12 / −52	−4 / −67	0 / −100	−36 / −61	−28 / −68	−43 / −106	−43 / −143	−61 / −86	−53 / −93	−68 / −131
180	200	0 / −46	+9 / −63	−25 / −45	−22 / −51	−14 / −60	−5 / −77	0 / −115	−41 / −70	−33 / −79	−50 / −122	−50 / −165	−68 / −97	−60 / −106	−77 / −149
200	225	0 / −46	+9 / −63	−25 / −45	−22 / −51	−14 / −60	−5 / −77	0 / −115	−41 / −70	−33 / −79	−50 / −122	−50 / −165	−71 / −100	−63 / −109	−80 / −152
225	250	0 / −46	+9 / −63	−25 / −45	−22 / −51	−14 / −60	−5 / −77	0 / −115	−41 / −70	−33 / −79	−50 / −122	−50 / −165	−75 / −104	−67 / −113	−84 / −156
250	280	0 / −52	+9 / −72	−27 / −50	−25 / −57	−14 / −66	−5 / −86	0 / −130	−47 / −79	−36 / −88	−56 / −137	−56 / −186	−85 / −117	−74 / −126	−94 / −175
280	315	0 / −52	+9 / −72	−27 / −50	−25 / −57	−14 / −66	−5 / −86	0 / −130	−47 / −79	−36 / −88	−56 / −137	−56 / −186	−89 / −121	−78 / −130	−98 / −179
315	355	0 / −57	+11 / −78	−30 / −55	−26 / −62	−16 / −73	−5 / −94	0 / −140	−51 / −87	−41 / −98	−62 / −151	−62 / −202	−97 / −133	−87 / −144	−108 / −197
355	400	0 / −57	+11 / −78	−30 / −55	−26 / −62	−16 / −73	−5 / −94	0 / −140	−51 / −87	−41 / −98	−62 / −151	−62 / −202	−103 / −139	−93 / −150	−114 / −203
400	450	0 / −63	+11 / −86	−33 / −60	−27 / −67	−17 / −80	−6 / −103	0 / −155	−55 / −95	−45 / −108	−68 / −168	−68 / −223	−113 / −153	−103 / −166	−126 / −223
450	500	0 / −63	+11 / −86	−33 / −60	−27 / −67	−17 / −80	−6 / −103	0 / −155	−55 / −95	−45 / −108	−68 / −168	−68 / −223	−119 / −159	−109 / −172	−132 / −229

注：1. 表中内容摘自 GB/T 1800.2—2009。
　　2. 公称尺寸小于 1mm 时，各级的 A 和 B 均不采用。
　　3. "◄"为优先公差带，"*"为常用公差带，其余为一般用途公差带。

（续）

带	S *6	S ◄7	T *6	T *7	U 6	U ◄7	U 8	V 6	V 7	X 6	X 7	Y 7	Z 7	Z 8
	-14/-20	-14/-24	—	—	-18/-24	-18/-28	-18/-32	—	—	-20/-26	-20/-30	—	-26/-36	-26/-40
	-16/-24	-15/-27	—	—	-20/-28	-19/-31	-23/-41	—	—	-25/-33	-24/-36	—	-31/-43	-35/-53
	-20/-29	-17/-32	—	—	-25/-34	-22/-37	-28/-50	—	—	-31/-40	-28/-43	—	-36/-51	-42/-64
	-25/-36	-21/-39	—	—	-30/-41	-26/-44	-33/-60	—	—	-37/-48	-33/-51	—	-43/-61	-50/-77
			—	—				-36/-47	-32/-50	-42/-53	-38/-56	—	-53/-71	-60/-87
	-31/-44	-27/-48	—	—	-37/-50	-33/-54	-41/-74	-43/-56	-39/-60	-50/-63	-46/-67	-55/-76	-65/-86	-73/-106
			-37/-50	-33/-54	-44/-57	-40/-61	-48/-81	-51/-64	-47/-68	-60/-73	-56/-77	-67/-88	-80/-101	-88/-121
	-38/-54	-34/-59	-43/-59	-39/-64	-55/-71	-51/-76	-60/-99	-63/-79	-59/-84	-75/-91	-71/-96	-85/-110	-103/-128	-112/-151
			-49/-65	-45/-70	-65/-81	-61/-86	-70/-109	-76/-92	-72/-97	-92/-108	-88/-113	-105/-130	-127/-152	-136/-175
	-47/-66	-42/-72	-60/-79	-55/-85	-81/-100	-76/-106	-87/-133	-96/-115	-91/-121	-116/-135	-111/-141	-133/-163	-161/-191	-172/-218
	-53/-72	-48/-78	-69/-88	-64/-94	-96/-115	-91/-121	-102/-148	-114/-133	-109/-139	-140/-159	-135/-165	-163/-193	-199/-229	-210/-256
	-64/-86	-58/-93	-84/-106	-78/-113	-117/-139	-111/-146	-124/-178	-139/-161	-133/-168	-171/-193	-165/-200	-201/-236	-245/-280	-258/-312
	-72/-94	-66/-101	-97/-119	-91/-126	-137/-159	-131/-166	-144/-198	-165/-187	-159/-194	-203/-225	-197/-232	-241/-276	-297/-332	-310/-364
	-85/-110	-77/-117	-115/-140	-107/-147	-163/-188	-155/-195	-170/-233	-195/-220	-187/-227	-241/-266	-233/-273	-285/-325	-350/-390	-365/-428
	-93/-118	-85/-125	-127/-152	-119/-159	-183/-208	-175/-215	-190/-253	-221/-246	-213/-253	-273/-298	-265/-305	-325/-365	-400/-440	-415/-478
	-101/-126	-93/-133	-139/-164	-131/-171	-203/-228	-195/-235	-210/-273	-245/-270	-237/-277	-303/-328	-295/-335	-365/-405	-450/-490	-465/-528
	-113/-142	-105/-151	-157/-186	-149/-195	-227/-256	-219/-265	-236/-308	-275/-304	-267/-313	-341/-370	-333/-379	-408/-454	-503/-549	-520/-592
	-121/-150	-113/-159	-171/-200	-163/-209	-249/-278	-241/-287	-258/-330	-301/-330	-293/-339	-376/-405	-368/-414	-453/-499	-558/-604	-575/-647
	-131/-160	-123/-169	-187/-216	-179/-225	-275/-304	-267/-313	-284/-356	-331/-360	-323/-369	-416/-445	-408/-454	-503/-549	-623/-669	-640/-712
	-149/-181	-138/-190	-209/-241	-198/-250	-306/-338	-295/-347	-315/-396	-376/-408	-365/-417	-466/-498	-455/-507	-560/-612	-690/-742	-710/-791
	-161/-193	-150/-202	-231/-263	-220/-272	-341/-373	-330/-382	-350/-431	-416/-448	-405/-457	-516/-548	-505/-557	-630/-682	-770/-822	-790/-871
	-179/-215	-169/-226	-257/-293	-247/-304	-379/-415	-369/-426	-390/-479	-464/-500	-454/-511	-579/-615	-569/-626	-709/-766	-879/-936	-900/-989
	-197/-233	-187/-244	-283/-319	-273/-330	-424/-460	-414/-471	-435/-524	-519/-555	-509/-566	-649/-685	-639/-696	-799/-856	-979/-1036	-1000/-1089
	-219/-259	-209/-272	-317/-357	-307/-370	-477/-517	-467/-530	-490/-587	-582/-622	-572/-635	-727/-767	-717/-780	-897/-960	-1077/-1140	-1100/-1197
	-239/-279	-229/-292	-347/-387	-337/-400	-527/-567	-517/-580	-540/-637	-647/-687	-637/-700	-807/-847	-797/-860	-977/-1040	-1227/-1290	-1250/-1347

表 19-5　线性尺寸一般公差的公差等级和极限偏差　　　　　（单位：mm）

公差等级	尺　寸　分　段							
	0.5~3	>3~6	>6~30	>30~120	>120~400	>400~1000	>1000~2000	>2000~4000
f（精密级）	±0.05	±0.05	±0.1	±0.15	±0.2	±0.3	±0.5	—
m（中等级）	±0.1	±0.1	±0.2	±0.3	±0.5	±0.8	±1.2	±2
c（粗糙级）	±0.2	±0.3	±0.5	±0.8	±1.2	±2	±3	±4
v（最粗级）	—	±0.5	±1	±1.5	±2.5	±4	±6	±8

注：1. 表中内容摘自 GB/T 1804—2000。
　　2. 一般公差是指在车间一般加工条件下可保证的公差。对于采用一般公差的尺寸，在该尺寸后不注出极限偏差。当采用 GB/T 1804—2000 规定的一般公差时，在图样上，技术文件中或标准中用线性尺寸一般公差国标号和公差等级符号，中间用短横线分隔来表示，如选用中等级时表示为 GB/T 1804—m。

表 19-6　倒圆半径和倒角高度尺寸公差等级及极限偏差　　　　　（单位：mm）

公差等级	尺　寸　分　段			
	0.5~3	>3~6	>6~30	>30
f（精度级） m（中等级）	±0.2	±0.5	±1	±2
c（粗糙级） v（最粗级）	±0.4	±1	±2	±4

注：1. 表中内容摘自 GB/T 1804—2000。
　　2. 表示方法同表 19-5 注第 2 条。

表 19-7　减速器主要零件的荐用配合

配　合　零　件	荐　用　配　合	装　拆　方　法
一般情况下的齿轮、蜗轮、带轮、链轮、联轴器与轴的配合	$\dfrac{H7}{r6}$，$\dfrac{H7}{n6}$	用压力机
小锥齿轮及经常拆卸的齿轮、带轮、链轮、联轴器与轴的配合	$\dfrac{H7}{m6}$，$\dfrac{H7}{k6}$	用压力机或锤子打入
蜗轮轮缘与轮芯的配合	轮箍式：H7/js6 螺栓连接式：H7/h6	加热轮缘或用压力机推入
轴套、挡油盘、溅油盘与轴的配合	$\dfrac{D11}{k6}$，$\dfrac{F9}{k6}$，$\dfrac{F9}{m6}$，$\dfrac{H8}{h7}$，$\dfrac{H8}{h8}$	徒手装配与拆卸
轴承套杯与箱体孔的配合	$\dfrac{H7}{js6}$，$\dfrac{H7}{h6}$	
轴承盖与箱体孔（或套杯孔）的配合	$\dfrac{H7}{d11}$，$\dfrac{H7}{h8}$	
嵌入式轴承盖的凸缘与箱体孔凹槽之间的配合	$\dfrac{H11}{h11}$	
与密封件相接触轴段的公差带	f9，h11	

19.2　几何公差

表 19-8~表 19-12 为几何公差。

表 19-8　几何公差的分类、几何特征及符号

公差类型	几何特征	符号	有无基准	公差类型	几何特征	符号	有无基准
形状公差	直线度	—	无	方向公差	平行度	∥	有
	平面度	▱	无		垂直度	⊥	有
	圆度	○	无		倾斜度	∠	有
	圆柱度	⌀	无		线轮廓度	⌒	有
	线轮廓度	⌒	无		面轮廓度	◠	有
	面轮廓度	◠	无				

（续）

公差类型	几何特征	符号	有无基准	公差类型	几何特征	符号	有无基准
位置公差	位置度	⌖	有或无	跳动公差	圆跳动	↗	有
	同心度 （用于中心点）	◎	有		全跳动	⌰	有
	同轴度 （用于轴线）	◎	有	—	—	—	—
	对称度	≡	有	—	—	—	—
	线轮廓度	⌒	有	—	—	—	—
	面轮廓度	⌓	有	—	—	—	—

注：表中内容摘自 GB/T 1182—2018。

表 19-9　直线度和平面度公差　　　　　　　　　（单位：μm）

主参数 L 图例

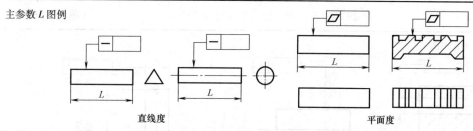

直线度　　　　　　　　　　　　　　　　平面度

公差 等级	主　参　数　L/mm										应用举例
	>16~ 25	>25~ 40	>40~ 63	>63~ 100	>100~ 160	>160~ 250	>250~ 400	>400~ 630	>630~ 1000	>1000~ 1600	
5	3	4	5	6	8	10	12	15	20	25	用于 1 级平面，普通机床导 轨面，柴油机进、排气门导杆， 机体接合面
6	5	6	8	10	12	15	20	25	30	40	
7	8	10	12	15	20	25	30	40	50	60	用于 2 级平面，机床传动箱体 的接合面，减速器箱体的接合面
8	12	15	20	25	30	40	50	60	80	100	
9	20	25	30	40	50	60	80	100	120	150	用于 3 级平面，法兰的连接面， 辅助机构及手动机械的支承面
10	30	40	50	60	80	100	120	150	200	250	

注：1. 主参数 L 指被测要素的长度。表中内容摘自 GB/T 1184—1996。
　　2. 应用举例栏仅供参考。

表 19-10　圆度和圆柱度公差　　　　　　　　　（单位：μm）

主参数 d（D）图例

圆度　　　　　　　　　　　圆柱度

公差 等级	主　参　数　d(D)/mm										应用举例
	>6~ 10	>10~ 18	>18~ 30	>30~ 50	>50~ 80	>80~ 120	>120~ 180	>180~ 250	>250~ 315	>315~ 400	
5	1.5	2	2.5	2.5	3	4	5	7	8	9	用于装 P6、P0 级精度滚动轴 承的配合面，通用减速器轴颈， 一般机床主轴及箱孔
6	2.5	3	4	4	5	6	8	10	12	13	

（续）

公差等级	主　参　数 $d(D)$/mm										应用举例
	>6~10	>10~18	>18~30	>30~50	>50~80	>80~120	>120~180	>180~250	>250~315	>315~400	
7	4	5	6	7	8	10	12	14	16	18	用于千斤顶或液压缸活塞、水泵及一般减速器轴颈，液压传动系统的分配机构
8	6	8	9	11	13	15	18	20	23	25	
9	9	11	13	16	19	22	25	29	32	36	用于通用机械杠杆、拉杆、套筒及销，起重机的滑动轴承轴颈
10	15	18	21	25	30	35	40	46	52	57	

注：1. 主参数 $d(D)$ 为被测轴（孔）的直径。表中内容摘自 GB/T 1184—1996。

　　2. 应用举例栏仅供参考。

表 19-11　平行度、垂直度和倾斜度公差　　　　　　　（单位：μm）

主参数 L、d（D）图例

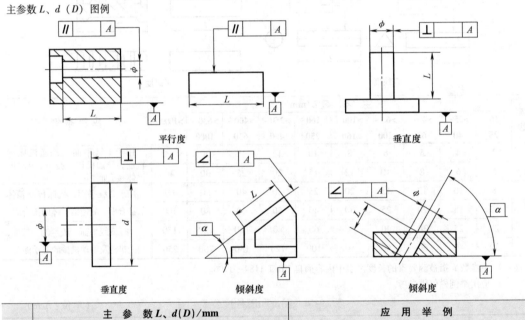

平行度　　　　　　　　　　　垂直度

垂直度　　　　　倾斜度　　　　　　倾斜度

公差等级	主　参　数 L、$d(D)$/mm										应用举例	
	≤10	>10~16	>16~25	>25~40	>40~63	>63~100	>100~160	>160~250	>250~400	>400~630	平行度	垂直度和倾斜度
5	5	6	8	10	12	15	20	25	30	40	用于重要轴承孔对基准面的要求、一般减速器箱体孔的中心线等	用于装 P4、P5 级轴承的箱体的凸肩，发动机轴和离合器的凸缘
6	8	10	12	15	20	25	30	40	50	60	用于一般机械中箱体孔中心线间的要求，如减速器箱体的轴承孔，7~10级精度齿轮传动箱体孔的中心线	用于 P6、P0 级轴承的箱体孔的中心线，低精度机床主要基准面和工作面
7	12	15	20	25	30	40	50	60	80	100		

（续）

公差等级	主参数 L、$d(D)$/mm										应 用 举 例	
	≤10	>10~16	>16~25	>25~40	>40~63	>63~100	>100~160	>160~250	>250~400	>400~630	平 行 度	垂直度和倾斜度
8	20	25	30	40	50	60	80	100	120	150	用于重型机械轴承盖的端面、手动传动装置中的传动轴	用于一般导轨、普通传动箱体中的轴肩
9	30	40	50	60	80	100	120	150	200	250	用于低精度零件、重型机械滚动轴承端盖	用于花键轴肩端面、减速器箱体平面等
10	50	60	80	100	120	150	200	250	300	400		

注：1. 主参数 L、$d(D)$ 是被测要素的长度或直径。表中内容摘自 GB/T 1184—1996。

　　2. 应用举例栏仅供参考。

表 19-12　同轴度、对称度、圆跳动和全跳动公差　　　　（单位：μm）

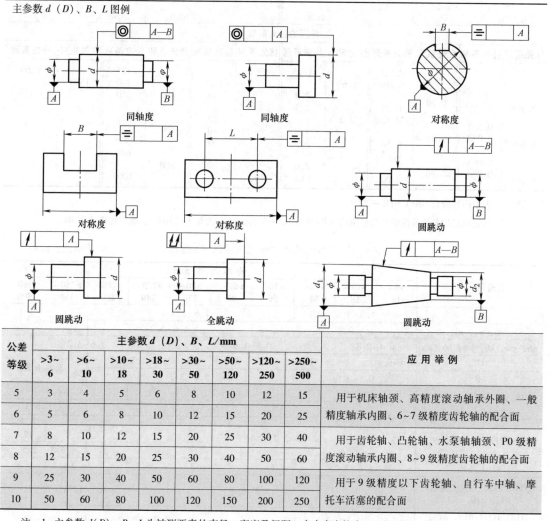

主参数 $d(D)$、B、L 图例

公差等级	主参数 $d(D)$、B、L/mm								应 用 举 例
	>3~6	>6~10	>10~18	>18~30	>30~50	>50~120	>120~250	>250~500	
5	3	4	5	6	8	10	12	15	用于机床轴颈、高精度滚动轴承外圈、一般精度轴承内圈、6~7 级精度齿轮轴的配合面
6	5	6	8	10	12	15	20	25	
7	8	10	12	15	20	25	30	40	用于齿轮轴、凸轮轴、水泵轴轴颈、P0 级精度滚动轴承内圈、8~9 级精度齿轮轴的配合面
8	12	15	20	25	30	40	50	60	
9	25	30	40	50	60	80	100	120	用于 9 级精度以下齿轮轴、自行车中轴、摩托车活塞的配合面
10	50	60	80	100	120	150	200	250	

注：1. 主参数 $d(D)$、B、L 为被测要素的直径、宽度及间距。表中内容摘自 GB/T 1184—1996。

　　2. 应用举例栏仅供参考。

19.3 表面粗糙度

表 19-13～表 19-15 为表面粗糙度参数、表面粗糙度参数值、加工方法及适用范围。

表 19-13　评定表面粗糙度的参数及其数值　　　　　　　（单位：μm）

轮廓的算术平均偏差 Ra							
优先系列	补充系列	优先系列	补充系列	优先系列	补充系列	优先系列	补充系列
0.012	0.008 0.010		0.125 0.160	1.60	1.25	12.5	16.0 20
	0.016				2.0 2.5	25	
0.025	0.02	0.20	0.25 0.32	3.2			32 40
	0.032 0.040	0.40	0.50		4.0 5.0	50	
0.050	0.063		0.63	6.3			63 80
0.100	0.080	0.80	1.00		8.0 10.0	100	

轮廓的最大高度 Rz											
优先系列	补充系列	优先系列	补充系列	优先系列	补充系列	优先系列	补充系列	优先系列	补充系列	优先系列	补充系列
			0.125 0.160	1.60	1.25	12.5			125 160	1600	1250
0.025		0.20	0.25		2.0 2.5	25	16.0 20	200	250		
	0.032		0.32	3.2			32		320		
0.050	0.040	0.40	0.50		4.0 5.0		40 63	400	500 630		
	0.063		0.63	6.3							
0.100	0.080	0.80	1.00		8.0 10.0	50 100	80	800	1000		

注：1. 表中内容摘自 GB/T 1031—2009。

2. 在表面结构参数常用的参数范围内（Ra 为 0.025～6.3μm，Rz 为 0.1～25μm），推荐优先选用 Ra。

表 19-14　与公差带代号相适应的 Ra 数值　　　　　　　（单位：μm）

公差带代号	公称尺寸/mm									
	>6~ 10	>10~ 18	>18~ 30	>30~ 50	>50~ 80	>80~ 120	>120~ 180	>180~ 260	>260~ 360	>360~ 500
H7	0.8~1.6				1.6~3.2				3.2~6.3	
S7, u5, u6, r6, s6		0.8~1.6				1.6~3.2				
n6, m6, k6, js6, h6, g6	0.4~0.8			0.8~1.6			1.6~3.2			
f7	0.4~0.8		0.8~1.6			1.6~3.2			3.2~6.3	
e8		0.8~1.6			1.6~3.2					
H8, d8, n7, j7, js7, h7, m7, k7		0.8~1.6		1.6~3.2				3.2~6.3		
					1.6~3.2				3.2~6.3	
H8, H9, h8, h9, f9			1.6~3.2					3.2~6.3		6.3~ 12.5
									6.3~12.5	
H10, h10		1.6~3.2			3.2~6.3			6.3~12.5		
H11, h11, d11, a11, b11, c10, c11		1.6~3.2			3.2~6.3			6.3~12.5		
H12, H13, h12, h13, b12, c12, c13		3.2~6.3				6.3~12.5			12.5~50	

注：本表供一般机械单件生产的产品设计时参考。

表 19-15　表面粗糙度的参数值、加工方法及适用范围

Ra/μm	表面状况	加工方法	适 用 范 围
100	除净毛刺	铸造、锻、热轧、冲切	不加工的平滑表面，如砂型铸造、冷铸、压力铸造、轧材、锻压、热压及各种型锻的表面
50、25	可用手触及刀痕	粗车、镗、刨、钻	工序间加工时所得到的粗糙表面，即预先经过机械加工，如粗车、粗铣等的零件表面
12.5	可见刀痕	粗车、刨、铣、钻	
6.3	微见加工刀痕	车、镗、刨、钻、铣、锉、磨、粗铰、铣齿	不重要零件的非配合表面，如支柱、轴、外壳、衬套、盖等的表面；紧固零件的自由表面，不要求定心及配合特性的表面，如用钻头钻的螺栓孔等的表面；固定支承表面，如与螺栓头相接触的表面、键的非接合表面
3.2	看不清加工刀痕	车、镗、刨、铣、刮 1～2 点/cm²、拉、磨、锉、滚压、铣齿	和其他零件连接而又不是配合表面，如外壳凸耳、扳手等的支承表面，要求有定心及配合特性的固定支承表面，如定心的轴肩、槽等的表面；不重要的紧固螺纹表面
1.6	可见加工痕迹方向	车、镗、刨、铣、铰、拉、磨、滚压、刮 1～2 点/cm²	要求不精确的定心及配合特性的固定支承表面，如衬套、轴承和定位销的压入孔；不要求定心及配合特性的活动支承面，如活动关节、花键连接、传动螺纹工作面等；重要零件的配合表面，如导向件等
0.8	微见加工痕迹的方向	车、镗、拉、磨、立铣、刮 3～10 点/cm²、滚压	要求保证定心及配合特性的表面，如锥形销和圆柱销表面、安装滚动轴承的孔、滚动轴承的轴颈等；不要求保证定心及配合特性的活动支承表面，如高精度活动球接头表面、支承垫圈、磨削的轮齿
0.4	微辨加工痕迹的方向	铰、磨、镗、拉、刮 3～10 点/cm²、滚压	要求能长期保持所规定配合特性的轴和孔的配合表面，如导柱、导套的工作表面；要求保证定心及配合特性的表面，如精密球轴承的压入座、轴瓦的工作表面、机床顶尖表面等；工作时承受反复应力的重要零件表面；在不破坏配合特性下工作要保证其耐久性和疲劳强度所要求的表面，圆锥定心表面，如曲轴和凸轮轴的工作表面
0.2	不可辨加工痕迹的方向	布轮磨、研磨、超级加工	工作时承受反复应力的重要零件表面，保证零件的疲劳强度、防腐性和耐久性，并在工作时不破坏配合特性的表面，如轴颈表面、活塞和柱塞表面；IT5、IT6 公差等级配合的表面；圆锥定心表面；摩擦表面
0.1	暗光泽面	超级加工	工作时承受较大反复应力的重要零件表面，保证零件的疲劳强度、防腐性及在活动接头工作中的耐久性的表面，如活塞销表面、液压传动用的孔表面；保证精确定心的圆锥表面
0.05	亮光泽面		
0.025	镜状光泽面	超级加工	精密仪器及附件的摩擦面，量具工作面
0.012	雾状镜面		

第20章 圆柱齿轮、锥齿轮、蜗杆、蜗轮的精度与公差

20.1 圆柱齿轮精度

20.1.1 精度等级及其选择

GB/T 10095.1~2—2008 对圆柱齿轮及齿轮副规定了 13 个精度等级，其中 0 级精度最高，12 级精度最低，常用的为 5~9 级。

齿轮精度等级与其传动用途、使用要求、工作条件和圆周速度等有关，常按圆周速度确定。表 20-1 列出了 5~9 级齿轮的加工方法与使用情况。

表 20-1　5~9 级齿轮的加工方法与使用情况

精度等级	工作条件与使用情况	圆周速度/（m/s）		整齿及齿面最终精加工方法
		直齿	斜齿	
5	用于高速并对运转平稳性和噪声有较高要求的齿轮；高速汽车用齿轮；精密分度机构用齿轮；透平齿轮；检测8、9级齿轮的标准齿轮	≤20	≤40	一般齿轮在精密齿轮机床上展成加工，齿面精密磨齿。大型齿轮精密滚齿后，再研磨或剃齿
6	用于高效率且无噪声的高速平稳工作的齿轮；分度机构用齿轮；特别重要的航空、汽车用齿轮；读数装置用精密齿轮	≤15	≤30	在高精度齿轮机床上展成加工。齿面精密磨齿或剃齿
7	用于高速、载荷小或正反转的齿轮；机床进给用齿轮；中速减速器用齿轮；飞机用齿轮；中速人字齿轮	≤10	≤15	不淬火齿轮用高精度刀具切制，淬火齿轮需在高精度齿轮机床上展成加工。齿面需精整加工（磨齿、研磨、珩齿、剃齿）
8	对精度无特别要求的一般机械用齿轮；机床变速齿轮；汽车制造业中不重要的齿轮；冶金、起重机用齿轮；农机中的重要齿轮；普通减速器用齿轮	≤6	≤10	齿轮展成法或仿形法加工，滚齿、插齿均可。齿面不用磨齿，必要时剃齿或研磨
9	精度要求不高、低速下工作的齿轮；重载、低速、不重要的工作机械中的齿轮；农机用齿轮	≤2	≤4	齿轮用任意方法加工。齿面不需特殊精加工

20. 1. 2 齿轮偏差

1. 齿轮的偏差及代号

渐开线圆柱齿轮、齿轮副精度偏差定义及代号见表20-2。

表 20-2 渐开线圆柱齿轮和齿轮副精度偏差定义及代号

序号	名 称	代号	定 义	表号
1	单个齿距偏差	f_{pt}	在端平面上，在接近齿高中部的一个与齿轮轴线同心的圆上，实际齿距与理论齿距的代数差	表 20-4
2	齿距累积偏差	F_{pk}	任意 k 个齿距的实际弧长与理论弧长的代数差	表 20-4
3	齿距累积总偏差	F_p	齿轮同侧齿面任意弧段（$k=1$ 至 $k=z$）内的最大齿距累积偏差	表 20-4
4	齿廓总偏差	F_α	在计算范围内，包容实际齿廓迹线的两条设计齿廓迹线间的距离	表 20-4
5	齿廓形状偏差	$f_{f\alpha}$	在计算范围内，包容实际齿廓迹线的两条与平均齿廓迹线完全相同的曲线间的距离，且两条曲线与平均齿廓迹线的距离为常数	表 20-4
6	齿廓倾斜偏差	$f_{H\alpha}$	在计算范围内，两端与平均齿廓迹线相交的两条设计齿廓迹线间的距离	表 20-4
7	螺旋线总偏差	F_β	在计算范围内，包容实际螺旋线迹线的两条设计螺旋线迹线间的距离	表 20-5
8	螺旋线形状偏差	$f_{f\beta}$	在计算范围内，包容实际螺旋线迹线的两条与平均螺旋线迹线完全相同的曲线间的距离，且两条曲线与平均螺旋线迹线的距离为常数	表 20-5
9	螺旋线倾斜偏差	$f_{H\beta}$	在计算范围的两端与平均螺旋线迹线相交的设计螺旋线迹线间的距离	表 20-5
10	切向综合总偏差	F_i'	被测齿轮与测量齿轮①单面啮合②检验时，被测齿轮一转内，齿轮分度圆上实际圆周位移与理论圆周位移的最大差值。$F_i' = F_p + f_i'$	表 20-4
11	一齿切向综合偏差	f_i'	在一个齿距内的切向综合偏差	表 20-4
12	径向综合总偏差	F_i''	在径向综合检验时，被测齿轮的左右齿面同时与测量齿轮接触，并转过一整圈时出现的中心距最大值和最小值之差	表 20-6
13	一齿径向综合偏差	f_i''	当被测齿轮啮合一整圈时，对应一个齿距（$360°/z$）的径向综合偏差值	表 20-6
14	径向跳动	F_r	测头（球形、圆柱形、砧形）相继置于每个齿槽内时，从它到齿轮轴线的最大和最小径向距离之差	表 20-4
15	齿厚偏差： 上极限偏差 下极限偏差	E_{sns} E_{sni}	分度圆柱面上，齿厚实际值与公称值之差（斜齿轮是指法向齿厚）	

（续）

序号	名　　称	代号	定　　义	表号
16	齿轮副接触斑点		装配好的齿轮副，在轻微的制动下，运转后齿面上的接触痕迹，可用沿齿长方向和沿齿高方向的百分数表示	表 20-9
17	齿轮副侧隙： 圆周侧隙 法向侧隙	j_{wt} j_{bn}	"侧隙"是两个相配齿轮的工作齿面相接触时，在两个非工作齿面之间所形成的间隙 圆周侧隙是当固定两相啮合齿轮中的一个，另一个齿轮所能转过的节圆弧长的最大值 法向侧隙是当两个齿轮工作齿面互相接触时，其非工作齿面之间的最短距离	
18	齿轮副中心距 极限偏差	$\pm f_a$	在齿轮副对齿宽中间平面内，实际中心距与公称中心距之差	表 20-8
19	轴线平行度偏差： 轴线平面内偏差 垂直平面上偏差	$f_{\Sigma\delta}$ $f_{\Sigma\beta}$	在两个轴线的公共平面上测量的 在与轴线公共平面相垂直的交错轴平面上测量的	表 20-7
20	公法线平均长度偏差： 上极限偏差 下极限偏差	E_{bns} E_{bni}	在齿轮一周内，公法线长度平均值与公称值之差。其上、下极限偏差可根据齿厚上、下极限偏差换算	

注：更多内容请参阅有关资料。
① 允许用齿条、蜗杆、测头等测量元件代替齿轮。
② 在检测过程中，齿轮的同侧齿面处于单面啮合状态。

2. 推荐的圆柱齿轮和齿轮副检验项目（表 20-3）

表 20-3　推荐的圆柱齿轮和齿轮副检验项目

项　　目		精　度　等　级
		7、8、9
单个齿轮	传递运动准确性	F_p
	传动平稳性	$\pm f_{pt}$，F_α
	载荷分布均匀性	F_β
齿轮副	控制侧隙	$S_{n\,E_{sni}}^{\;E_{sns}}$ 或 $W_{k\,E_{bni}}^{\;E_{bns}}$
	对传动	接触斑点，$\pm f_a$
	对箱体	f_x，f_y
齿轮毛坯		齿顶圆直径偏差，基准面的径向圆跳动偏差，基准面的轴向圆跳动偏差

3. 齿轮各检验项目的公差数值表（表 20-4～表 20-6）

表 20-4　±f_pt、F_p、F_α、f_fα、f_Hα、F_r、f_i、F'_i、F_w 和 ±F_pk 偏差允许值　　（单位：μm）

分度圆直径 d/mm		模数 m/mm		单个齿距偏差 ±f_{pt}				齿距累积总偏差 F_p				齿廓总偏差 $F_α$				齿廓形状偏差 $f_{fα}$				齿廓倾斜偏差 ±$f_{Hα}$				径向跳动公差 F_r				f'_i/K 值				公法线长度变动公差 F_w			
大于	至	大于	至	5	6	7	8	5	6	7	8	5	6	7	8	5	6	7	8	5	6	7	8	5	6	7	8	5	6	7	8	5	6	7	8
5	20	0.5	2	4.7	6.5	9.5	13	11	16	23	32	4.6	6.5	9.0	13	3.5	5.0	7.0	10	2.9	4.2	6.0	8.5	9.0	13	18	25	14	19	27	38	10	14	20	29
		2	3.5	5.0	7.5	10	15	12	17	23	33	6.5	9.5	13	19	5.0	7.0	10	14	4.2	6.0	8.5	12	9.5	13	19	27	16	23	32	45				
20	50	0.5	2	5.0	7.0	10	14	14	20	29	41	5.0	7.5	10	15	4.0	5.5	8.0	11	3.3	4.6	6.5	9.5	11	16	23	32	14	20	29	41	12	16	23	32
		2	3.5	5.5	7.5	11	15	15	21	30	42	7.0	10	14	20	5.5	8.0	11	16	4.5	6.5	9.0	13	12	17	24	34	17	24	34	48				
		3.5	6	6.0	8.5	12	17	15	22	31	44	9.0	12	18	25	7.0	9.5	14	19	5.5	8.0	11	16	12	17	25	35	19	27	38	54				
50	125	0.5	2	5.5	7.5	11	15	18	26	37	52	6.0	8.5	12	17	4.5	6.5	9.0	13	3.7	5.5	7.5	11	15	21	29	42	16	22	31	44	14	19	27	37
		2	3.5	6.0	8.5	12	18	19	27	38	53	8.0	11	16	22	6.0	8.5	12	17	5.0	7.0	10	14	15	21	30	43	18	25	36	51				
		3.5	6	6.5	9.0	13	18	19	28	39	55	9.5	13	19	27	7.5	11	15	21	6.0	8.5	12	17	16	22	31	44	20	29	40	57				
125	280	0.5	2	6.0	8.5	12	17	24	35	49	69	7.0	10	14	20	5.5	7.5	11	15	4.4	6.0	9.0	12	20	28	39	55	17	24	34	49	16	22	31	44
		2	3.5	6.5	9.0	13	18	25	35	50	70	9.0	13	18	25	7.0	9.5	14	19	5.5	8.0	11	16	20	28	40	56	20	28	39	56				
		3.5	6	7.0	10	14	20	25	36	51	72	11	15	21	30	8.5	12	17	23	6.5	9.5	13	19	20	29	41	58	22	31	44	62				
280	560	0.5	2	6.5	9.0	13	19	32	46	64	91	8.5	12	17	23	6.5	9.0	13	18	5.5	7.5	11	15	26	36	51	73	19	27	39	54	19	26	37	53
		2	3.5	7.0	10	14	20	33	46	65	92	10	15	21	29	8.0	11	16	22	6.5	9.0	13	18	26	37	52	74	22	31	44	62				
		3.5	6	8.0	11	16	22	33	47	66	94	12	17	24	34	9.0	13	18	26	7.5	11	15	21	27	38	53	75	24	34	48	68				

注：
1. 表中内容摘自 GB/T 10095.1～2—2008。
2. 本表中 F_w 是根据我国的生产实践提出的，供参考。
3. 将 f'_i/K 乘以 K，即得到 f'_i；当 $ε_γ<4$ 时，$K=0.2\left(\dfrac{ε_γ+4}{ε_γ}\right)$；当 $ε_γ≥4$ 时，$K=0.4$。
4. $F'_i = F_p + f'_i$。
5. $±F_{pk} = f_{pt} + 1.6\sqrt{(k-1)m_n}$ （5 级精度），通常取 $k=z/8$；按相邻两级的公比 $\sqrt{2}$，可求得其他级 $±F_{pk}$ 值。

表 20-5 F_β、$f_{f\beta}$、$f_{H\beta}$偏差值　　　　　　　　（单位：μm）

分度圆直径 d/mm		齿宽 b /mm		偏 差 项 目							
				螺旋线总偏差 F_β				螺旋线形状偏差 $f_{f\beta}$ 螺旋线倾斜偏差 $\pm f_{H\beta}$			
				精度等级							
大于	至	大于	至	5	6	7	8	5	6	7	8
5	20	4	10	6.0	8.5	12	17	4.4	6.0	8.5	12
		10	20	7.0	9.5	14	19	4.9	7.0	10	14
20	50	4	10	6.5	9.0	13	18	4.5	6.5	9.0	13
		10	20	7.0	10	14	20	5.0	7.0	10	14
		20	40	8.0	11	16	23	6.0	8.0	12	16
50	125	4	10	6.5	9.5	13	19	4.8	6.5	9.5	13
		10	20	7.5	11	15	21	5.5	7.5	11	15
		20	40	8.5	12	17	24	6.0	8.5	12	17
		40	80	10	14	20	28	7.0	10	14	20
125	280	4	10	7.0	10	14	20	5.0	7.0	10	14
		10	20	8.0	11	16	22	5.5	8.0	11	16
		20	40	9	13	18	25	6.5	9.0	13	18
		40	80	10	15	21	29	7.5	10	15	21
		80	160	12	17	25	35	8.5	12	17	25
280	560	10	20	8.5	12	17	24	6.0	8.5	12	17
		20	40	9.5	13	19	27	7.0	9.5	14	19
		40	80	11	15	22	31	8.0	11	16	22
		80	160	13	18	26	36	9.0	13	18	26
		160	250	15	21	30	43	11	15	22	30

注：表中内容摘自 GB/T 10095.1—2008。

表 20-6 F_i''、f_i''偏差值　　　　　　　　（单位：μm）

分度圆直径 d/mm		模数 m_n /mm		偏 差 项 目							
				径向综合总偏差 F_i''				一齿径向综合偏差 f_i''			
				精 度 等 级							
大于	至	大于	至	5	6	7	8	5	6	7	8
5	20	0.2	0.5	11	15	21	30	2.0	2.5	3.5	5.0
		0.5	0.8	12	16	23	33	2.5	4.0	5.5	7.5
		0.8	1.0	12	18	23	35	3.5	5.0	7.0	10
		1.0	1.5	14	19	27	38	4.5	6.5	9.0	13
20	50	0.2	0.5	13	19	26	37	2.0	2.5	3.5	5.0
		0.5	0.8	14	20	28	40	2.5	4.0	5.5	7.5
		0.8	1.0	15	21	30	42	3.5	5.0	7.0	10
		1.0	1.5	16	23	32	45	4.5	6.5	9.0	13
		1.5	2.5	18	26	37	52	6.5	9.5	13	19
50	125	1.0	1.5	19	27	39	55	4.5	6.5	9.0	13
		1.5	2.5	22	31	43	61	6.5	9.5	13	19
		2.5	4.0	25	36	51	72	10	14	20	29
		4.0	6.0	31	44	62	88	15	22	31	44
125	280	1.0	1.5	24	34	48	68	4.5	6.5	9.0	13
		1.5	2.5	26	37	53	75	6.5	9.5	13	19
		2.5	4.0	30	43	61	86	10	15	21	29
		4.0	6.0	36	51	72	102	15	22	31	44
280	560	1.0	1.5	30	43	61	86	4.5	6.5	9.5	13
		1.5	2.5	33	46	65	92	7.0	9.5	14	19
		2.5	4.0	37	52	73	104	10	15	21	30
		4.0	6.0	42	60	81	119	16	22	31	44

注：表中内容摘自 GB/T 10095.2—2008。

4. 齿轮副的偏差

（1）轴线平行度偏差（表 20-7）

表 20-7　轴线平行度偏差 $f_{\Sigma\delta}$ 和 $f_{\Sigma\beta}$

轴线平面内的轴线平行度偏差 $f_{\Sigma\beta}$	$f_{\Sigma\beta} = 0.5\left(\dfrac{L}{b}\right)F_{\beta}$
垂直平面内的轴线平行度偏差 $f_{\Sigma\delta}$	$f_{\Sigma\delta} = 2f_{\Sigma\beta}$

注：F_{β} 为螺旋线总偏差，按大齿轮的分度圆直径查表 20-5 得到；L 为两齿轮轴承孔的间距；b 为齿轮宽度。

（2）中心距极限偏差（表 20-8）

表 20-8　中心距极限偏差 $\pm f_a$　　　　　　　　　（单位：μm）

齿轮副中心距 a/mm		齿轮精度等级		
大于	至	5、6 级　f_a 为 $\frac{1}{2}$IT7	7、8 级　f_a 为 $\frac{1}{2}$IT8	9、10 级　f_a 为 $\frac{1}{2}$IT9
10	18	9	13.5	21.5
18	30	10.5	16.5	26
30	50	12.5	19.5	31
50	80	15	23	37
80	120	17.5	27	43.5
120	180	20	31.5	50
180	250	23	36	57.5
250	315	26	40.5	65
315	400	28.5	44.5	70
400	500	31.5	48.5	77.5

（3）接触斑点（表 20-9）

表 20-9　接触斑点

齿轮精度等级	5、6	7、8	9~12	齿轮精度等级	5、6	7、8	9~12
占齿面高度百分比 不小于	40% （30%）	40% （30%）	40% （30%）	占齿宽的百分比 不小于	80% （80%）	70% （70%）	50% （50%）

注：括号内的数值用于斜齿轮。

（4）齿轮副的侧隙　齿轮副的侧隙是为了避免齿轮副因制造、安装误差和工件热变形而使齿轮卡住，并为齿面间能形成油膜在非工作侧齿面间的适当间隙。控制齿厚的方法有两种，即控制齿厚极限偏差和控制公法线平均长度极限偏差。

1）齿厚极限偏差 E_{sns} 和 E_{sni} 的计算。齿厚极限偏差的计算步骤如下：

① 最小法向侧隙 j_{bnmin}，按 $j_{bnmin} = \dfrac{2}{3}(0.06 + 0.0005a + 0.03m_n)$ 来计算，其推荐值见表 20-10。

表 20-10　齿轮最小侧隙 j_{bnmin} 的推荐值　　　　　（单位：mm）

模数 m_n /mm	中 心 距 a				
	50	100	200	400	800
1.5	0.09	0.11	—	—	—
2	0.10	0.12	0.15	—	—
3	0.12	0.14	0.17	0.24	—
5	—	0.18	0.21	0.28	—
8	—	0.24	0.27	0.34	0.47

注：表中内容摘自 GB/Z 18620.2—2008。

② 侧隙减小量 j_{bn}，补偿齿轮和齿轮箱体的加工和安装误差，其计算公式为

$$j_{bn}=\sqrt{0.88(f_{pt1}^2+f_{pt2}^2)+[2+0.34(L/b)]F_{\beta2}^2}$$

式中　f_{pt1}、f_{pt2}——两个齿轮的单个齿距偏差（mm），见表20-4；

　　　L——轴承跨距（mm）；

　　　b——齿宽（mm）；

　　　$F_{\beta2}$——大齿轮的螺旋线总偏差（mm），见表20-5。

③ 按表20-8查取中心距极限偏差 f_a。

④ 齿厚上极限偏差 E_{sns} 的计算公式为

$$E_{sns}=-\frac{j_{bnmin}+j_{bn}}{2\cos\alpha_n}-|f_a|\tan\alpha_n$$

式中　α_n——法向压力角（°），其余参数含义同前。

⑤ 齿厚公差 T_{sn} 的计算公式为

$$T_{sn}=2\tan\alpha_n\sqrt{b_r^2+F_r^2}$$

式中　b_r——切齿径向进刀公差（mm），见表20-11，其余参数同前。

表 20-11　切齿径向进刀公差 b_r

精度等级	4	5	6	7	8	9
b_r 值	1.26IT7	IT8	1.26IT8	IT9	1.26IT9	IT10

注：根据分度圆直径查 IT 值。

⑥ 齿厚下极限偏差 E_{sni} 的计算公式为

$$E_{sni}=E_{sns}-T_{sn}$$

⑦ 齿厚偏差标注为 $S_n{}_{E_{sni}}^{E_{sns}}$。其中，$S_n$ 为法向齿厚，对于标准齿轮 $S_n=\frac{\pi m_n}{2}$。

2) 公法线长度 W_k 及其极限偏差 E_{bns} 和 E_{bni}。

① 公法线长度 W_k 的计算公式为

$$W_k=m_n[2.9521(k-0.5)+0.014z'+0.684x_n]$$

式中　W_k——k 个齿的公称公法线长度（mm）；

　　　k——跨测齿数，$k=\frac{\alpha}{180°}z'+0.5+1.75x_n$，计算结果圆整；

z'——假想齿数，$z' = z\dfrac{\mathrm{inv}\alpha_t}{0.0149}$，$\alpha_t$ 为端面压力角，$\tan\alpha_t = \dfrac{\tan\alpha_n}{\cos\beta}$，$\mathrm{inv}\alpha_t = \tan\alpha_t - \alpha_t$；对

于直齿轮，因为 $\alpha_t = 20°$，$\mathrm{inv}\alpha_t = \tan20° - 20° \times \dfrac{\pi}{180} = 0.0149$，所以 $z' = z$；

x_n——变位系数。

② 极限偏差 E_{bns} 和 E_{bni} 的计算公式为

$$E_{bns} = E_{sns} - 0.72F_r\sin\alpha_n$$
$$E_{bni} = E_{sni} + 0.72F_r\sin\alpha_n$$

③ 公法线长度偏差标注为 $W_k{}_{E_{bni}}^{E_{bns}}$。

5. 齿坯精度

齿坯的加工精度对齿轮的加工、检测及安装精度影响很大，因此应控制齿坯精度。

圆柱齿轮毛坯上应注明基准孔或基准轴径（对于齿轮轴）的尺寸公差、形状公差、基准轴向圆跳动公差、齿顶圆尺寸或跳动公差及加工表面的表面粗糙度。

齿顶圆柱面作为加工或测量基准时，应标注尺寸公差、圆柱度公差和径向圆跳动公差；齿轮端面为切齿定位基准时，应标注轴向圆跳动公差。齿坯各项公差见表 20-12。

表 20-12　齿坯各项公差[①]

齿轮精度等级	孔		轴		齿顶圆直径公差		基准面的径向跳动[②]和轴向圆跳动/μm			
	尺寸公差	形状公差	尺寸公差	形状公差	作为测量基准	不作为测量基准	分度圆直径/mm			
							≤125	>125~400	>400~800	>800~1000
6	IT6	IT5			IT8	按IT11级定但不大于 $0.1m_n$	11	14	20	28
7, 8	IT7		IT6				18	22	32	45
9, 10	IT8		IT7		IT9		28	36	50	71

① 本表不属于标准内容，可作为课程设计的参考。

② 当以齿顶圆作为基准面时，基准面的径向跳动指齿顶圆的径向圆跳动。

6. 齿轮精度标注示例

在齿轮零件图上，应标注齿轮的精度等级、偏差代号和标准代号。

当齿轮各偏差项的精度等级不同时，图样中按齿轮传动的运动准确性、平稳性和载荷分布均匀性的顺序标注，例如，齿距累积总偏差 F_p（衡量运动准确性）、单个齿距偏差 f_{pt} 和齿廓总偏差 F_α（衡量运动平稳性）均为 7 级，螺旋线总偏差 F_β（衡量载荷分布均匀性）为 6级时，标注为 7（F_p、f_{pt}、F_α）、6（F_β）GB/T 10095.1—2008。

当齿轮各偏差项的精度等级相同时，图样中可只标注精度等级和标准号，如 7 GB/T 10095.1—2008。

20.2　锥齿轮和准双曲面齿轮精度

本节内容摘自 GB/T 11365—1989。

1. 误差定义和代号（略）

2. 精度等级和齿轮的检验与公差

本标准对齿轮及齿轮副规定了 12 个精度等级，第 1 级的精度最高，第 12 级的精度最

低；按误差特性及其对传动性能的影响，将齿轮和齿轮副的公差项目分成三个公差组。根据使用要求，允许各公差组选用不同的精度等级；但对齿轮副中大、小轮的同一公差组，应规定同一精度等级。

根据齿轮的工作要求，可在各公差组中任选一个检验组评定和验收齿轮的精度，锥齿轮的检测项目见表 20-13。各检测项目的公差值和极限偏差值见表 20-14、表 20-15、表 20-16。

齿轮副检验内容包括 Ⅰ、Ⅱ、Ⅲ 公差组、侧隙和安装误差。

当齿轮副安装在实际装置上后，应检验安装误差的项目 Δf_{AM}、Δf_a 和 ΔE_Σ。$\pm f_{AM}$ 值见表 20-17，$\pm f_a$ 值见表 20-18，$\pm E_\Sigma$ 值见表 20-19。

表 20-13 推荐的锥齿轮和锥齿轮副的检验项目

项 目			精 度 等 级		
			7	8	9
锥齿轮	公差组	Ⅰ	F_p		F_r
		Ⅱ		$\pm f_{pt}$	
		Ⅲ		接触斑点	
锥齿轮副	对齿轮			$E_{\overline{ss}}$，$E_{\overline{si}}$	
	对箱体			$\pm f_a$	
	对传动			$\pm f_{AM}$，$\pm f_a$，$\pm E_\Sigma$，j_{nmin}	
齿轮毛坯			齿坯锥顶母线跳动公差，基准端面跳动公差，外径尺寸极限偏差，齿坯轮冠距和顶锥角极限偏差		

表 20-14 齿距累积公差 F_p （单位：μm）

精 度 等 级		7	8	9
中点分度圆弧长 L/mm	≤11.2	16	22	32
	>11.2~20	22	32	45
	>20~32	28	40	56
	>32~50	32	45	63
	>50~80	36	50	71
	>80~160	45	63	90
	>160~315	63	90	125
	>315~630	90	125	180
	>630~1000	112	160	224
	>1000~1600	140	200	280

注：F_p 按中点分度圆弧长 L 查表。查 F_p 时，取 $L = \dfrac{1}{2}\pi d_m = \dfrac{\pi m_m z}{2\cos\beta}$（$m_m$ 为中点法向模数）。

表 20-15 齿圈径向跳动公差 F_r 和齿距极限偏差 $\pm f_{pt}$

中点分度圆直径 /mm		中点法 向模数 /mm	齿圈径向跳动公差 F_r/μm			齿距极限偏差 $\pm f_{pt}$/μm		
			精 度 等 级					
大于	至		7	8	9	7	8	9
—	125	≥1~3.5	36	45	56	14	20	28
		>3.5~6.3	40	50	63	18	25	36
		>6.3~10	45	56	71	20	28	40

（续）

中点分度圆直径 /mm		中点法向模数 /mm	齿圈径向跳动公差 F_r /μm			齿距极限偏差 $\pm f_{pt}$ /μm		
			精 度 等 级					
大于	至		7	8	9	7	8	9
125	400	≥1~3.5	50	63	80	16	22	32
		>3.5~6.3	56	71	90	20	28	40
		>6.3~10	63	80	100	22	32	45
400	800	≥1~3.5	63	80	100	18	25	36
		>3.5~6.3	71	90	112	20	28	40
		>6.3~10	80	100	125	25	36	50

表 20-16 接触斑点

精度等级	6~7	8~9
沿齿长方向	50%~70%	35%~65%
沿齿高方向	55%~75%	40%~70%

注：表中数值范围用于齿面修形的齿轮。对齿面不做修形的齿轮，其接触斑点的大小应不小于其平均值。

表 20-17 齿圈轴向位移极限偏差 $\pm f_{AM}$　　　　　（单位：μm）

中点锥距/mm		分锥角/ (°)		精 度 等 级											
				7				8				9			
				中点法向模数/mm											
大于	到	大于	到	1~3.5	>3.5~6.3	>6.3~10	>10~16	1~3.5	>3.5~6.3	>6.3~10	>10~16	1~3.5	>3.5~6.3	>6.3~10	>10~16
—	50	—	20	20	11			28	16			40	22		
		20	45	17	9.5	—	—	24	13	—	—	34	19	—	—
		45	—	71	10			10	5.6			14	8		
50	100	—	20	67	38	24	18	95	53	34	26	140	75	50	38
		20	45	56	32	21	16	80	45	30	22	120	63	42	30
		45	—	24	13	8.5	6.7	34	17	12	9	48	26	17	13
100	200	—	20	150	80	53	40	200	120	75	56	300	160	105	80
		20	45	130	71	45	34	180	100	63	48	260	140	50	67
		45	—	53	30	19	14	75	40	26	20	105	60	38	28
200	400	—	20	340	180	120	85	480	250	170	120	670	360	240	170
		20	45	280	150	100	71	400	210	140	100	560	300	200	150
		45	—	120	63	40	30	170	90	60	42	240	130	85	60
400	800	—	20	750	400	250	180	1050	560	360	260	1500	800	500	380
		20	45	630	340	210	160	900	480	300	220	1300	670	440	300
		45	—	270	140	90	67	380	200	125	90	530	280	180	130

注：1. 表中数值用于非修形齿轮。对修形齿轮，允许采用低一级的 $\pm f_{AM}$ 值。

　　2. 表中数值用于 $\alpha=20°$ 的齿轮。当 $\alpha\neq20°$ 时，表中数值乘以 $\sin20°/\sin\alpha$。

表 20-18　轴间距极限偏差±f_a　　　　　　　　　　（单位：μm）

中点锥距/mm		精度等级			
大于	至	6	7	8	9
—	50	12	18	28	36
50	100	15	20	30	45
100	200	18	25	36	55
200	400	25	30	45	75
400	800	30	36	60	90

表 20-19　轴交角极限偏差±E_Σ　　　　　　　　　　（单位：μm）

中点锥距/mm		小轮分锥角/(°)		最小法向侧隙种类				
大于	到	大于	到	h、e	d	c	b	a
—	50	—	15	7.5	11	18	30	45
		15	25	10	16	26	42	63
		25	—	12	19	30	50	80
50	100	—	15	10	16	26	42	63
		15	25	12	19	30	50	80
		25	—	15	22	32	60	95
100	200	—	15	12	19	30	50	80
		15	25	17	26	45	71	110
		25	—	20	32	50	80	125
200	400	—	15	15	22	32	60	95
		15	25	24	36	56	90	140
		25	—	26	40	63	100	160
400	800	—	15	20	32	50	80	125
		15	25	28	45	71	110	180
		25	—	34	56	85	140	220

注：1. ±E_Σ 的公差带位置相对于零线，可以不对称或取在一侧。

　　2. 准双曲面齿轮副按大轮中点锥距查表。

　　3. 表中数值用于正交齿轮副，对非正交齿轮副的±E_Σ 值为±$j_{nmin}/2$。

　　4. 表中数值用于 $\alpha_n = 20°$ 的齿轮副。对 $\alpha_n \neq 20°$ 的齿轮副，要将表中值乘以 $\sin20°/\sin\alpha_n$。

3. 齿轮副侧隙

　　标准规定齿轮副的最小法向侧隙种类为 6 种：a、b、c、d、e 和 h；齿轮副法向侧隙公差种类为 5 种：A、B、C、D 和 H，推荐法向侧隙公差种类与最小侧隙种类的对应关系如图 20-1 所示。最小法向侧隙的种类与精度等级无关。

　　最小法向侧隙的种类确定后，按表 20-20 查取齿厚上偏差 $E_{\overline{s}s}$，最小法向侧隙按表 20-22 规定的选取。最大法向侧隙 j_{nmax} 按 $j_{nmax} = (\mid E_{\overline{s}s1} + E_{\overline{s}s2}\mid + T_{\overline{s}1} + T_{\overline{s}2} + E_{\overline{s}\Delta1} + E_{\overline{s}\Delta2})\cos\alpha_n$ 规定的选取。$E_{\overline{s}\Delta}$ 为制造误差的补偿部分，由表 20-21 查取。齿厚公差 T_s 按表 20-23 规定的选取。轴间距极限偏差可由表 20-18 查取。

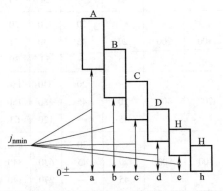

图 20-1　推荐法向侧隙公差种类与最小侧隙种类的对应关系

表 20-20　齿厚上偏差 $E_{\bar{s}s}$　　　　　　　（单位：μm）

基本值	中点法向模数 /mm	中点分度圆直径/mm								
		≤125			>125~400			>400~800		
		分锥角（°）								
		≤20	>20~ 45	>45	≤20	>20~ 45	>45	≤20	>20~ 45	>45
	≥1~3.5	−20	−20	−22	−28	−32	−30	−36	−50	−45
	>3.5~6.3	−22	−22	−25	−32	−32	−30	−38	−55	−45
	>6.3~10	−25	−25	−28	−36	−36	−34	−40	−55	−50
系数	最小法向侧隙种类	h		e		d		c	b	a
	第Ⅱ公差组 精度等级　7	1.0		1.6		2.0		2.7	3.8	5.5
	8					2.2		3.0	4.2	6.0
	9							3.2	4.6	6.6

注：1. 各最小法向侧隙种类和各精度等级齿轮的 $E_{\bar{s}s}$ 值，由基本值栏查出的数值乘以系数得出。

2. 允许把大、小轮齿厚上极限偏差（$E_{\bar{s}s1}+E_{\bar{s}s2}$）之和，重新分配在两个齿轮上。

表 20-21　最大法向侧隙 $j_{n\max}$ 的制造误差补偿部分 $E_{s\Delta}$　　　　　（单位：μm）

第Ⅱ公差组 精度等级	中点法向模数 /mm	中点分度圆直径/mm								
		≤125			>125~400			>400~800		
		分锥角（°）								
		≤20	>20~45	>45	≤20	>20~45	>45	≤20	>20~45	>45
7	1~3.5	20	20	22	28	32	30	36	50	45
	>3.5~6.3	22	22	25	32	32	30	38	55	45
	>6.3~10	25	25	28	36	36	34	40	55	50
8	1~3.5	22	22	24	30	36	32	40	55	50
	>3.5~6.3	24	24	28	36	36	32	42	60	50
	>6.3~10	28	28	30	40	40	38	45	60	55
9	1~3.5	24	24	25	32	38	36	45	65	55
	>3.5~6.3	25	25	30	38	38	36	45	65	55
	>6.3~10	30	30	32	45	45	40	48	65	60

表 20-22　最小法向侧隙 $j_{n\min}$　　　　　　　（单位：μm）

中点锥距/mm		小轮分锥角（°）		最小法向侧隙种类					
大于	至	大于	至	h	e	d	c	b	a
—	50	—	15	0	15	22	36	58	90
		15	25	0	21	33	52	84	130
		25	—	0	25	39	62	100	160
50	100	—	15	0	21	33	52	84	130
		15	25	0	25	39	62	100	160
		25	—	0	30	46	74	120	190
100	200	—	15	0	25	39	62	100	160
		15	25	0	35	54	87	140	220
		25	—	0	40	63	100	160	250
200	400	—	15	0	30	46	74	120	190
		15	25	0	46	72	115	185	290
		25	—	0	52	81	130	210	320

（续）

中点锥距/mm		小轮分锥角（°）		最小法向侧隙种类					
大于	至	大于	至	h	e	d	c	b	a
400	800	—	15	0	40	63	100	160	250
		15	25	0	57	89	140	230	360
		25	—	0	70	110	175	280	440

注：1. 正交齿轮副按中点锥距 R 查表，非正交齿轮副按式 $R' = \dfrac{R}{2}(\sin2\delta_1 + \sin2\delta_2)$ 算出的 R' 查表，其中 δ_1 和 δ_2 为大、小轮分锥角。

2. 准双曲面齿轮副按大轮中点锥距查表。

表 20-23　齿厚公差 $T_{\bar{s}}$ 　　　　　　　　　（单位：μm）

齿圈径向跳动公差 F_r		法向侧隙公差种类				
大于	至	H	D	C	B	A
32	40	42	55	70	85	110
40	50	50	65	80	100	130
50	60	60	75	95	120	150
60	80	70	90	110	130	180
80	100	90	110	140	170	220
100	125	110	130	170	200	260
125	160	130	160	200	250	320

注：表中 F_r 由表 20-15 确定。

4. 齿坯检验与公差

齿轮在加工、检验和安装时的定位基准面应尽量一致，并在齿轮零件图上予以标注。

各项齿坯公差见表 20-24～表 20-26。

表 20-24　齿坯公差

精 度 等 级	6	7	8	9
基准轴径尺寸公差	IT5	IT6		IT7
基准孔径尺寸公差	H6	H7		H8
外径尺寸极限偏差	h8			h9

注：当三个公差组精度等级不同时，公差值按最高的精度等级查取。

表 20-25　齿坯顶锥母线跳动和基准端面圆跳动公差

精度等级	顶锥母线跳动公差/μm					基准端面圆跳动公差/μm				
	外径/mm					基准端面直径/mm				
	≤30	>30~50	>50~120	>120~250	>250~500	≤30	>30~50	>50~120	>120~250	>250~500
7~8	25	30	40	50	60	10	12	15	20	25
9	50	60	80	100	120	15	20	25	30	40

注：当三个公差组精度等级不同时，公差值按最高的精度等级查取。

表 20-26　齿坯轮冠距和顶锥角极限偏差

中点法向模数/mm	轮冠距极限偏差/μm	顶锥角极限偏差/(′)
≤1.2	0 -50	+15 0
>1.2~10	0 -75	+10 0
>10	0 -100	+8 0

5. 图样标注

在锥齿轮零件图上应标注锥齿轮精度等级、最小法向侧隙以及法向侧隙公差种类。标注示例如下：

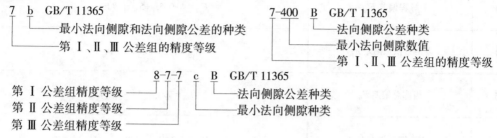

6. 大端分度圆弦齿厚 $\bar{s}$、大端分度圆弦齿高 $\bar{h}_a$

$$\bar{s} = z_v m \sin\frac{90°}{z_v}, \quad \bar{h}_a = m + \frac{mz_v}{2}\left(1 - \cos\frac{90°}{z_v}\right)$$

式中，m 为大端模数；z_v 为当量齿数，$z_v = \dfrac{z}{\cos\delta}$。

20.3　圆柱蜗杆、 蜗轮精度

本节内容摘自 GB/T 10089—2018。

为了满足蜗杆传动的所有性能要求，如传动的平稳性、载荷分布的均匀性、传递运动的准确性和长使用寿命，应保证蜗杆、蜗轮的轮齿尺寸参数偏差、中心距偏差和轴交角偏差在规定的允许范围内。

1. 术语和定义

各偏差的定义请查阅 GB/T 10089—2018。

（1）蜗杆偏差　蜗杆偏差包括齿廓总偏差 $F_{\alpha1}$、齿廓形状偏差 $f_{\alpha1}$、齿廓倾斜偏差 $f_{H\alpha1}$、轴向齿距偏差 f_{px}、相邻轴向齿距偏差 f_{ux}、径向跳动偏差 F_{r1} 和导程偏差 F_{pz}。

（2）蜗轮偏差　蜗轮偏差包括单个齿距偏差 f_{p2}、齿距累积总偏差 F_{p2}、相邻齿距偏差 f_{u2}、齿廓总偏差 $F_{\alpha2}$ 和径向跳动偏差 F_{r2}。

（3）啮合偏差　啮合偏差包括单面啮合偏差 F_i'、单面一齿啮合偏差 f_i' 和蜗杆副的接触斑点。

2. 精度等级

标准对蜗杆蜗轮机构规定了 12 个精度等级；第 1 级的精度最高，第 12 级的精度最低。蜗杆和配对蜗轮的精度等级一般相同，也允许取成不相同。

3. 轮齿偏差的允许值

5 级精度蜗杆蜗轮偏差允许值的计算公式见表 20-27。

表 20-27　5 级精度蜗杆蜗轮偏差允许值的计算公式

序号	偏　差　项	计　算　公　式
1	单个齿距偏差 f_p	$f_p = 4+0.315\ (m_x + 0.25\sqrt{d})$
2	相邻齿距偏差 f_u	$f_u = 5+0.4\ (m_x + 0.25\sqrt{d})$

（续）

序号	偏差项	计算公式
3	导程偏差 F_{pz}	$F_{pz} = 4 + 0.5z_1 + 5\sqrt[3]{z_1}\ (\lg m_x)^2$
4	齿距累积总偏差 F_{p2}	$F_{p2} = 7.25\ (d_2)^{\frac{1}{5}}\ (m_x)^{\frac{1}{7}}$
5	齿廓总偏差 F_α	$F_\alpha = \sqrt{(f_{H\alpha})^2 + (f_{f\alpha})^2}$
6	齿廓倾斜偏差 $f_{H\alpha}$	$f_{H\alpha} = 2.5 + 0.25\ (m_x + 3\sqrt{m_x})$
7	齿廓形状偏差 $f_{f\alpha}$	$f_{f\alpha} = 1.5 + 0.25\ (m_x + 9\sqrt{m_x})$
8	径向跳动偏差 F_r	$F_r = 1.68 + 2.18\sqrt{m_x} + (2.3 + 1.2\lg m_x)d^{\frac{1}{4}}$
9	单面啮合偏差 F_i'	$F_i' = 5.8d^{\frac{1}{5}}m_x^{\frac{1}{7}} + 0.8F_\alpha$
10	单面一齿啮合偏差 f_i'	$f_i' = 0.7\ (f_p + F_\alpha)$

注：1. 式中，m_x、d 和 z_1 的取值为各参数分段界限值的几何平均值。m_x、d 的单位均为 mm，偏差允许值的单位为 μm。

2. 计算 F_α、F_i' 和 f_i' 偏差允许值时，应取 $f_{H\alpha}$、$f_{f\alpha}$、F_α 和 f_p 计算修约后的数值。

依据表 20-27 中的公式，计算得 5 级精度轮齿偏差的允许值，见表 20-28。

表 20-28 5 级精度轮齿偏差的允许值　　　　　　　　（单位：μm）

模数 m（m_t, m_x）/mm	偏差 F_α		分度圆直径 d/mm				
			>10~50	>50~125	>125~280	>280~560	>560~1000
>0.5~2.0	5.5	f_u	6.0	6.5	7.0	7.5	8.0
		f_p	4.5	5.0	5.5	6.0	6.5
		F_{p2}	13.0	17.0	21.0	24.0	27.0
		F_r	9.0	11.0	12.0	14.0	16.0
		F_i'	15.0	18.0	21.0	24.0	26.0
		f_i'	7.0	7.5	7.5	8.0	8.5
>2.0~3.55	7.5	f_u	6.5	7.0	7.5	8.0	9.0
		f_p	5.0	5.5	6.0	6.5	7.0
		F_{p2}	16.0	20.0	24.0	28.0	31.0
		F_r	11.0	14.0	16.0	18.0	20.0
		F_i'	18.0	22.0	25.0	28.0	31.0
		f_i'	9.0	9.0	9.5	10.0	10.0

（续）

模数 m (m_t, m_x) /mm	偏差 F_α		分度圆直径 d/mm				
			>10~50	>50~125	>125~280	>280~560	>560~1000
>3.55~6.0	9.5	f_u	7.5	7.5	8.0	9.0	9.5
		f_p	6.0	6.0	6.5	7.0	7.5
		F_{p2}	17.0	22.0	26.0	30.0	34.0
		F_r	13.0	16.0	18.0	20.0	23.0
		F_i'	21.0	25.0	28.0	31.0	35.0
		f_i'	11.0	11.0	11.0	12.0	12.0
>6.0~10.0	12.0	f_u	8.5	9.0	9.5	10.0	11.0
		f_p	7.0	7.0	7.5	8.0	8.5
		F_{p2}	18.0	23.0	28.0	32.0	36.0
		F_r	15.0	18.0	20.0	23.0	25.0
		F_i'	24.0	28.0	32.0	35.0	39.0
		f_i'	13.0	13.0	14.0	14.0	14.0

蜗杆导程偏差 F_{pz}							
测量长度/mm		15	25	45	75	125	200	300

	测量长度/mm	15	25	45	75	125	200	300
	轴向模数 m_x/mm	>0.5~2.0	>2.0~3.55	>3.55~6.0	>6.0~10	>10~16	>16~25	>25~40
蜗杆头数 z_1	1	4.5	5.5	6.5	8.5	11.0	13.0	16.0
	2	5.0	6.0	8.0	10.0	13.0	16.0	19.0
	3 和 4	5.5	7.0	9.0	12.0	15.0	19.0	23.0
	5 和 6	6.5	8.5	11.0	14.0	17.0	22.0	27.0
	>6	8.5	10.0	13.0	16.0	21.0	26.0	31.0

说明：

1）修约规则。表 20-28 中的值是按表 20-27 中的公式计算并修约后得到的数值。修约规则是：如果计算值小于 $10\mu m$，修约到最接近的相差小于 $0.5\mu m$ 的小数或整数；如果计算值大于 $10\mu m$，修约到最接近的整数。

2）各级精度的偏差允许值

通过表 20-28 中 5 级精度的偏差允许值，可求得其他精度的偏差允许值。两相邻精度等级的级间公比为：$\varphi=1.4$（1~9 级精度），$\varphi=1.6$（9 级精度以下）；径向跳动偏差 F_r 的级间公比为 $\varphi=1.4$（1~12 级精度）。

例如：计算 7 级精度的偏差允许值时，将 5 级精度的未修约的计算值乘以 1.4^2，然后按规则修约。

4. 接触斑点

接触斑点主要考察其接触面积、形状、分布位置，应符合表 20-29 的规定。

表 20-29 蜗杆副接触斑点的要求

精度等级	接触面积的百分比（%）		接触形状	接触位置
	沿齿高不小于	沿齿长不小于		
1 和 2	75	70	接触斑点在齿高方向无断缺，不允许成带状条纹	接触斑点痕迹的分布位置趋近齿顶中部，允许略偏于啮入端。在齿顶和啮入、啮出端的棱边外不允许接触
3 和 4	70	65		
5 和 6	65	60		

（续）

精度等级	接触面积的百分比（%）		接触形状	接触位置
	沿齿高不小于	沿齿长不小于		
7 和 8	55	50		接触斑点痕迹应偏于啮出端，但不允
9 和 10	45	40	不作要求	许在齿顶和啮入、啮出端的棱边接触
11 和 12	30	30		

注：采用修形齿面的蜗杆传动，接触斑点的接触形状要求可不受表中规定的限制。

5. 蜗杆传动的侧隙

蜗杆副最小法向侧隙的大小用侧隙种类代号（字母）表示，共分 a、b、c、d、e、f、g、h 八种。其中，以 a 为最大侧隙，h 为零侧隙，如图 20-2 所示。侧隙种类与精度等级无关，应根据工作条件和使用要求选择。

6. 图样标注

1）在蜗杆和蜗轮的零件图上，应分别标注精度等级、齿厚极限偏差或相应的侧隙种类代号和国家标准代号，其标注示例如下：

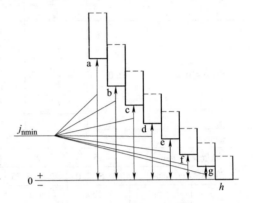

图 20-2 蜗杆副最小法向侧隙种类

① 蜗杆的第Ⅱ、Ⅲ公差组的精度等级均为 8级，齿厚极限偏差为标准值，相配的侧隙种类为 c，其标注为：

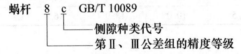

② 若①中蜗杆的齿厚极限偏差为非标准值，如上极限偏差为 -0.27 mm、下极限偏差为 -0.40 mm，则标注为：

$$\text{蜗轮} \quad 8\binom{-0.27}{-0.40} \quad \text{GB/T 10089}$$

③ 蜗杆的第Ⅰ公差组的精度为 7 级，第Ⅱ、Ⅲ公差组的精度为 8 级，齿厚极限偏差为标准值，相配的侧隙种类为 f，其标注为：

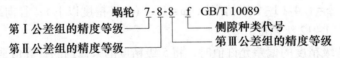

④ 蜗轮的三个公差组精度同为 8 级，齿厚极限偏差为标准值，相配的侧隙种类为 c，其标注为：

$$\text{锅轮} \quad 8c \quad \text{GB/T 10089}$$

⑤ 若③中蜗轮的齿厚无公差要求，则标注为：

$$\text{蜗轮} \quad 7\text{-}8\text{-}8 \quad \text{GB/T 10089}$$

2）在蜗杆传动的装配图上，应标注相应的精度等级、侧隙种类代号和国家标准代号，其标注示例如下：

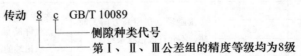

第21章　电动机

21.1　Y 系列三相异步电动机

Y 系列电动机为全封闭自扇冷式笼型三相异步电动机，为国内第一个符合国际电工委员会（IEC）标准的系列产品，用于空气中不含易燃、易爆或腐蚀性气体的场合。它适用于电源电压为 380V 且无特殊要求的机械，如机床、泵、风机、运输机、搅拌机、农业机械等，也适用于某些需要高起动转矩的机器，如压缩机等。Y 系列电动机按外壳防护等级不同，分为 IP44（封闭式）、IP23（防护式）等。Y 系列三相异步电动机的技术数据及安装代号、外形尺寸等见表 21-1~表 21-3。

表 21-1　Y 系列（IP44）三相异步电动机技术数据

电动机型号	额定功率 /kW	满载转速 /(r/min)	堵转转矩 / 额定转矩	最大转矩 / 额定转矩
同步转速 3000r/min，2 极				
Y80M1—2	0.75	2830	2.2	2.3
Y80M2—2	1.1	2830	2.2	2.3
Y90S—2	1.5	2840	2.2	2.3
Y90L—2	2.2	2840	2.2	2.3
Y100L—2	3	2880	2.2	2.3
Y112M—2	4	2890	2.2	2.3
Y132S1—2	5.5	2900	2.0	2.3
Y132S2—2	7.5	2900	2.0	2.3
Y160M1—2	11	2930	2.0	2.3
Y160M2—2	15	2930	2.0	2.3
Y160L—2	18.5	2930	2.0	2.2
Y180M—2	22	2940	2.0	2.2
Y200L1—2	30	2950	2.0	2.2
Y200L2—2	37	2950	2.0	2.2
Y225M—2	45	2970	2.0	2.2
Y250M—2	55	2970	2.0	2.2
同步转速 1000r/min，6 极				
Y90S—6	0.75	910	2.0	2.2
Y90L—6	1.1	910	2.0	2.2
Y100L—6	1.5	940	2.0	2.2
Y112M—6	2.2	940	2.0	2.2
Y132S—6	3	960	2.0	2.2

（续）

电动机型号	额定功率 /kW	满载转速 /（r/min）	堵转转矩 额定转矩	最大转矩 额定转矩
Y132M1—6	4	960	2.2	2.2
Y132M2—6	5.5	960	2.0	2.2
Y160M—6	7.5	970	2.0	2.0
Y160L—6	11	970	2.0	2.0
Y180L—6	15	970	1.8	2.0
Y200L1—6	18.5	970	1.8	2.0
Y200L2—6	22	970	1.8	2.0
Y225M—6	30	980	1.7	2.0
Y250M—6	37	980	1.8	2.0
Y280S—6	45	980	1.8	2.0
Y280M—6	55	980	1.8	2.0
同步转速 1500r/min，4 极				
Y80M1—4	0.55	1390	2.2	2.3
Y80M2—4	0.75	1390	2.2	2.3
Y90S—4	1.1	1400	2.2	2.3
Y90L—4	1.5	1400	2.2	2.3
Y100L1—4	2.2	1430	2.2	2.3
Y100L2—4	3	1430	2.2	2.3
Y112M—4	4	1440	2.2	2.3
Y132S—4	5.5	1440	2.2	2.3
Y132M—4	7.5	1440	2.2	2.3
Y160M—4	11	1460	2.2	2.3
Y160L—4	15	1460	2.2	2.3
Y180M—4	18.5	1470	2.0	2.2
Y180L—4	22	1470	2.0	2.2
Y200L—4	30	1470	2.0	2.2
Y225S—4	37	1480	1.9	2.2
Y225M—4	45	1480	1.9	2.2
Y250M—4	55	1480	2.0	2.2
Y280S—4	75	1480	1.9	2.2
Y280M—4	90	1480	1.9	2.2
同步转速 750r/min，8 极				
Y132S—8	2.2	710	2.0	2.0
Y132M—8	3	710	2.0	2.0
Y160M1—8	4	720	2.0	2.0
Y160M2—8	5.5	720	2.0	2.0
Y160L—8	7.5	720	2.0	2.0
Y180L—8	11	730	1.7	2.0
Y200L—8	15	730	1.8	2.0
Y225S—8	18.5	730	1.7	2.0
Y225M—8	22	730	1.8	2.0
Y250M—8	30	730	1.8	2.0
Y280S—8	37	740	1.8	2.0
Y280M—8	45	740	1.8	2.0

注：1. 表中内容摘自 JB/T 10391—2008。

2. 电动机型号的意义：以 Y132S2—2—B3 为例，Y 表示系列代号，132 表示机座中心高，S2 表示短机座、第二种铁心长度（M—中机座，L—长机座），2 为电动机的极数，B3 表示安装形式（见表 21-2）。

表 21-2　Y 系列电动机安装代号

安装形式	基本安装形式	由 B3 派生的安装形式				
	B3	V5	V6	B6	B7	B8
示意图						
中心高/mm	80~280	80~160				

安装形式	基本安装形式	由 B5 派生的安装形式		基本安装形式	由 B35 派生的安装形式	
	B5	V1	V3	B35	V15	V36
示意图						
中心高/mm	80~225	80~280	80~160	80~280	80~160	

表 21-3　机座带底脚的 Y 系列电动机的安装及外形尺寸　　　　（单位：mm）

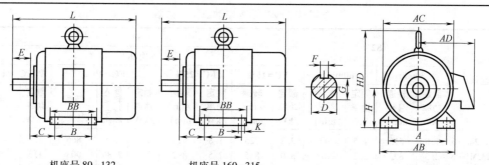

机座号 80~132　　　　　　机座号 160~315

机座号	极数	A	B	C	D	E	F	G	H	K	AB	AC	AD	HD	BB	L
80M	2, 4	125	100	50	19	40	6	15.5	80	10	165	175	150	175	130	290
90S	2, 4, 6	140	100	56	24	50	8	20	90	10	180	195	160	195	130	315
90L	2, 4, 6	140	125	56	24	50	8	20	90	10	180	195	160	195	155	340
100L	2, 4, 6	160	140	63	28	60	8	24	100	12	205	215	180	245	170	380
112M	2, 4, 6	190	140	70	28	60	8	24	112	12	245	240	190	265	180	400
132S	2, 4, 6, 8	216	178	89	38	80	10	33	132	12	280	275	210	315	200	475
132M	2, 4, 6, 8	216	178	89	38	80	10	33	132	12	280	275	210	315	238	515
160M	2, 4, 6, 8	254	210	108	42	110	12	37	160	14.5	330	335	265	385	270	605
160L	2, 4, 6, 8	254	254	108	42	110	12	37	160	14.5	330	335	265	385	314	650
180M	2, 4, 6, 8	279	241	121	48	110	14	42.5	180	14.5	355	380	285	430	311	670
180L	2, 4, 6, 8	279	279	121	48	110	14	42.5	180	14.5	355	380	285	430	349	710
200L	2, 4, 6, 8	318	305	133	55	110	16	49	200	14.5	395	420	315	475	379	775
225S	4, 8	356	286	149	60	140	18	53	225	18.5	435	475	345	530	368	820
225M	2	356	311	149	55	110	16	49	225	18.5	435	475	345	530	393	815
225M	4, 6, 8	356	311	149	60	140	18	53	225	18.5	435	475	345	530	393	845
250M	2	406	349	168	60	140	18	53	250	18.5	490	515	385	575	455	930
250M	4, 6, 8	406	349	168	65	140	18	58	250	18.5	490	515	385	575	455	930
280S	2	457	368	190	65	140	18	58	280	24	550	580	410	640	530	1000
280S	4, 6, 8	457	368	190	75	140	20	67.5	280	24	550	580	410	640	530	1000
280M	2	457	419	190	65	140	18	58	280	24	550	580	410	640	581	1050
280M	4, 6, 8	457	419	190	75	140	20	67.5	280	24	550	580	410	640	581	1050

21.2　YZR、YZ 系列冶金及起重用三相异步电动机

冶金及起重用三相异步电动机是用于驱动各种形式的起重机械和冶金设备中的辅助机械的专用系列产品。它具有较大的过载能力和较高的机械强度，特别适用于短时或断续周期运行、频繁起动和制动、有时过载荷及有显著的振动与冲击的设备。

YZR 系列为绕线转子电动机，YZ 系列为笼型转子电动机。冶金及起重用电动机大多采用绕线转子，但对于 30kW 以下的电动机以及在起动不很频繁而电网容量又许可满压起动的场合，也可采用笼型转子。

根据载荷的不同性质，电动机常用的工作制分为 S2（短时工作制）、S3（断续周期工作制）、S4（包括起动的断续周期性工作制）、S5（包括电制动的断续周期工作制）四种。电动机的额定工作制为 S3，每个工作周期为 10min。电动机的基准载荷持续率 FC 为 40%。YZR、YZ 系列电动机的技术数据及安装代号等见表 21-4~表 21-8。

表 21-4　YZR 系列电动机技术数据

型号	S2				S3								
					6 次/h[①]								
	30min		60min		FC=15%		FC=25%		FC=40%			FC=60%	
	额定功率/kW	转速/(r/min)	额定功率/kW	转速/(r/min)	额定功率/kW	转速/(r/min)	额定功率/kW	转速/(r/min)	额定功率/kW	最大转矩/额定转矩	转速/(r/min)	额定功率/kW	转速/(r/min)
YZR112M—6	1.8	815	1.5	866	2.2	725	1.8	815	1.5	2.5	866	1.1	912
YZR132M1—6	2.5	892	2.2	908	3.0	855	2.5	892	2.2	2.86	908	1.3	924
YZR132M2—6	4.0	900	3.7	908	5.0	875	4.0	900	3.7	2.51	908	3.0	937
YZR160M1—6	6.3	921	5.5	930	7.5	910	6.3	921	5.5	2.56	930	5.0	935
YZR160M2—6	8.5	930	7.5	940	11	908	8.5	930	7.5	2.78	940	6.3	949
YZR160L—6	13	942	11	957	15	920	13	942	11	2.47	945	9.0	952
YZR180L—6	17	955	15	962	20	946	17	955	15	3.2	962	13	963
YZR200L—6	26	956	22	964	33	942	26	956	22	2.88	964	19	969
YZR225M—6	34	957	30	962	40	947	34	957	30	3.3	962	26	968
YZR250M1—6	42	960	37	965	50	950	42	960	37	3.13	960	32	970
YZR250M2—6	52	958	45	965	63	947	52	958	45	3.48	965	39	969
YZR280S—6	63	966	55	969	75	960	63	966	55	3	969	48	972
YZR160L—8	9	694	7.5	705	11	676	9	694	7.5	2.73	705	6	717
YZR180L—8	13	700	11	700	15	690	13	700	11	2.72	700	9	720
YZR200L—8	18.5	701	15	712	22	690	18.5	701	15	2.94	712	13	718
YZR225M—8	26	708	22	715	33	696	26	708	22	2.96	715	18.5	721
YZR250M1—8	35	715	30	720	42	710	35	715	30	2.64	720	26	725
YZR250M2—8	42	716	37	720	52	706	42	716	37	2.73	720	32	725
YZR280M—8	63	722	55	725	75	715	63	722	55	2.85	725	43	730
YZR315S—8	85	724	75	727	100	719	85	724	75	2.74	727	63	731
YZB280S—10	42	571	37	560	55	564	42	571	37	2.8	572	32	578
YZR280M—10	55	556	45	560	63	548	55	556	45	3.16	560	37	569
YZR315S—10	63	580	55	580	75	574	63	580	55	3.11	580	48	585
YZR315M—10	85	576	75	579	100	570	85	576	75	3.45	579	63	584
YZR355M—10	110	581	90	585	132	676	110	581	90	3.33	589	75	588

（续）

型号	S3		S4 及 S5									
			150 次/h[①]						300 次/h[①]			
	FC=100%		FC=25%		FC=40%		FC=60%		FC=40%		FC=60%	
	额定功率/kW	转速/(r/min)	额定功率/kW	转速/(r/min)	额定功率/kW	转速/(r/min)	额定功率/kW	转速/(r/min)	额定功率/kW	转速/(r/min)	额定功率/kW	转速/(r/min)
YZR112M—6	0.8	940	1.6	845	1.3	890	1.1	920	1.2	900	0.9	930
YZR113M1—6	1.5	940	2.2	908	2.0	913	1.7	931	1.8	926	1.6	936
YZR132M2—6	2.5	950	3.7	915	3.3	925	2.8	940	3.4	925	2.8	940
YZR160M1—6	4.0	944	5.8	927	5.0	935	4.8	937	5.0	935	4.8	937
YZR160M2—6	5.5	956	7.5	940	7.0	945	6.0	954	6.0	954	5.5	959
YZR160L—6	7.5	970	11	950	10	957	8.0	969	8.0	969	7.5	971
YZR180L—6	11	975	15	960	13	965	12	969	12	969	11	972
YZR200L—6	17	973	21	965	18.5	970	17	973	17	973		
YZR225M—6	22	975	28	965	25	969	22	973	22	973	20	977
YZR250M1—6	28	975	33	970	30	973	28	975	26	977	25	978
YZR250M2—6	33	974	42	967	37	971	33	975	31	976	30	977
YZR280S—6	40	976	52	970	45	974	42	975	40	977	37	978
YZR160L—8	5	724	7.5	712	7	716	5.8	724	6.0	722	50	727
YZR180L—8	7.5	726	11	711	10	717	8.0	728	8.0	728	7.5	729
YZR200L—8	11	723	15	713	13	718	12	720	12	720	11	724
YZR225M—8	17	723	21	718	18.5	721	17	724	17	724	15	727
YZR2505M1—8	22	729	29	700	25	705	22	712	22	712	20	716
YZR250M2—8	27	729	33	725	30	727	28	728	26	730	25	731
YZR280M—8	40	732	52	727	45	730	42	732	42	732	37	735
YZR315S—8	55	734	64	731	60	733	56	733	52	735	48	736
YZR280S—10	27	582	33	578	30	579	28	580	26	582	25	583
YZR280M—10	33	587	42		37		33		31		28	
YZR315S—10	40	588	50	583	45	585	42	586	40	587	37	587
YZR315M—10	50	587	65	584	60	585	55	586	50	587	48	588
YZR355M—10	63	589	80	587	72	588	65	589	60	590	55	590

注：表中内容摘自 JB/T 10105—2017。

① 热等效起动次数。

表 21-5　YZR、YZ 系列电动机安装形式及其代号

安装形式	代　号	制造范围（机座号）	备　注
	IM1001	112~160	圆柱轴伸
	IM1003	180~400	锥形轴伸
	IM1002	112~160	圆柱轴伸
	IM1004	180~400	锥形轴伸

表 21-6　YZR 系列电动机的安装及外形尺寸　　　　　　　　（单位：mm）

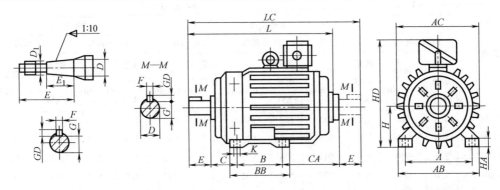

机座号	安装尺寸														外形尺寸						
	H	A	B	C	CA	K	螺栓直径	D	D_1	E	E_1	F	G	GD	AC	AB	HD	BB	L	LC	HA
112M	112	190	140	70	300	12	M10	32		80		10	27	8	245	250	330	235	590	670	15
132M	132	216	178	89				38					33		285	275	360	260	645	727	17
160M	160	254	210	108	330	15	M12	48		110		14	42.5	9	325	320	420	290	758	868	20
160L			254															335	800	912	
180L	180	279	279	121	360			55	M36×3		82		19.9		360	360	460	380	870	980	22
200L	200	318	305	133	400	19	M16	60	M42×3	140	105	16	21.4	10	405	405	510	400	975	1118	25
225M	225	356	311	149	450			65					23.9		430	455	545	410	1050	1190	28
250M	250	406	349	168				70	M48×3			18	25.4	11	480	515	605	510	1195	1337	30
280S	280	457	368	190	540	24	M20	85	M56×3	170	130	20	31.7	12	535	575	665	530	1265	1438	32
280M			419															580	1315	1489	
315S	315	508	406	216	600	28	M24	95	M64×4			22	35.2	14	620	640	750		1390	1562	35
315M			457															630	1440	1613	
355M	355	610	560	254				110	M80×4	210	165	25	41.9		710	740	840	730	1650	1864	38
355L			630		630													800	1720	1934	
400L	400	686	710	280		35	M30	130	M100×4	250	200	28	50	16	840	855	950	910	1865	2120	50

表 21-7　YZ 系列电动机技术数据

型号	S2				S3					
					6 次/h（热等效起动次数）					
	30min		60min		15%		25%		40%	
	额定功率/kW	转速/(r/min)	额定功率/kW	转速/(r/min)	额定功率/kW	转速/(r/min)	额定功率/kW	转速/(r/min)	额定功率/kW	
YZ112M—6	1.8	892	1.5	920	2.2	810	1.8	892	1.5	
YZ132M1—6	2.5	920	2.2	935	3.0	804	2.5	920	2.2	
YZ132M2—6	4.0	915	3.7	912	5.0	890	4.0	915	3.7	
YZ100M1—6	6.3	922	5.5	933	7.5	903	6.3	922	5.5	
YZ100M2—6	8.5	943	7.5	948	11	926	8.5	943	7.5	
YZ160L—6	15	920	11	953	15	920	13	936	11	
YZ100L—8	9	694	7.5	705	11	675	9	694	7.5	
YZ180L—8	13	675	11	694	15	654	13	675	11	

（续）

型号	S3									
	6 次/h（热等效起动次数）									
	40%						60%		100%	
	转速/（r/min）	最大转矩额定转矩	堵转转矩额定转矩	堵转电流额定电流	效率（%）	功率因数	额定功率/kW	转速/（r/min）	额定功率/kW	转速/（r/min）
YZ112M—6	920	2.7	2.44	4.47	69.5	0.765	1.1	946	0.8	980
YZ132M1—6	935	2.9	3.1	5.16	74	0.745	1.8	950	1.5	960
YZ132M2—6	912	2.8	3.0	5.54	79	0.79	3.0	940	2.8	945
YZ100M1—6	933	2.7	2.5	4.9	80.6	0.83	5.0	940	4.0	953
YZ100M2—6	948	2.9	2.4	5.52	83	0.86	6.3	956	5.5	961
YZ160L—6	953	2.9	2.7	6.17	84	0.852	9	964	2.5	972
YZ100L—8	705	2.7	2.5	5.1	82.4	0.766	6.0	717	5	724
YZ180L—8	694	2.5	2.6	4.9	80.9	0.811	9	710	7.5	718
YZ200L—8	710	2.8	2.7	6.1	86.2	0.80	13	714	11	720
YZ225M—8	712	2.9	2.9	6.2	87.5	0.834	18.5	718	17	720
YZ250M1—8	694	2.54	2.7	5.47	85.7	0.84	26	702	22	717

注：表中内容摘自 JB/T 10104—2018。

表 21-8　YZ 系列电动机的安装及外形尺寸　　　　　　（单位：mm）

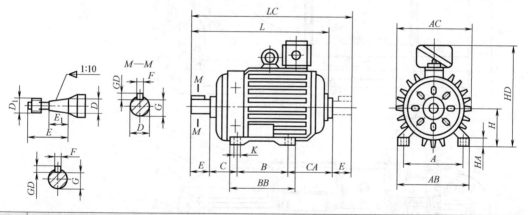

机座号	安装尺寸						螺栓直径								外形尺寸						
	H	A	B	C	CA	K	螺栓直径	D	D_1	E	E_1	F	G	GD	AC	AB	HD	BB	L	LC	HA
112M	112	190	140	70	135	12	M10	32		80		10	27	8	245	250	325	235	420	505	15
132M	132	216	178	89	150			38					33		285	275	355	260	495	577	17
160M	160	254	210	180	180	15	M12	48		110		14	42.5	9	325	320	420	290	608	718	20
160L			254															335	650	762	
180L	180	279	279	121				55	M36×3		82		19.9		360	360	460	380	685	800	22
200L	200	318	305	133	210	19	M16	60	M42×3	140	105	16	21.4	10	405	405	510	400	780	928	25
225M	225	356	311	149	258			65					23.9		430	455	545	410	830	998	28
250M	250	406	349	168	295	24	M20	70	M48×3			18	25.4	11	480	515	605	510	935	1092	30

附　　录

附录 A　机械设计课程设计参考图例

A.1　装配图（共 12 张）

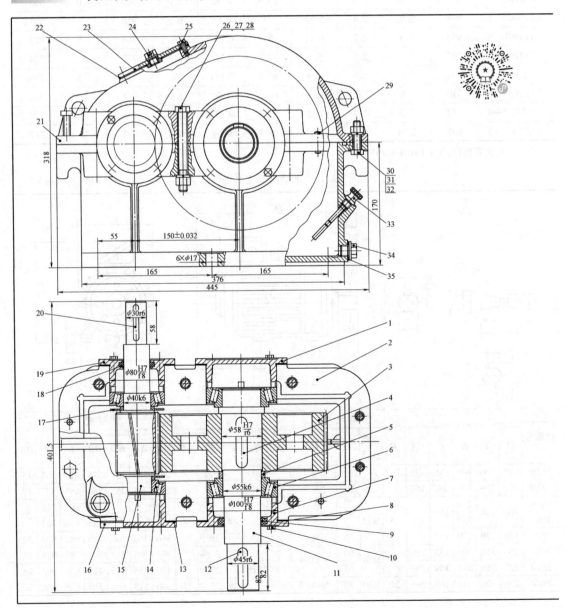

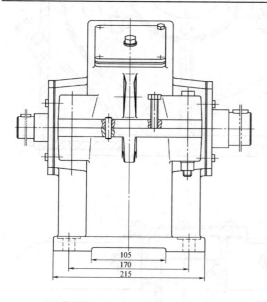

105
170
215

技术特性

输入功率/kW	输入转速/(r/min)	效率 η	传动比 $i=z_2/z_1$	齿轮模数 m_n	齿轮螺旋角 β
4	872	92%	79/20	3	8°6′34″

技术要求

1. 啮合侧隙大小用铅丝检验，保证侧隙不小于0.16，铅丝直径不得大于最小侧隙的两倍。
2. 用涂色法检验齿轮接触斑点，要求齿高接触斑点不少于40%，齿宽接触斑点不少于50%。
3. 应调整轴承的轴向间隙 $\phi40$ 为0.05～0.1，$\phi55$ 为0.08～0.15，以允许轴的热伸长。
4. 箱内装全损耗系统用油L-AN68至规定高度。
5. 装配前所有零件用煤油或汽油清洗干净；箱座、箱盖及其他零件未加工的内表面，齿轮的未加工表面涂底漆并涂红色耐油油漆；箱盖、箱座及其他零件未加工的外表面涂底漆并涂浅灰色油漆；箱体内清理干净，不允许有任何杂物存在。
6. 运转过程中应平稳、无冲击，无异常振动和噪声；各密封处、接合处均不得渗油、漏油，剖分面允许涂密封胶或水玻璃。

35	封油垫片	1	衬垫石棉板		
34	螺塞 M16×1.5	1	Q235		
33	油标尺	1			组合件
32	垫圈 10	2		GB/T 93—1987	
31	螺母 M10	2		GB/T 41—2016	
30	螺栓 M10×40	3		GB/T 5780—2016	
29	销 A8×30	2		GB/T 117—2000	
28	螺母 M12	6		GB/T 41—2016	
27	垫圈 12	6		GB/T 93—1987	
26	螺栓 M12×110	6		GB/T 5780—2016	
25	螺栓 M6×16	4		GB/T 5781—2016	
24	通气器	1			
23	视孔盖	1	Q215		
22	垫片	1	衬垫石棉板		
21	箱盖	1	HT200		
20	键 8×7×50	1		GB/T 1096—2003	
19	轴承端盖	1	HT150		
18	毡圈	1	细毛毡		
17	挡油盘	2	Q215		
16	轴承端盖	1	HT150		
15	齿轮轴	1	45		
14	滚动轴承 30208	2		GB/T 297—2015	
13	调整垫片	2组	08		
12	键 14×9×55	1		GB/T 1096—2003	
11	轴	1	45		
10	螺栓 M8×16	16		GB/T 5781—2016	
9	毡圈	1	细毛毡		
8	调整垫片	2组	08		
7	轴承端盖	1	HT150		
6	滚动轴承 32211	2		GB/T 297—2015	
5	套筒	1	Q235		
4	键 16×10×70	1		GB/T 1096—2003	
3	齿轮	1	40		
2	箱座	1	HT200		
1	轴承端盖	1	HT150		
序号	名 称	数量	材料	标 准	备注

一级圆柱齿轮减速器	图号		比例	
	数量			第 张
	重量			共 张

设计		机械设计	（校名）
审核		课程设计	（班级）
日期			

1	一级圆柱齿轮减速器（放大图见插页）

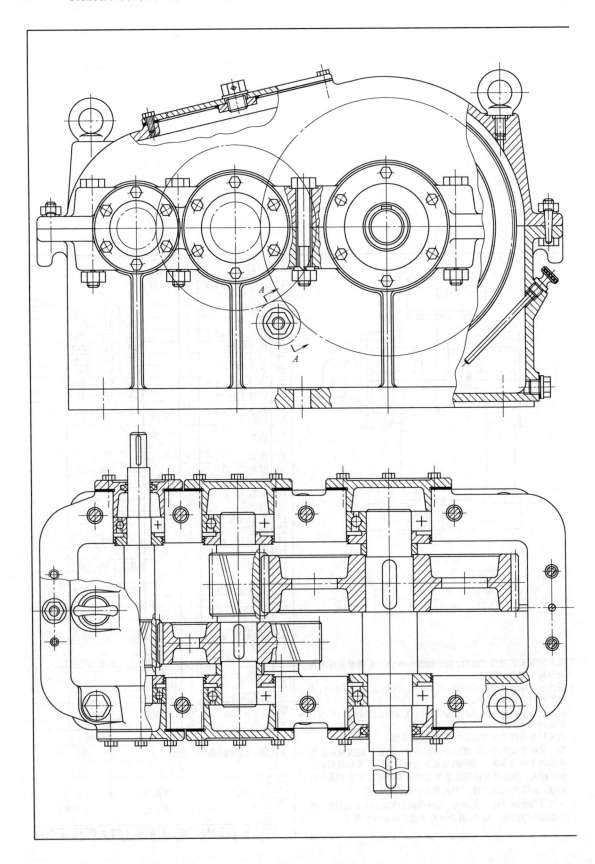

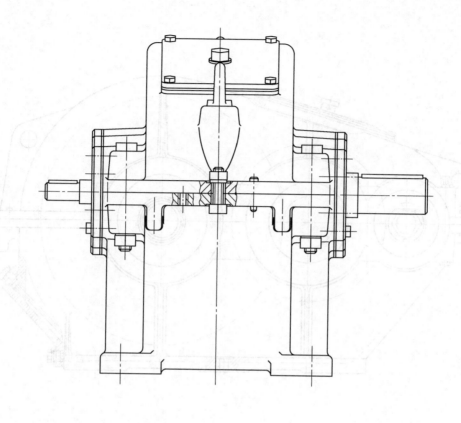

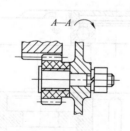

A—A

| 2 | 二级展开式圆柱齿轮减速器（1） |

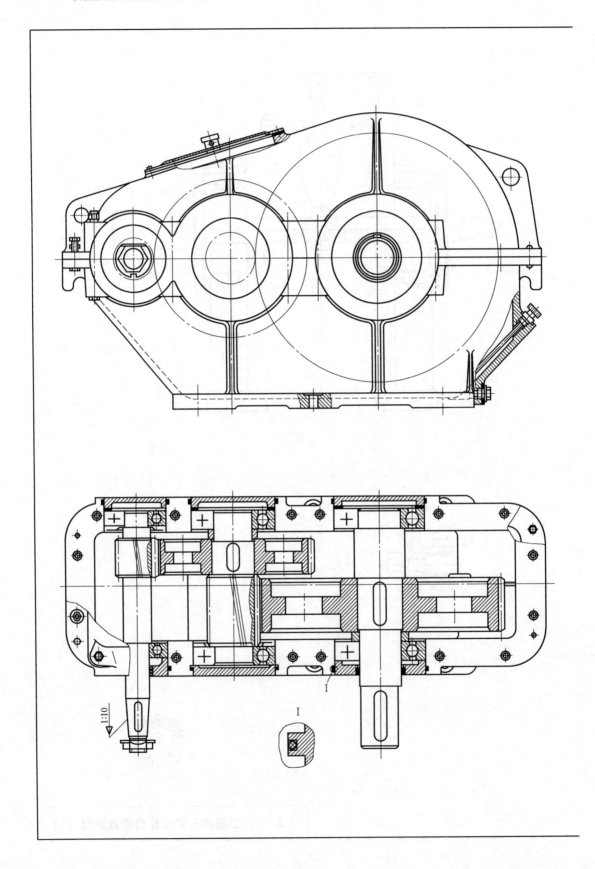

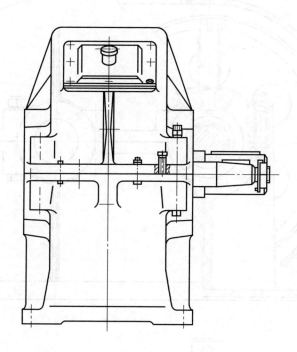

注：本图是桥式起重机上的减速器，要求重量轻、尺寸小，因此机体
结构比较紧凑，轴承端盖结构简单。这种减速器已经标准化。

3	二级展开式圆柱齿轮减速器（2）

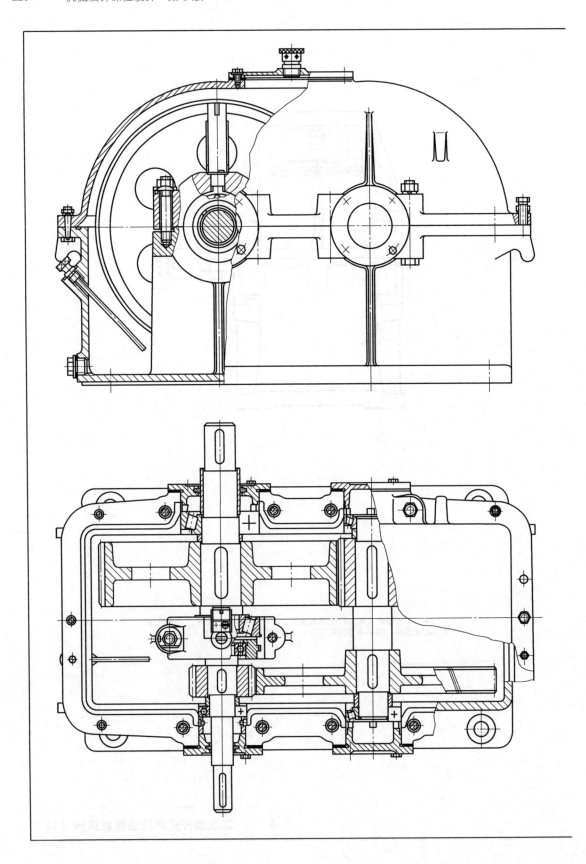

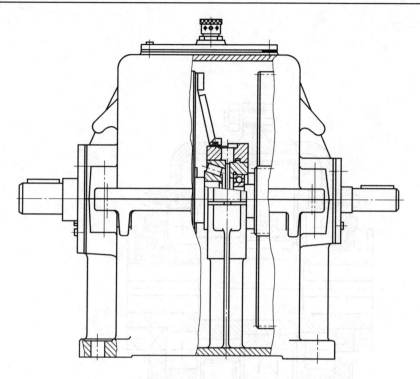

中间轴承部件的结构及润滑方法

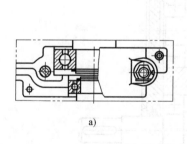

a)

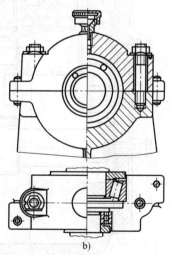

b)

注:
1. 本图是同轴式结构,这种结构的中间支承润滑比较困难,
如果采用稀油润滑,必须设法将机体内的润滑油引导到中间轴承处。
图中提供了一些中间轴承部件结构及润滑方法。
2. 在图a所示的方案中,轴的另一支点为双向固定。

| 4 | 二级同轴式圆柱齿轮减速器 |

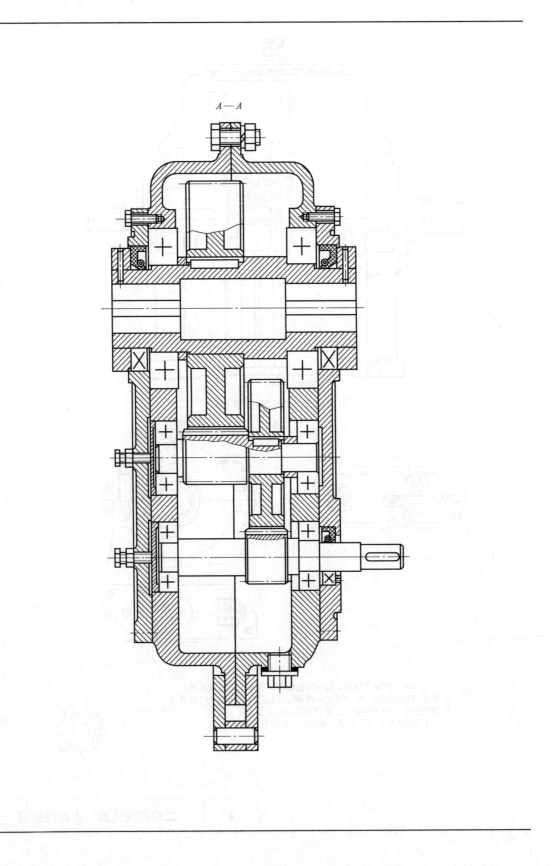

A—A

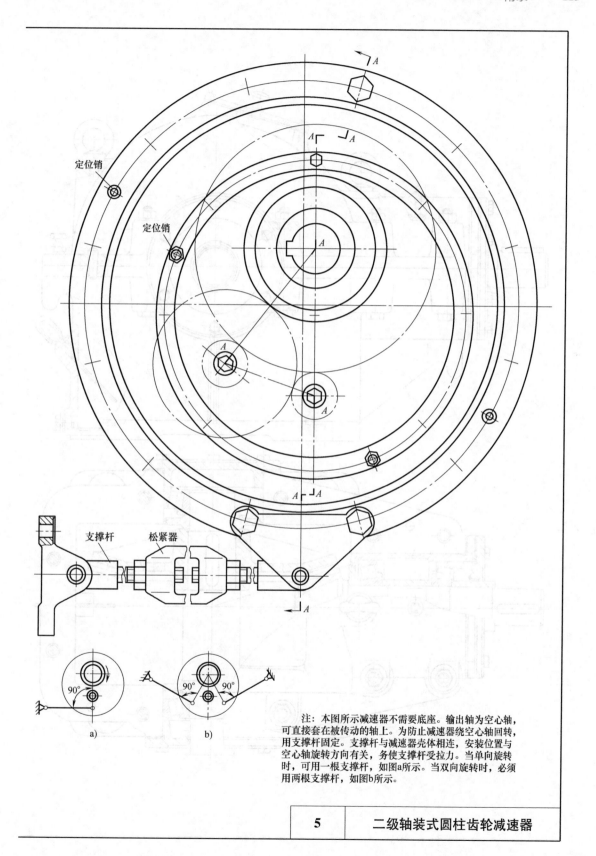

定位销

定位销

支撑杆　松紧器

90°

a)

90°　90°

b)

注：本图所示减速器不需要底座。输出轴为空心轴，可直接套在被传动的轴上。为防止减速器绕空心轴回转，用支撑杆固定。支撑杆与减速器壳体相连，安装位置与空心轴旋转方向有关，务使支撑杆受拉力。当单向旋转时，可用一根支撑杆，如图a所示。当双向旋转时，必须用两根支撑杆，如图b所示。

| 5 | 二级轴装式圆柱齿轮减速器 |

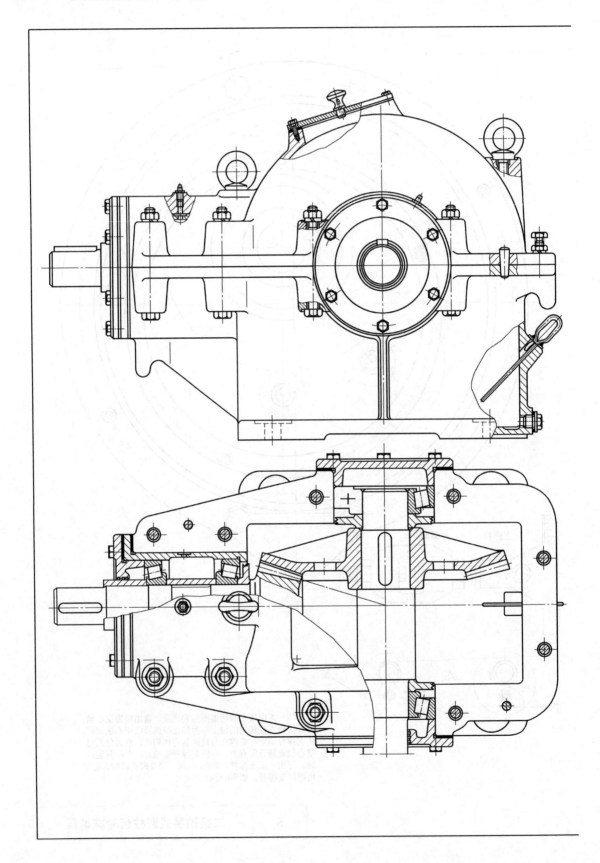

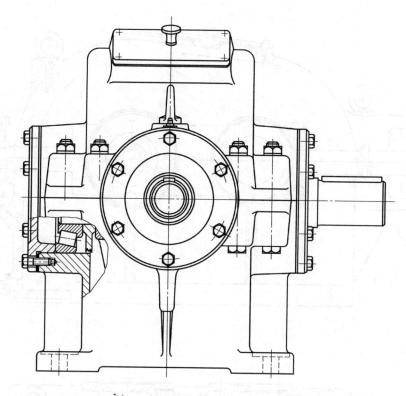

轴承部件结构方案

(1)

(3)

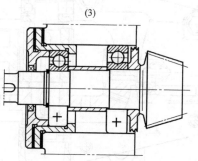

(2)

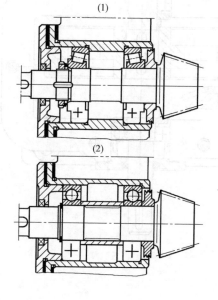

注: 图中高速轴轴承装在套杯内,
当高速轴是齿轮轴(如图)时, 应使小齿
轮最大直径小于套杯的最小直径, 便于
在轴上先装好轴承, 再装入套杯。
　　轴承部件结构方案(1)中, 轴刚度
较大, 但调整轴承间隙不方便。方案
(3)的结构简单, 装拆方便。

6	一级锥齿轮减速器

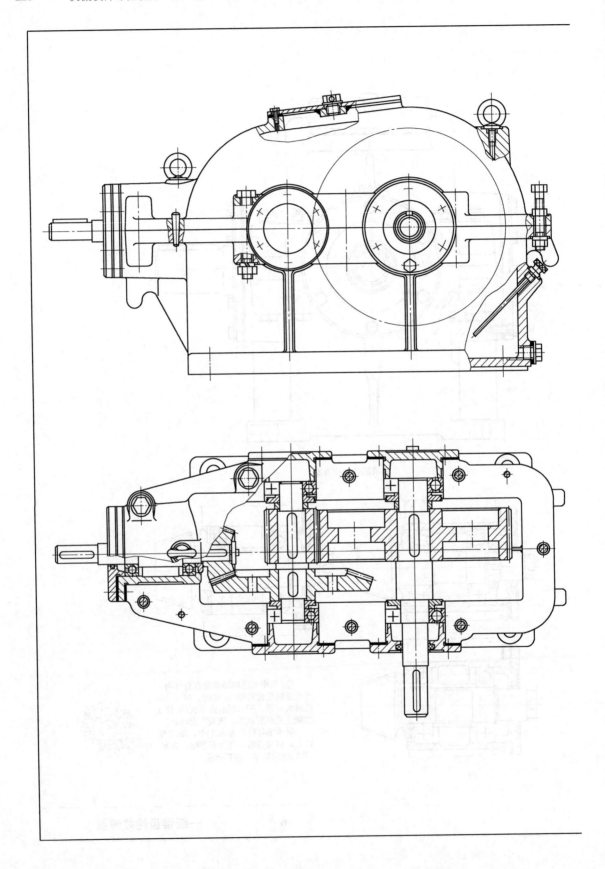

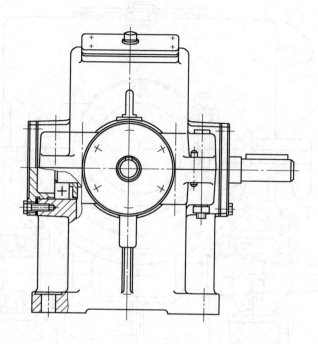

7	锥齿轮-圆柱齿轮减速器

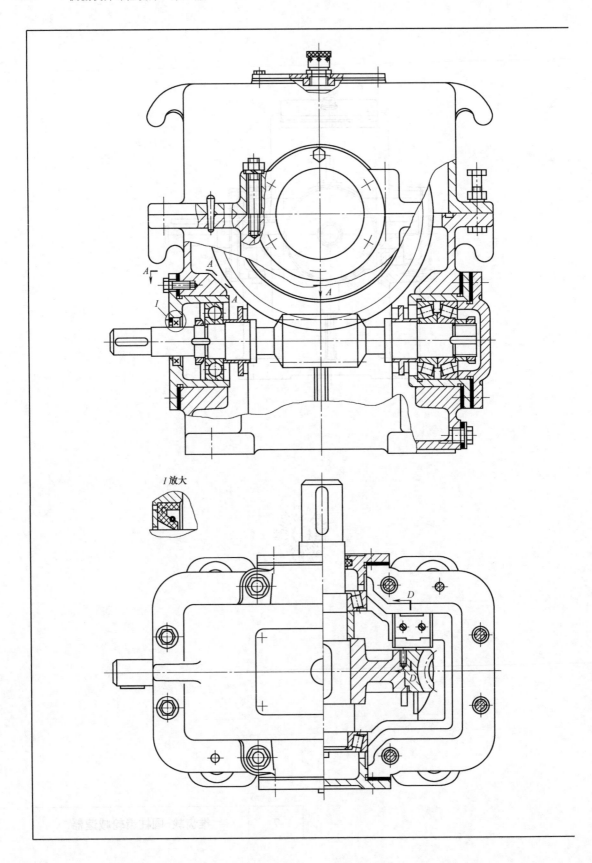

1放大

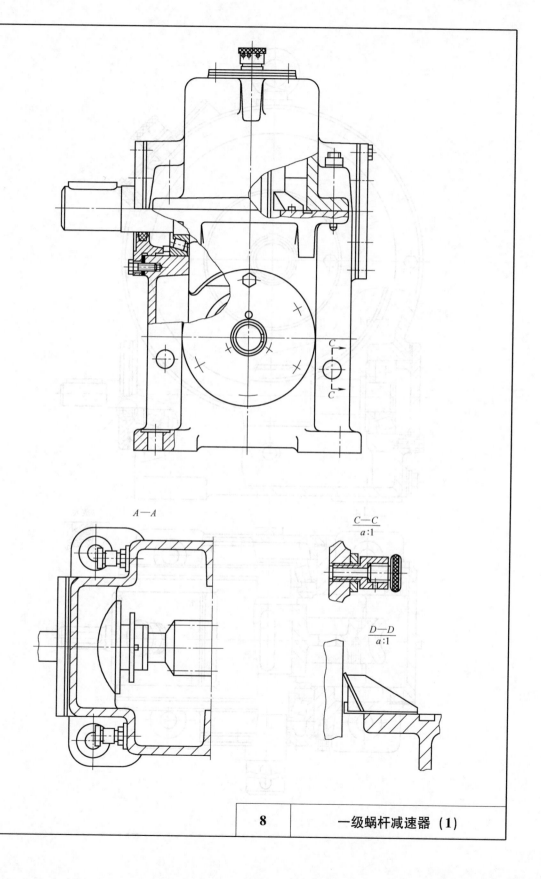

$A—A$

$\dfrac{C—C}{a:1}$

$\dfrac{D—D}{a:1}$

8	一级蜗杆减速器（1）

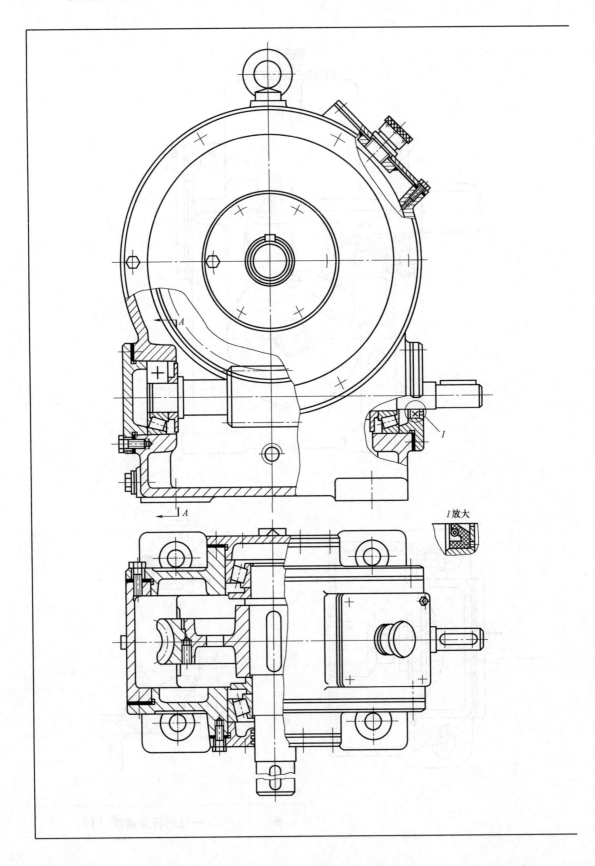

A

I

A

I 放大

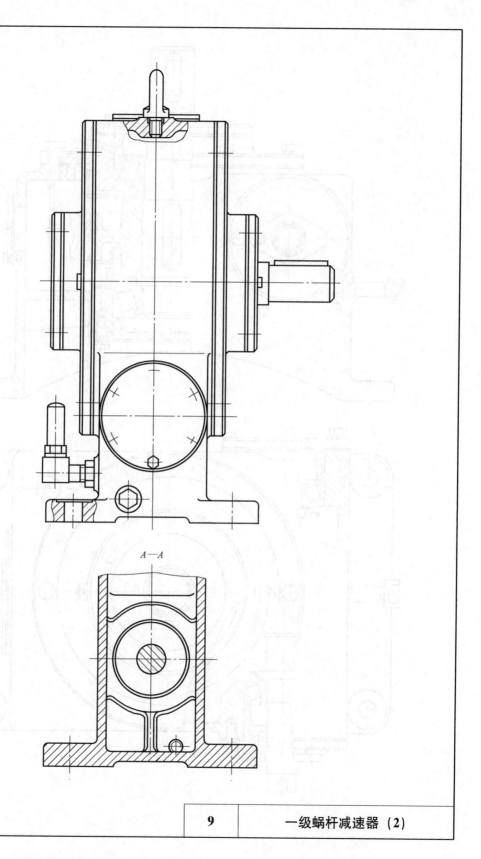

A—A

| 9 | 一级蜗杆减速器（2） |

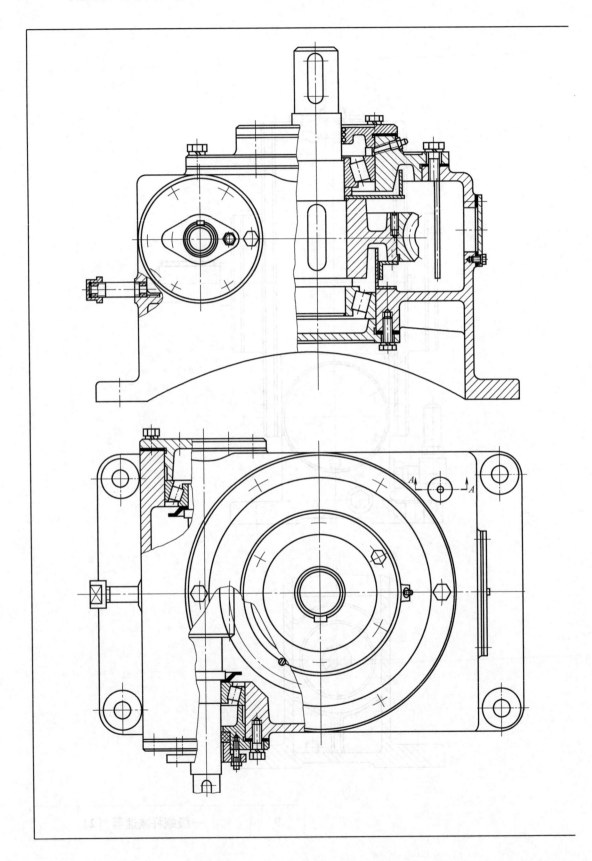

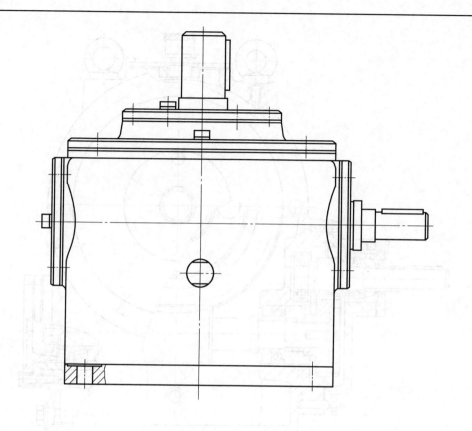

$A—A$

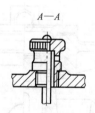

| 10 | 一级蜗杆减速器（3） |

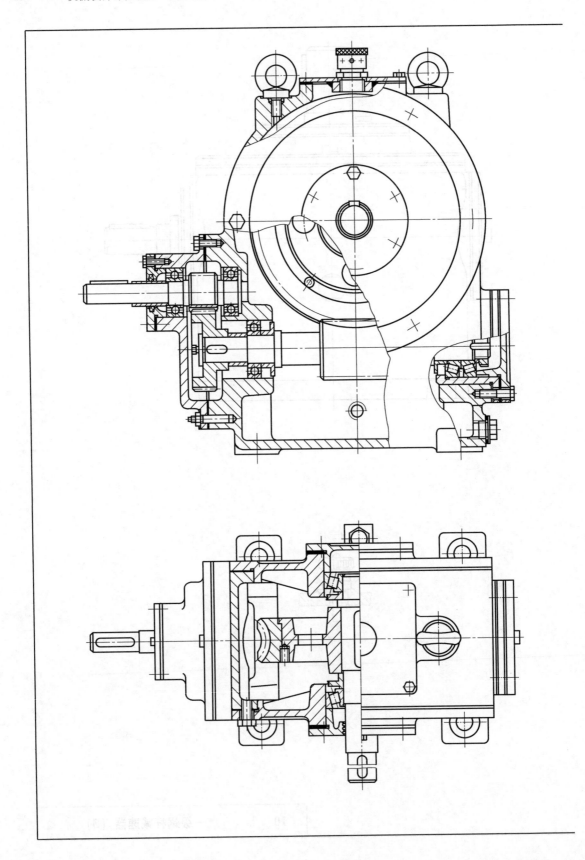

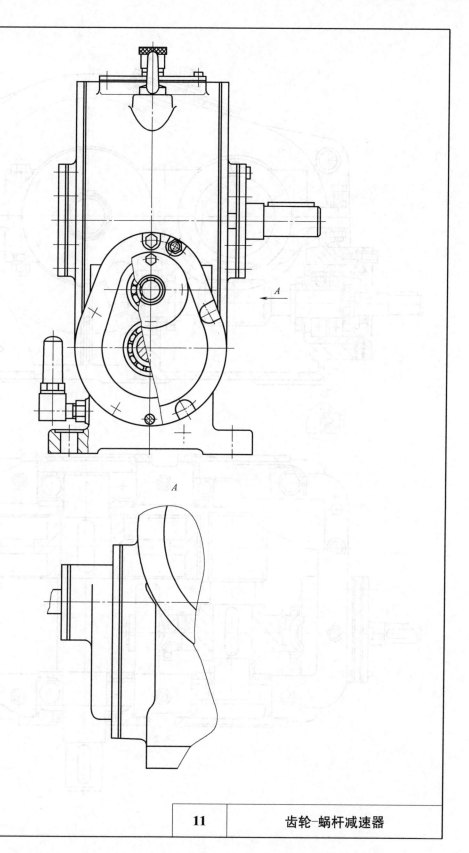

| 11 | 齿轮−蜗杆减速器 |

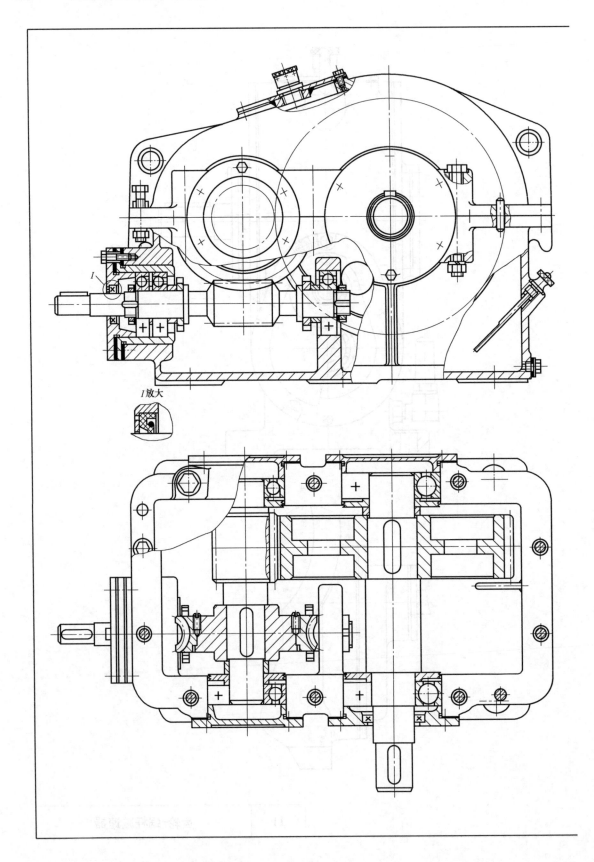

1放大

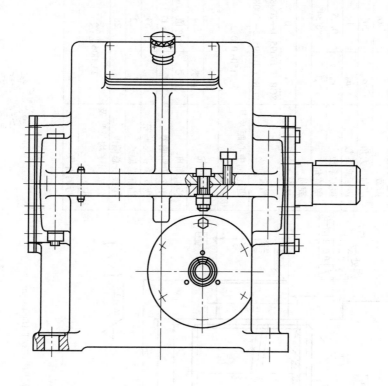

| 12 | 蜗杆-齿轮减速器 |

A.2 零件图（共12张。第11、12张图作为插页附于书后）

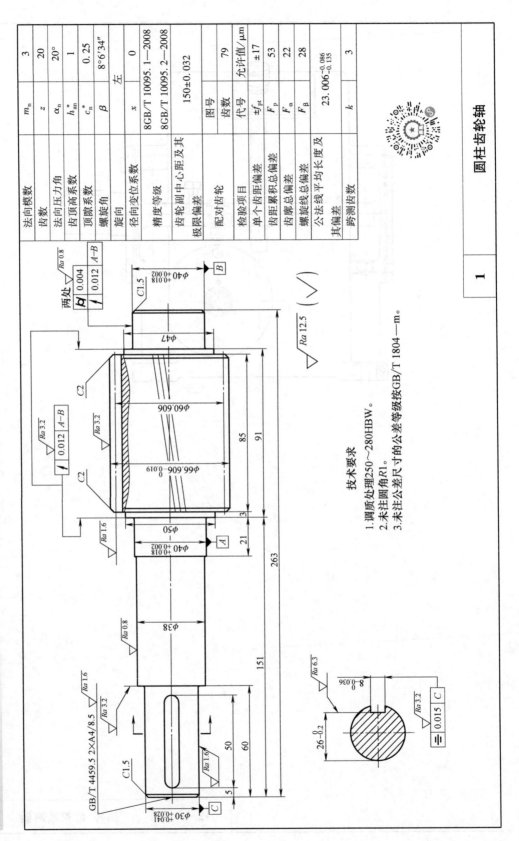

法向模数	m_n	3
齿数	z	20
法向压力角	α_n	20°
齿顶高系数	h_{an}^*	1
顶隙系数	c_n^*	0.25
螺旋角	β	8°6'34"
旋向		左
径向变位系数	x	0
精度等级		8GB/T 10095.1—2008
		8GB/T 10095.2—2008
齿轮副中心距及其极限偏差		150±0.032
配对齿轮	图号	
	齿数	79
检验项目	代号	允许值/μm
单个齿距偏差	$\pm f_{pt}$	±17
齿距累积总偏差	F_p	53
齿廓总偏差	F_α	22
螺旋线总偏差	F_β	28
公法线平均长度及其偏差		$23.006_{-0.135}^{-0.086}$
跨测齿数	k	3

技术要求
1. 调质处理250~280HBW。
2. 未注圆角R1。
3. 未注公差尺寸的公差等级按GB/T 1804—m。

圆柱齿轮轴

1

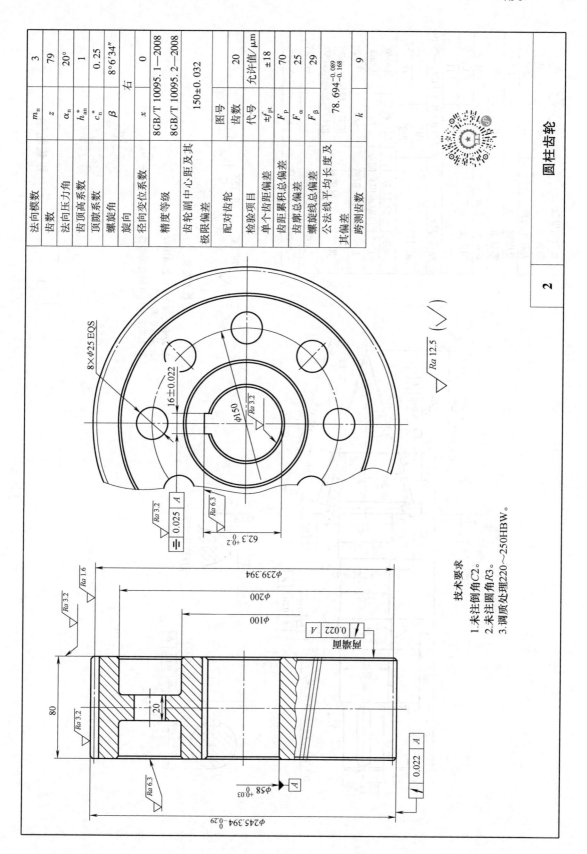

法向模数	m_n	3
齿数	z	79
法向压力角	α_n	20°
齿顶高系数	h_{an}^*	1
顶隙系数	c_{an}^*	0.25
螺旋角	β	8°6'34"
旋向		右
径向变位系数	x	0
精度等级		8GB/T 10095.1—2008
		8GB/T 10095.2—2008
齿轮副中心距及其极限偏差		150±0.032
配对齿轮	图号	
	齿数	20
检验项目	代号	允许值/μm
单个齿距偏差	$\pm f_{pt}$	±18
齿距累积总偏差	F_p	70
齿廓总偏差	F_α	25
螺旋线总偏差	F_β	29
公法线平均长度及其偏差		$78.694_{-0.168}^{-0.089}$
跨测齿数	k	9

圆柱齿轮

2

$\sqrt{Ra\ 12.5}$ $(\sqrt{\ })$

技术要求
1. 未注倒角C2。
2. 未注圆角R3。
3. 调质处理220~250HBW。

大端面模数	m	5
齿数	z	20
大端压力角	α	20°
分度圆直径	d	100
螺旋角	β	0°
切向变位系数	x_1	0
径向变位系数	x	0
大端齿高	h	11
精度等级	8-7-7bB GB/T 11365—2019	
配对齿轮	图号	
	齿数	60

检验 项目			项目代号	公差值
公差组	I	齿距累积总偏差	F_p	0.063
	II	单个齿距偏差	$\pm f_{pt}$	±0.020
	III	接触斑点	沿齿长接触率>60%	
			沿齿高接触率>65%	
大端分度圆弧齿厚			$\bar{s}$	$7.847^{-0.059}_{-0.159}$
大端分度圆弧齿高			$\bar{h}_a$	5.146

$$\sqrt{\ }_x = \sqrt{\ }^{Ra\,0.8} \quad \sqrt{\ }^{Ra\,12.5} \quad (\sqrt{\ })$$

技术要求

1. 调质处理 220~250HBW。
2. 未注圆角 R2。
3. 未注公差尺寸的公差等级按 GB/T 1804—m。

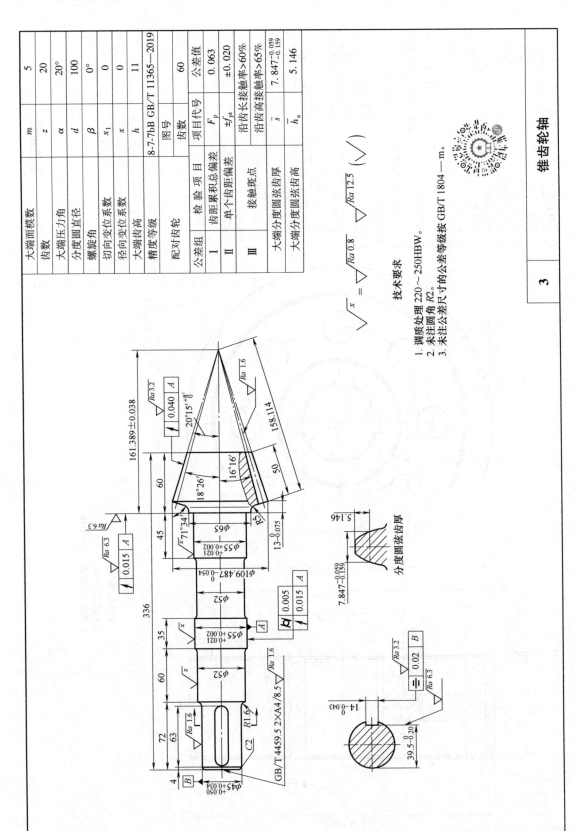

锥齿轮轴

3

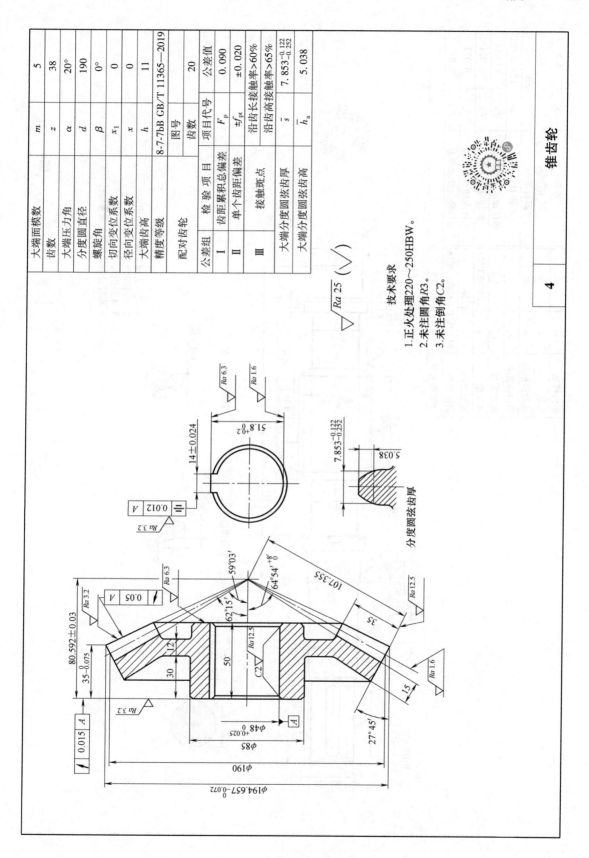

大端面模数	m	5
齿数	z	38
大端压力角	α	20°
分度圆直径	d	190
螺旋角	β	0°
切向变位系数	x_1	0
径向变位系数	x	0
大端齿高	h	11
精度等级		8-7-7bB GB/T 11365—2019
配对齿轮	图号	
	齿数	20

公差组	检验项目	项目代号	公差值
I	齿距累积总偏差	F_p	0.090
II	单个齿距偏差	$\pm f_{pt}$	±0.020
III	接触斑点	沿齿长接触率>60%	
		沿齿高接触率>65%	
大端分度圆弧齿厚		$\bar{s}$	$7.853^{-0.122}_{-0.252}$
大端分度圆弧齿高		$\bar{h}_a$	5.038

$\sqrt{Ra\ 25}\ (\sqrt{\ })$

技术要求
1. 正火处理220~250HBW。
2. 未注圆角R3。
3. 未注倒角C2。

分度圆弧齿厚

$51.8^{+0.2}_{0}$
14 ± 0.024
$7.853^{-0.122}_{-0.252}$
5.038

锥齿轮

4

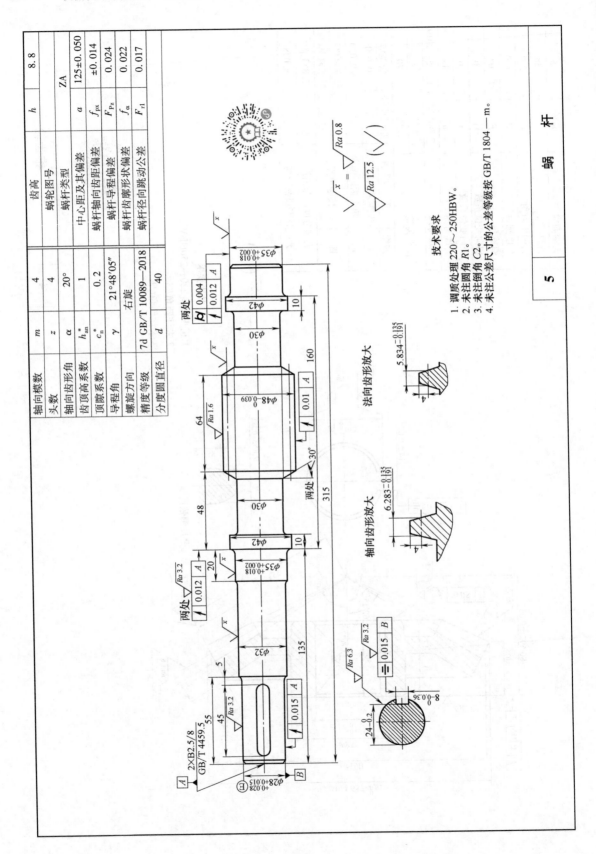

轴向模数	m	4		齿高	h	8.8
头数	z	4		蜗轮图号		ZA
轴向齿形角	α	20°		蜗杆类型		
齿顶高系数	h_{an}^*	1		中心距及其偏差	a	125±0.050
顶隙系数	c_n^*	0.2		蜗杆轴向齿距偏差	f_{px}	±0.014
导程角	γ	21°48'05"		蜗杆导程角偏差	F_{P_x}	0.024
螺旋方向		右旋		蜗杆齿形廓形状偏差	f_α	0.022
精度等级		7d GB/T 10089—2018		蜗杆径向跳动公差	F_{r1}	0.017
分度圆直径	d	40				

技术要求

1. 调质处理 220～250HBW。
2. 未注圆角 $R1$。
3. 未注倒角 $C2$。
4. 未注公差尺寸的公差等级按 GB/T 1804—m。

$$\sqrt{\frac{x}{}} = \sqrt{\frac{Ra\,0.8}{}}$$

$$\sqrt{\frac{Ra\,12.5}{}} \left(\sqrt{} \right)$$

法向齿形放大

轴向齿形放大

	5	蜗　杆

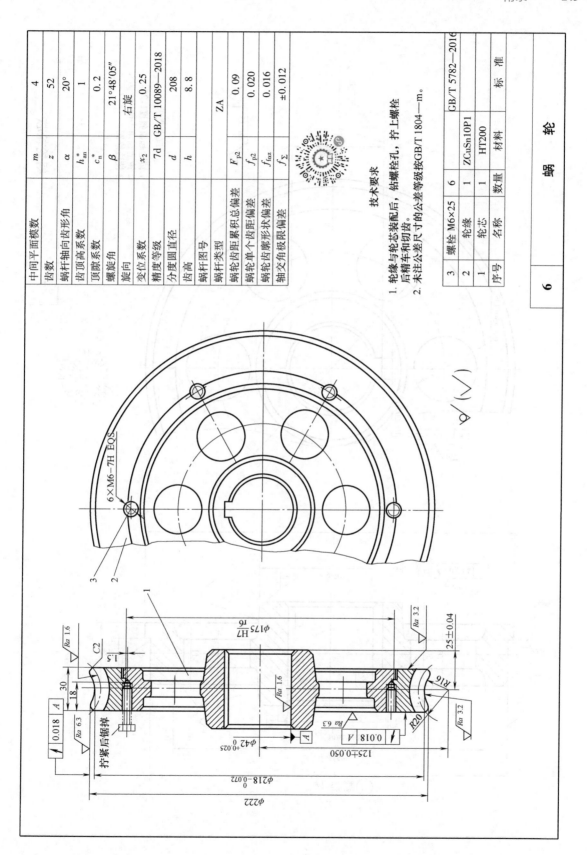

中间平面模数	m	4
齿数	z	52
蜗杆轴向齿形角	α	20°
齿顶高系数	h_{an}^*	1
顶隙系数	c_n^*	0.2
螺旋角	β	21°48'05"
旋向		右旋
变位系数	x_2	0.25
精度等级	7d GB/T 10089—2018	
分度圆直径	d	208
齿高	h	8.8
蜗杆图号		
蜗杆类型		ZA
蜗轮齿距累积总偏差	F_{p2}	0.09
蜗轮单个齿距偏差	f_{p2}	0.020
蜗轮齿廓形状偏差	f_{fax}	0.016
轴交角极限偏差	f_{Σ}	±0.012

技术要求

1. 轮缘与轮芯装配后，钻螺栓孔，拧上螺栓
   后精车和切齿。
2. 未注公差尺寸的公差等级按GB/T 1804—m。

$\sqrt{}\;(\sqrt{})$

3	螺栓 M6×25	6		GB/T 5782—2016
2	轮缘	1	ZCuSn10P1	
1	轮芯	1	HT200	
序号	名称	数量	材料	标准

蜗 轮

6

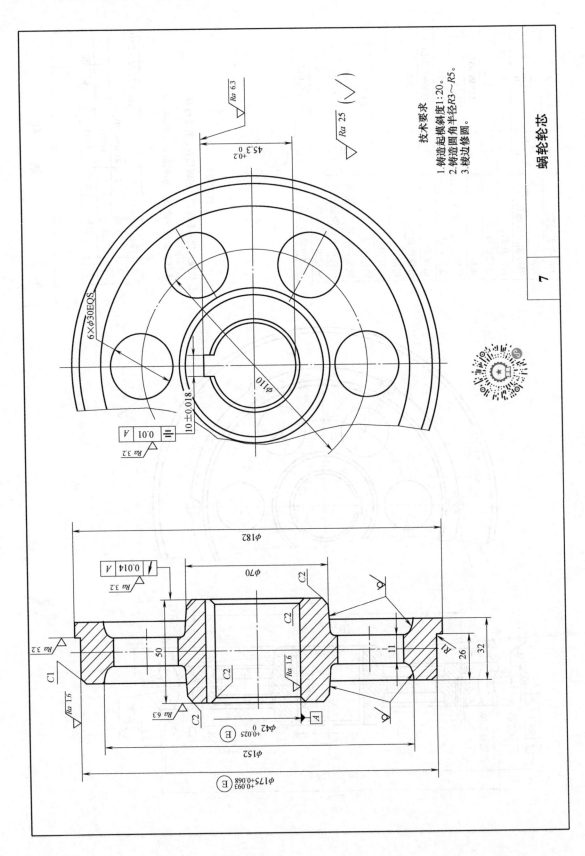

技术要求

1. 铸造起模斜度1:20。
2. 铸造圆角半径R3～R5。
3. 棱边修圆。

$\sqrt{Ra\ 25}\ (\sqrt{\ })$

蜗轮轮芯

7

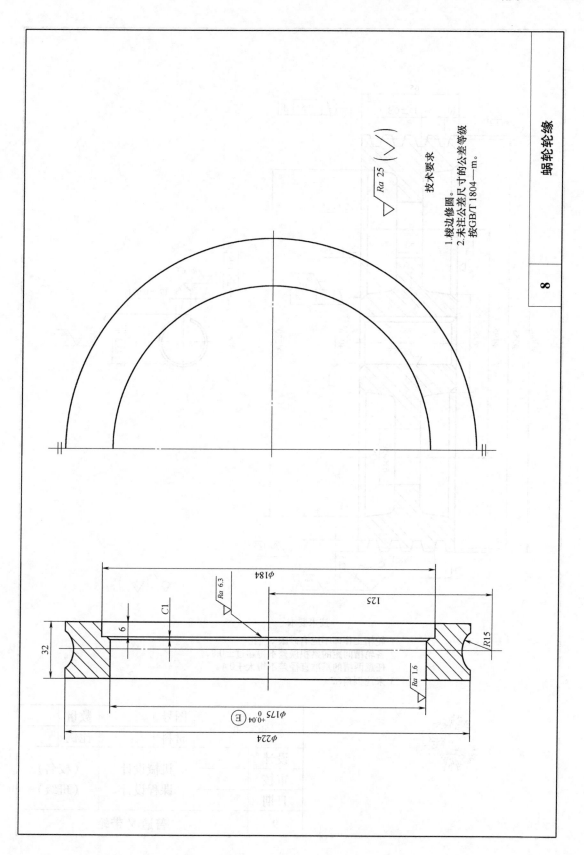

$\sqrt{\frac{Ra\ 25}{}}\ \left(\sqrt{\ }\right)$

技术要求

1. 棱边修圆。
2. 未注公差尺寸的公差等级
按GB/T 1804—m。

蜗轮轮缘

8

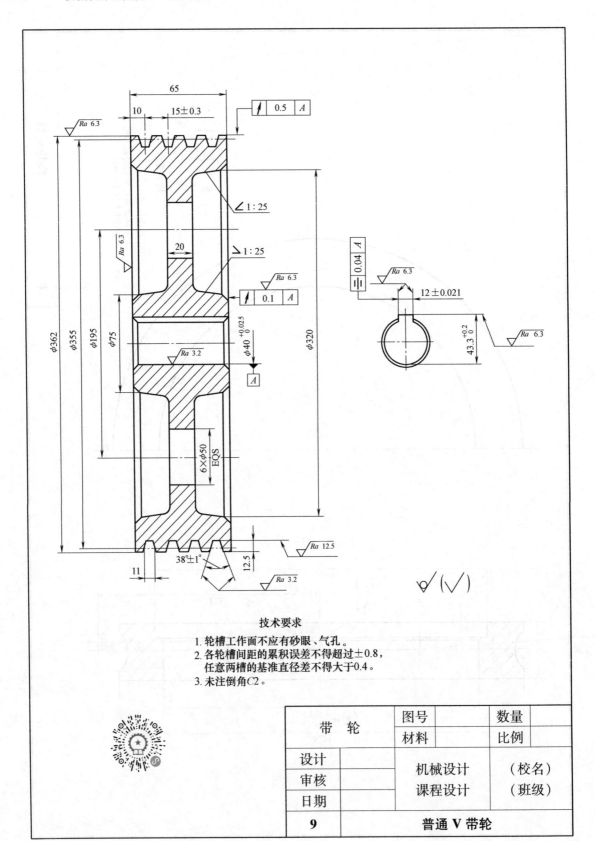

技术要求

1. 轮槽工作面不应有砂眼、气孔。
2. 各轮槽间距的累积误差不得超过±0.8，
   任意两槽的基准直径差不得大于0.4。
3. 未注倒角C2。

带　轮		图号		数量	
		材料		比例	
设计		机械设计 课程设计		（校名）	
审核				（班级）	
日期					
9		**普通 V 带轮**			

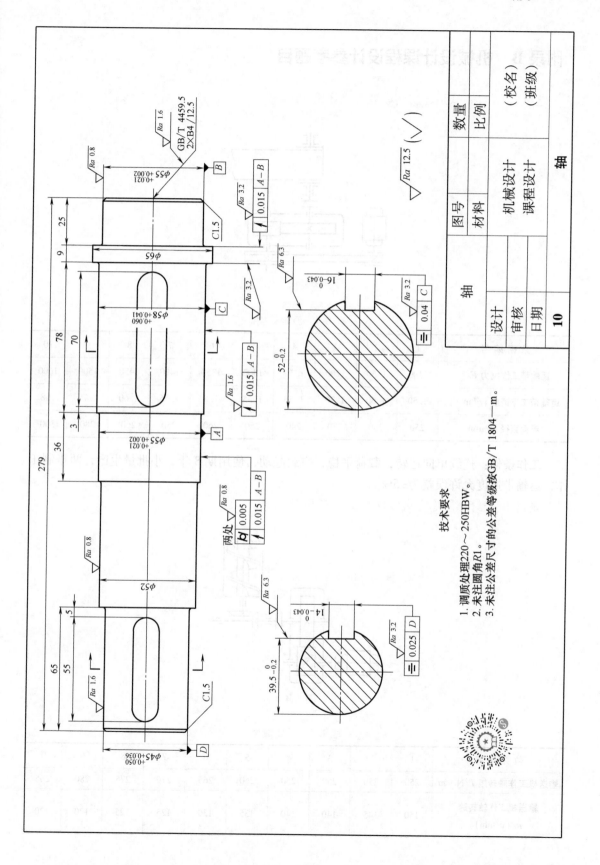

技术要求
1. 调质处理220～250HBW。
2. 未注圆角R1。
3. 未注公差尺寸的公差等级按GB/T 1804—m。

附录B　机械设计课程设计参考题目

题目 1. 设计带式运输机传动装置（图 B-1）

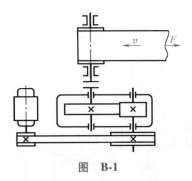

图　B-1

表 B-1　原始数据

数 据 编 号	1	2	3	4	5	6	7	8	9	10
运输带工作拉力 F/N	1100	1150	1200	1250	1300	1350	1400	1450	1500	1600
运输带工作速度 $v/(\text{m/s})$	1.50	1.60	1.70	1.50	1.55	1.6	1.55	1.60	1.70	1.8
卷筒直径 D/mm	250	260	270	240	250	260	250	260	280	300

工作条件：连续单向运转，载荷平稳，空载起动，使用期 8 年，小批量生产，两班制工作，运输带速度允许误差为 ±5%。

题目 2. 设计螺旋输送机传动装置（图 B-2）

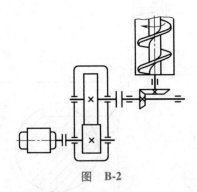

图　B-2

表 B-2　原始数据

数 据 编 号	1	2	3	4	5	6	7	8	9	10
输送机工作轴转矩 $T/\text{N}\cdot\text{m}$	250	250	260	250	260	265	270	275	280	285
输送机工作轴转速 $n/(\text{r/min})$	150	145	140	140	135	130	125	125	120	120

　　工作条件：连续单向运转，工作时有轻微振动，使用期 8 年，小批量生产，两班制工作，输送机工作轴转速允许误差为±5%。

　　题目 3. 设计带式运输机传动装置（图 B-3）

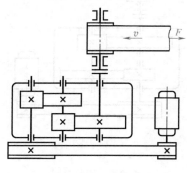

图　B-3

表 B-3　原始数据

数 据 编 号	1	2	3	4	5	6	7	8	9	10
运输机工作轴转矩 $T/\mathrm{N}\cdot\mathrm{m}$	800	750	690	670	630	600	760	700	650	620
运输带工作速度 $v/(\mathrm{m/s})$	0.7	0.75	0.8	0.85	0.9	0.95	0.75	0.8	0.85	0.9
卷筒直径 D/mm	300	300	320	320	380	360	320	360	370	360

　　工作条件：连续单向运转，工作时有轻微振动，使用期限为 10 年，小批量生产，单班制工作，运输带速度允许误差为±5%。

　　题目 4. 设计带式运输机传动装置（图 B-4）

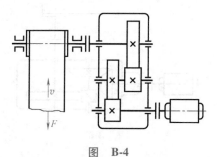

图　B-4

表 B-4　原始数据

数 据 编 号	1	2	3	4	5	6	7	8	9	10
运输带工作拉力 F/N	2000	1800	1800	2200	2400	2500	2600	1900	2300	2000
运输带工作速度 $v/(\mathrm{m/s})$	2.3	2.35	2.5	2.4	1.8	1.8	1.8	2.45	2.1	2.4
卷筒直径 D/mm	330	340	360	350	260	250	280	360	310	360

　　工作条件：连续单向运转，工作时有轻微振动，空载起动，使用年限 8 年，小批量生产，单班制工作，运输带速度允许误差为±5%。

题目5. 设计带式运输机传动装置（图B-5）

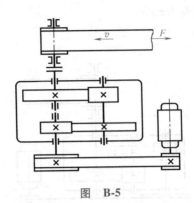

图 B-5

表 B-5 原始数据

数 据 编 号	1	2	3	4	5	6	7	8	9	10
运输机工作轴转矩 $T/N \cdot m$	1000	1050	1100	1150	1200	1250	1300	1050	1100	1150
运输带工作速度 $v/(m/s)$	0.70	0.75	0.80	0.85	0.70	0.70	0.75	0.80	0.85	0.90
卷筒直径 D/mm	400	420	450	480	400	420	450	480	420	450

工作条件：连续单向运转，工作时有轻微振动，使用期限8年，小批量生产，单班制工作，运输带速度允许误差为±5%。

题目6. 设计带式运输机传动装置（图B-6）

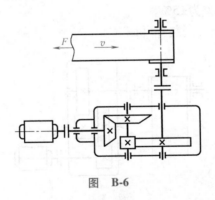

图 B-6

表 B-6 原始数据

数 据 编 号	1	2	3	4	5	6	7	8	9	10
运输带工作拉力 F/N	2500	2400	2300	2200	2100	2100	2800	2700	2600	2500
运输带工作速度 $v/(m/s)$	1.4	1.5	1.6	1.7	1.8	1.9	1.3	1.4	1.5	1.6
卷筒直径 D/mm	250	260	270	280	290	300	250	260	270	280

工作条件：连续单向运转，工作时有轻微振动，使用年限为10年，小批量生产，单班制工作，运输带速度允许误差为±5%。

题目7. 设计电动卷扬机传动装置（图B-7）

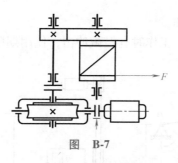

图 B-7

表 B-7 原始数据

数 据 编 号	1	2	3	4	5	6	7	8	9	10
钢绳拉力 F/kN	10	12	14	15	16	18	20	11	13	17
钢绳速度 v/(m/min)	12	12	10	10	10	8	8	12	12	8
卷筒直径 D/mm	450	460	400	380	390	310	320	440	480	330

工作条件： 间歇工作，每班工作时间不超过 15%，每次工作时间不超过 10min，满载起动，工作有中等振动，两班制工作，小批量生产，钢绳速度允许误差 ±5%。设计寿命 10 年。

题目 8. 设计电动卷扬机传动装置（图 B-8）

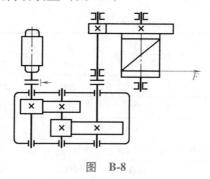

图 B-8

表 B-8 原始数据

数 据 编 号	1	2	3	4	5	6	7	8	9	10
钢绳拉力 F/kN	10	9	8	14	15	10	12	11	12	13
钢绳速度 v/(m/min)	18	20	23	16	13	19	15	17	16	14
卷筒直径 D/mm	260	290	330	240	210	250	220	240	240	220

工作条件： 方案 1：满载工作占 5%，3/4 负载工作占 10%，半载工作占 5%，循环周期 30min；工作中有中等振动，两班制工作，钢绳速度允许误差 ±5%。小批量生产，设计寿命 10 年。方案 2：同题目 7。

题目 9. 压床的设计与分析

1. 设计题目

图 B-9 所示为压床，六杆机构 *ABCDEF* 为其执行机构。图中电动机经带传动、二级圆柱齿轮减速器（z_1-z_2、z_3-z_4）将转速降低，然后带动曲柄 1 转动，再经六杆机构使滑块 5 上下往复运动，实现冲压。曲柄轴 *A* 上装有飞轮（未画出），其另一端装有液压泵凸轮，驱动液压泵向连杆机构的各运动副供油。

工作条件：连续单向运转，工作时有轻微冲击，使用期限为 10 年，小批量生产，单班制工作。

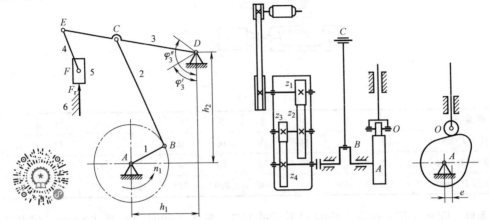

图 B-9　压床

2. 设计数据（表 B-9）

表 B-9　设计数据

序　号		1	2	3	4	5
连杆机构的设计及运动分析	h_1/mm	50	60	70	52	50
	h_2/mm	220	200	310	110	112
	滑块行程 H/mm	150	180	210	190	160
	曲柄转速 n_1/(r/min)	100	90	120	95	110
	$\varphi_3' = 60°$, $\varphi_3'' = 120°$, $l_{CE}/l_{CD} = 0.5$, $l_{EF}/l_{DE} = 0.25$, $\gamma_{min} = 60°$					
力分析及飞轮转动惯量的确定	工作阻力 F_{rmax}/N	4000	7000	11000	5000	5500
	BC 杆质量 m_2/kg	60	60	82	70	72
	DE 杆质量 m_3/kg	40	40	42	40	42
	滑块质量 m_5/kg	30	55	80	30	50
	曲柄 AB 的转动惯量 J_{s1}/kg·m²	0.82	0.64	1.35	0.8	0.7
	BC 杆的转动惯量 J_{s2}/kg·m²	0.18	0.20	0.30	0.25	0.35
	许用不均匀系数 $[\delta]$	0.1	0.11	0.12	0.1	0.11
凸轮机构设计	从动件行程 h/mm	17	18	19	16	15
	偏距 e/mm	10				
	许用压力角 $[\alpha]$/(°)	30	32	34	35	30
	推程运动角 δ_0/(°)	55	60	65	60	55
	远休止角 δ_s/(°)	25	30	35	25	30
	回程运动角 δ_0'/(°)	85	80	75	85	80
	推程运动规律	余弦	等加速等减速	正弦	余弦	等加速等减速
	回程运动规律	正弦	余弦	等加速等减速	正弦	余弦

注：构件 2、3 的质心均在各杆的中点处，滑块 5 的质心在滑块的中心，曲柄 AB 的质心在 A 点，不计其余构件的质量及转动惯量。

3. 设计任务

（1）平面连杆机构的设计及运动分析

已知：滑块行程 H，构件 3 的上、下极限角 φ_3''、φ_3'，比值 l_{CE}/l_{CD}、l_{EF}/l_{DE}，尺寸 h_1、h_2，最小传动角 $\gamma_{\min}$，曲柄转速 n_1。

要求：

1）设计各构件的运动尺寸，作机构运动简图。

2）按给定位置（见 4）作机构的速度和加速度多边形。

3）作滑块的运动线图（$s\text{-}\varphi$、$v\text{-}\varphi$、$a\text{-}\varphi$ 画在一个坐标系中）。

4）给出至少两种实现冲压要求的执行机构的其他运动方案简图，并进行对比分析。

（2）平面连杆机构的力分析

已知：滑块所受工作阻力如图 B-10 所示，连杆机构设计和运动分析如前。

要求：

1）按给定位置确定机构各运动副中的反力。

2）确定加于曲柄上的平衡力矩 M_b，作出平衡力矩曲线 $M_b\text{-}\varphi$。

（3）飞轮设计

已知：机器运转的许用不均匀系数 $[\delta]$，力分析所得平衡力矩 M_b，驱动力矩 M_d 为常数，飞轮安装在曲柄轴 A 上。

要求：确定飞轮的转动惯量 J_F。

（4）凸轮机构设计

已知：从动件行程 h，偏距 e，许用压力角 $[\alpha]$，推程运动角 δ_0，远休止角 δ_s，回程运动角 δ_0'，从动件运动规律，凸轮与曲柄共轴。

要求：

1）按许用压力角 $[\alpha]$ 确定凸轮机构的基圆半径，选取滚子半径 r_r。

2）绘制凸轮实际廓线。

（5）确定电动机的转速、功率及具体型号

（6）联轴器的选择

（7）设计压床的传动装置

1）带传动的设计。

2）减速器的设计。

要求：绘制减速器的装配图；绘制齿轮、轴、箱盖（或箱座）的零件图。

（8）编写课程设计说明书，说明书的内容应包括设计任务、设计参数、设计计算过程等。

4. 设计指导

1）曲柄位置图如图 B-11 所示，取滑块在上极限位置所对应的曲柄位置作为起始位置 6'，按曲柄转向，将曲柄圆周作 12 等分，得 12 个曲柄位置；另外再作出滑块在下极限位置和距下极限为 $H/4$ 时所对应的曲柄位置 1 和 5'。每个同学取其中的三个点位进行分析。

2）给定位置的机构简图、机构的速度多边形和加速度多边形，以及力分析的力多边形可合绘在一张图上；平衡力矩曲线、能量指示图、机构输出构件的运动线图等合绘在另一张图上。

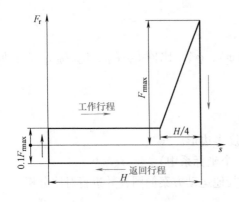

图 B-10　滑块阻力曲线

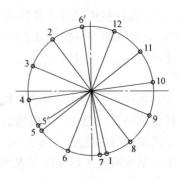

图 B-11　曲柄位置图

题目 10. 插床的设计与分析

1. 机械系统传动方案设计

插床机械系统传动方案可自行设计，也可参考图 B-12、图 B-14 所示方案。其中，图 B-12所示的传动装置采用 V 带传动和二级圆柱齿轮减速器，执行机构为连杆机构，工作台相对刀具的进给机构选择凸轮机构。

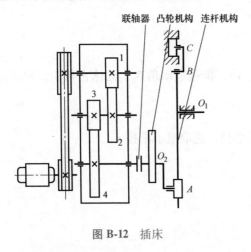

图 B-12　插床

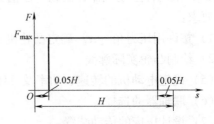

图 B-13　冲头阻力曲线

插床设计要求：

1）插刀行程和插刀每分钟往复次数见表 B-10。

2）自上始点以下 10~90mm 范围内，插刀应尽可能等速切削。刀具向下运动时切削，在切削行程 H 中，前后各有一段 0.05H 的空刀距离，如图 B-13 所示。切削力 F 为常数，最大切削力见表 B-10。刀具向上运动时为空回行程，无阻力。

3）行程速度变化系数见表 B-10。

4）插刀切削受力点距滑枕导路距离 d 见表 B-10，工作台面离地面高度为 550mm 左右。

5）滑块质量、导杆质量及其质心转动惯量见表 B-10，滑块质心在 C 点。导杆质心 S_1 位于 AO_1 范围内，$l_{O_1S_1}=20$mm，其余构件的质量和转动惯量忽略不计。从电动机到曲柄轴传动系统的等效转动惯量（设曲柄为等效构件）约为 8kg·m^2。

2. 执行机构工作原理

执行机构运动简图如图 B-14 所示。电动机经过减速传动装置带动曲柄 2 转动，再通过连杆机构使装有刀具的滑块 6 沿铅垂方向做往复运动，以实现刀具的插削运动。

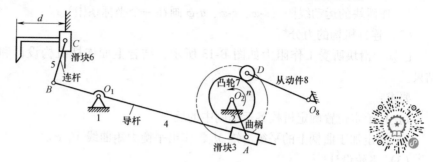

图 B-14 插床执行机构运动简图

3. 设计数据

表 B-10 给出了部分设计计算数据。

表 B-10 设计数据

	序 号	1	2	3	4	5
连杆机构运动分析	每分钟插削次数	50	49	50	52	50
	插刀行程 H/mm	100	115	120	125	130
	力臂 d/mm	100	105	108	110	112
	曲柄长 l_{O_2A}/mm	65	70	75	80	85
	行程速度变化系数 K	1.6	1.7	1.8	1.9	2.0
连杆机构动态静力分析	最大切削力 F_{max}/N	8500	9600	10800	9000	10100
	滑块 6 质量 m_6/kg	40	50	60	60	50
	导杆质量 m_4/kg	20	20	22	20	22
	导杆 4 质心转动惯量 J_{s4}/kg·m²	1.1	1.1	1.2	1.2	1.2
凸轮机构设计	从动件最大摆角 φ_{max}/(°)	20	20	20	20	20
	从动件杆长 l_{O_8D}/mm	125	135	130	122	123
	许用压力角 $[\alpha]$/(°)	40	38	42	45	43
	推程运动角 δ_0/(°)	60	70	65	60	70
	远休止角 δ_s/(°)	10	10	10	10	10
	回程运动角 δ_0'/(°)	60	70	65	60	70

4. 设计任务及指导

工作条件： 该机床年工作日为 250 天，使用期限为 10 年，两班制，有轻微冲击，要求传动比误差小于±5%。

（1）连杆机构的设计及运动分析

已知：设计参数见表 B-10，$l_{BC} = (0.5 \sim 0.6) l_{BO_1}$。电动机轴与曲柄轴 O_2 平行，连杆机构的最小传动角不得小于60°。

要求：

1）设计平面连杆机构，作机构运动简图。

2）按给定位置做机构的运动分析（位移、速度、加速度）。

3）作滑块的运动线图（s-φ、v-φ、a-φ 画在一个坐标系中）。

（2）连杆机构的力分析

已知：滑块所受工作阻力如图 B-13 所示，结合上面连杆机构设计和运动分析所得的结果。

要求：

1）按给定位置确定机构各运动副中的反力。

2）确定加于曲柄上的平衡力矩 M_b，作出平衡力矩曲线 M_b-φ。

（3）飞轮设计

已知：机器运转的许用速度不均匀系数 $[\delta]=0.03$，力分析所得平衡力矩 M_b，驱动力矩 M_{ed} 为常数，飞轮安装在曲柄轴 O_2 上。确定所需飞轮的转动惯量 J_F。

（4）凸轮机构设计

已知：凸轮与曲柄共轴，设计数据见表 B-10。摆动从动件 8 的推程、回程运动规律均为等加速等减速运动。

要求：

1）按许用压力角 $[\alpha]$ 确定凸轮机构的基圆半径 r_b，确定机架长 $l_{O_2O_8}$ 和滚子半径 r_r。

2）绘制凸轮实际廓线。

（5）确定电动机的转速及功率，确定其具体型号

（6）传动装置设计计算

1）V 带传动设计计算。

2）二级圆柱齿轮减速器设计计算（包括齿轮传动设计，轴的结构设计及强度校核，轴承选型设计及寿命计算，平键连接选型及强度计算）。

3）绘制二级圆柱齿轮减速器装配图和主要零件图。

4）联轴器选型设计。

（7）编写设计说明书　说明书的内容应包括设计任务书、设计参数、设计计算过程等。

参 考 文 献

［1］ 冯立艳，李建功，陆玉. 机械设计课程设计［M］. 5 版. 北京：机械工业出版社，2016.

［2］ 唐增宝，常建娥. 机械设计课程设计［M］. 5 版. 武汉：华中科技大学出版社，2017.

［3］ 张锦明. 机械设计基础课程设计［M］. 南京：东南大学出版社，2013.

［4］ 李育锡. 机械设计课程设计［M］. 2 版. 北京：高等教育出版社，2014.

［5］ 朱文坚. 机械设计课程设计［M］. 3 版. 北京：清华大学出版社，2014.

［6］ 刘会英. 机械基础综合课程设计［M］. 2 版. 北京：机械工业出版社，2011.

［7］ 寇尊权，王多. 机械设计课程设计［M］. 2 版. 北京：机械工业出版社，2011.

［8］ 周海. 机械设计课程设计［M］. 西安：西安电子科技大学出版社，2011.

［9］ 张建中，何晓玲. 机械设计/机械设计基础课程设计［M］. 北京：高等教育出版社，2009.

［10］ 王慧，吕宏. 机械设计课程设计［M］. 2 版. 北京：北京大学出版社，2011.

［11］ 杨光，席伟光，等. 机械设计课程设计［M］. 2 版. 北京：高等教育出版社，2011.

［12］ 丛晓霞. 机械设计课程设计［M］. 北京：高等教育出版社，2010.

［13］ 张锋，古乐. 机械设计课程设计［M］. 5 版. 哈尔滨：哈尔滨工业大学出版社，2012.

［14］ 丁屹. 联轴器图集［M］. 北京：机械工业出版社，2009.

［15］ 机械设计手册编委会. 机械设计手册：单行本，齿轮传动［M］. 4 版. 北京：机械工业出版社，2007.

［16］ 任秀华，邢琳，张秀芳. 机械设计基础课程设计［M］. 2 版. 北京：机械工业出版社，2013.